高等职业教育系列教材

Word办公软件高级应用教程

时恩早　李　佳　刘艳云　主　编

季秀兰　张　丹　孙　伟　副主编

张　政　张　垒　盛婷钰　参　编

机械工业出版社

CHINA MACHINE PRESS

本书以 Word 在办公中的高级应用为出发点，循序渐进地介绍了排版、引用、邮件及审阅等知识。全书分为 7 章，包括：初识 Word 2016、文档格式、插入对象、设计、布局、引用、邮件。

本书实践案例丰富，实用性强，既可以作为高职院校各专业“计算机应用基础”课程的理实一体化教材，也可以作为 Word 办公软件操作者的学习参考。

本书配有授课电子课件，需要的教师可登录 www.cmpedu.com 进行下载，或联系编辑索取（微信：13261377872，电话：010-88379739）。本书重点项目的知识点和技能点已录制成微课，上传到中国大学 MOOC 学习平台（https://www.icourse163.org/course/JSFSC-1207119814?from=searchPage），读者可通过学习平台观看微课、参与讨论、完成习题等。

图书在版编目（CIP）数据

Word 办公软件高级应用教程 / 时恩早，李佳，刘艳云主编. —北京：机械工业出版社，2022.9
高等职业教育系列教材
ISBN 978-7-111-71588-7

Ⅰ. ①W… Ⅱ. ①时… ②李… ③刘… Ⅲ. ①办公自动化-应用软件-高等职业教育-教材 Ⅳ. ①TP317.1

中国版本图书馆 CIP 数据核字（2022）第 168434 号

机械工业出版社（北京市百万庄大街 22 号 邮政编码 100037）
策划编辑：王海霞 责任编辑：王海霞 李培培
责任校对：张艳霞 责任印制：李 昂

中煤（北京）印务有限公司印刷

2022 年 11 月第 1 版 • 第 1 次印刷
184mm×260mm • 15.5 印张 • 384 千字
标准书号：ISBN 978-7-111-71588-7
定价：59.00 元

电话服务
客服电话：010-88361066
010-88379833
010-68326294
封底无防伪标均为盗版

网络服务
机 工 官 网：www.cmpbook.com
机 工 官 博：weibo.com/cmp1952
金 书 网：www.golden-book.com
机工教育服务网：www.cmpedu.com

Preface

前　言

“Word 办公软件高级应用教程”课程旨在提高学生的 Word 文档处理能力，帮助学生熟练地应用 Word 进行自动化办公，提高工作效率。教材编写组认真研读了大量的相关书籍，基于“基础知识+案例讲解”的理念进行教材的编写。

本书全面介绍了 Word 各个功能区及相关菜单，并且融入了文字格式化、图文格式化、版面设置、段落编排、邮件合并应用、样式设计应用、管理宏与控件、表格设计应用等能力指标。本书力求内容实用，难度适中，操作步骤的讲解通俗易懂，对关键知识点和操作步骤进行了配图说明。在选取案例时，精选了“梦想从学习开始、事业从实践起步”“无惧风雨、不止攀登”“抗疫精神：中国精神的生动展现”等思政元素作为综合应用案例，培养学生勇于担当、敬业奉献的人文素养。

本书的第 1 章主要介绍 Word 2016 的启动与退出、工作界面、文档的新建和保存、文本的输入和编辑、文档打印等；第 2 章主要介绍格式刷的使用、字体格式的设置、段落格式的设置、边框和底纹的设置、样式的应用、项目符号和编号的添加；第 3 章主要介绍封面、表格、插图、链接、页眉页脚、文本对象和符号的插入及设置；第 4 章主要介绍主题、颜色、字体和页面背景的设置；第 5 章主要介绍主题设置、页面设置、稿纸设置和页面背景设置；第 6 章主要介绍插入目录、更新目录、插入脚注和尾注、插入引文、插入题注、插入表目录、标记索引项和标记引用；第 7 章主要介绍制作中文信封、制作标签和邮件合并。

本书提供电子课件、教学计划、微课视频、案例素材、效果文件等教学资源，读者可发邮件至邮箱 41734677@qq.com 索取相关资源，也可以登录中国大学 MOOC 平台（https://www.icourse163.org/course/JSFSC-1207119814?from=searchPage）进行学习。

本书由时恩早、李佳、刘艳云担任主编，季秀兰、张丹、孙伟担任副主编，安进主审。具体编写分工如下：李佳、张政、张垒编写了第 1 章、第 4 章和第 5 章，刘艳云编写了第 2 章，季秀兰、张丹编写了第 3 章，时恩早、盛婷钰、孙伟编写了第 6 章和第 7 章，全书由时恩早统稿。

由于编者的水平有限，书中难免有错漏之处，恳请广大读者批评指正。

编者

目 录 Contents

第1章 初识 Word 2016

本章主要学习使用“文件”和“视图”选项卡下面的各个功能组，创建和保存 Word 2016 文档，在文档中完成文本的录入和编辑，通过不同的视图方式观看文档。

本章要点：

- Word 2016 的启动与退出
- Word 2016 的工作界面
- Word 2016 文档的视图方式
- 修改视图
- 文档的新建、打开与保存操作
- 文档文本的录入
- 文档文本的编辑

本章难点：

- 文档的基本操作
- 文档文本的录入
- 文档文本的编辑

Word 2016 是 Microsoft 公司开发的办公套件 Office 2016 的重要组成部分，是一个文字处理应用程序，可以创建多种类型的文档文件，不仅可以对文字信息进行处理与排版，还可以添加图片、图形、表格、艺术字对文档进行修饰和美化。

1.1 启动 Word 2016

启动 Word 2016 应用程序，可以用以下几种方法。

1-1 初识 Word 2016（1）

- 选择任务栏上“开始”→“所有程序”→“Microsoft Office”→“Microsoft Word 2016”选项，就可以打开 Word 2016，并同时创建一个新空白文档。
- 双击桌面上的快捷图标，启动 Word 2016。如果桌面上没有 Word 2016 的快捷图标，那么需要用户自己创建一个快捷图标。步骤为选择“开始”→“所有程序”→“Microsoft Office”菜单命令，右击“Microsoft Word 2016”，在弹出的快捷菜单中选择“发送到”→“桌面快捷方式”，完成快捷方式的创建。
- 双击任意已经创建好的 Word 文档，在打开该文档的同时，也会启动 Word 2016 应用程序。

1.2 Word 2016 工作界面

打开 Word 2016 后，可以看到 Word 2016 文档的工作界面，主要由标题栏、选项卡标签、快速访问工具栏、功能区、文档编辑区、状态栏、视图按钮和显示比例等组成，如图 1-1 所示。

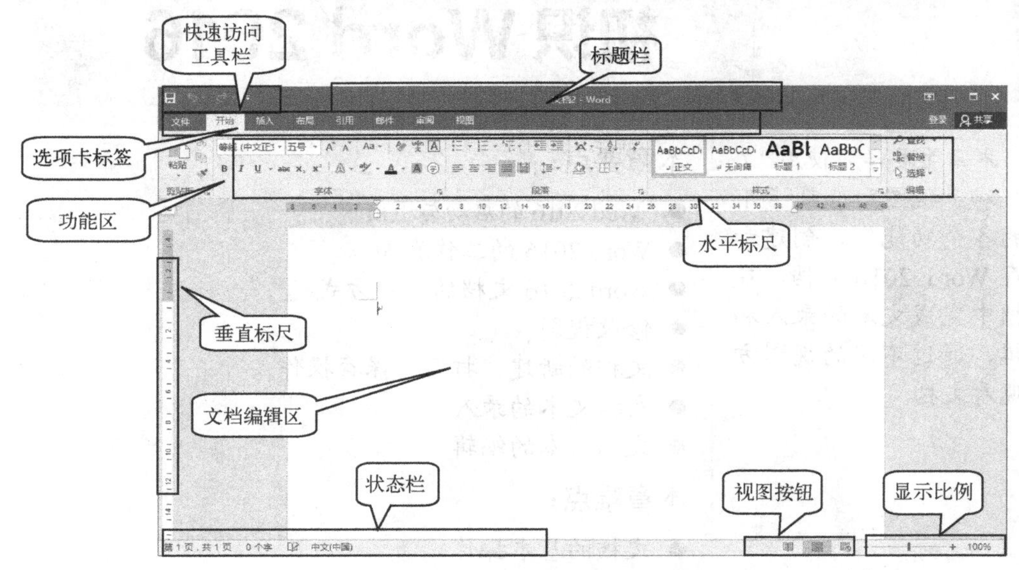

图 1-1 Word 2016 的工作界面

（1）标题栏

标题栏位于 Word 窗口的最上方，自左向右依次为快速访问工具栏、当前文档的名称和程序名称及“最小化”“最大化”（或“还原”）“关闭”按钮。

（2）快速访问工具栏

快速访问工具栏位于标题栏的左侧，是一个可自定义的工具栏。单击向下三角形图标，在下拉菜单中选择任一命令就可以设置其为快速工具，出现在“快速访问工具栏”中，如图 1-2 所示。

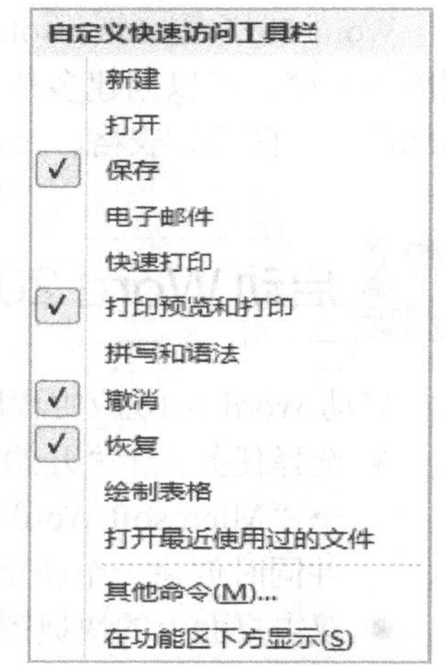

图 1-2 自定义快速访问工具栏

（3）选项卡标签

Word 2016 采用选项卡和功能区的模式。选项卡标签位于标题栏的下方，有文件，开始、插入、布局、引用、邮件、审阅和视图等选项卡。单击每个选项卡，在功能区将显示其相应的功能。

（4）功能区

功能区位于选项卡标签的下方，用来显示当前选项卡标签的内容。当前选项卡标签不同，功能区显示的内容也不同。

- “开始”功能区。“开始”功能区中包括剪贴板、字体、段落、样式和编辑 5 个组。该功能区主要用于对 Word 2016 文档进行文字编辑和格式设置，是用户最常用的功能区，如图 1-3 所示。

图 1-3 “开始”功能区

- “插入”功能区。“插入”功能区包括页、表格、插图、加载项、媒体、链接、页眉和页脚、文本、符号、批注 10 个组，主要用于在 Word 2016 文档中插入各种元素。
- “设计”功能区。“设计”功能区包括主题、文档格式和页面背景 3 个组，主要用于对 Word 2016 文档格式进行设计和对背景进行编辑。
- “布局”功能区。“布局”功能区包括页面设置、稿纸、段落、排列 4 个组，用于帮助用户设置 Word 2016 文档页面样式。
- “引用”功能区。“引用”功能区包括目录、脚注、引文与书目、题注、索引和引文目录几个组，用于实现在 Word 2016 文档中插入目录等比较高级的功能。
- “邮件”功能区。“邮件”功能区包括创建、开始邮件合并、编写和插入域、预览结果和完成几个组，该功能区的作用比较专一，专门用于在 Word 2016 文档中进行邮件合并方面的操作。
- “审阅”功能区。“审阅”功能区包括校对、语言、中文简繁转换、批注、修订、更改、比较和保护几个组，主要用于对 Word 2016 文档进行校对和修订等操作，适用于多人协作处理 Word 2016 长文档。
- “视图”功能区。“视图”功能区包括视图、显示、显示比例、窗口和宏几个组，主要用于帮助用户设置 Word 2016 操作窗口的视图类型，以方便操作。
- “开发工具”功能区。“开发工具”功能区包括代码、加载项、控件、XML、保护、模板几个组，主要用于深层次应用的开发。

默认情况下，Word 2016 没有显示“开发工具”功能区，用户可以根据需要进行显示，操作过程如下。

选择“文件”选项卡“选项”选项，打开“Word 选项”对话框，如图 1-4 所示。在选项左侧选择“自定义功能区”选项，在右侧“自定义功能区”的主选项卡中找到“开发工具”，将它勾选，然后单击“确定”按钮，就能够看到选项卡上已经出现“开发工具”选项了。

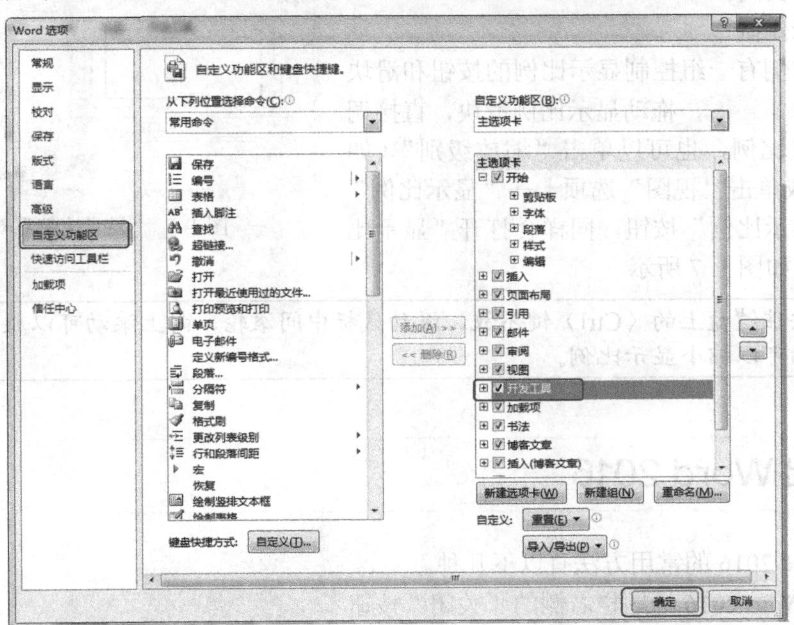

图 1-4　“开发工具”显示设置

（5）标尺

标尺包括水平标尺和垂直标尺，用于显示 Word 2016 文档的页边距、段落缩进、制表符等。选中或取消“标尺”的方法：勾选“视图”选项卡→“显示”功能组→“标尺”复选框，如图 1-5 所示。

（6）文档编辑区

文档编辑区又称为文档窗口，是进行文本输入和排版的地方，利用各个命令编辑文档的区域。

（7）状态栏

状态栏位于窗口的最下部，用来显示文档的基本数据，其左边是指针位置显示区，它表明当前指针所在页面、文档字数总和、Word 2016 下一步准备要做的工作和当前的工作状态等，如图 1-6 所示。

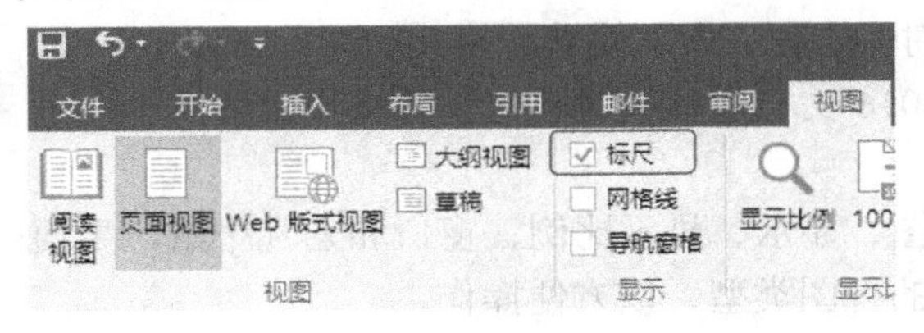

图 1-5 “标尺”的选择

图 1-6 状态栏

（8）滚动条

滚动条分为垂直滚动条和水平滚动条两种，分别位于页面的右端及下端。滚动条中的方形滑块指示插入点在整个文档中的相对位置。拖动滚动块可以快速移动文档内容，同时在滚动条附近会显示当前移到内容的页码。

（9）显示比例

状态栏右侧有一组控制显示比例的按钮和滑块 200%，拖动显示比例滑块，直接调整页面的缩放比例，也可以单击“缩放级别”（如 200%）按钮或单击“视图”选项卡→“显示比例”功能组→“显示比例”按钮，同样会打开“显示比例”对话框，如图 1-7 所示。

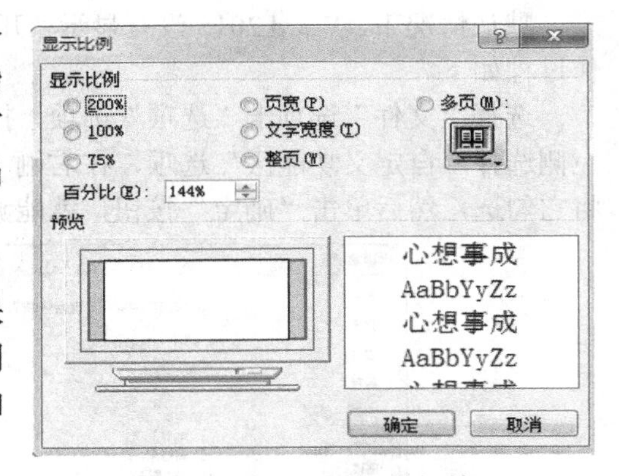

图 1-7 “显示比例”对话框

提示：按住键盘上的〈Ctrl〉键不放，滚动鼠标中间滚轮，向上滚动可以放大显示比例，向下滚动可以缩小显示比例。

1.3 退出 Word 2016

退出 Word 2016 的常用方法有以下几种。

- 单击 Word 2016 标题栏右侧的“关闭”按钮 ☒。
- 单击 W（窗口左上角）按钮，在弹出的下拉菜单中选择“关闭”选项即可退出程序。

从此菜单可以看出，也可以通过〈Alt+F4〉组合键来关闭 Word 文档。

提示：在标题栏的空白位置右击，弹出的快捷菜单和单击W效果一样。

- 选择“文件”选项卡→“关闭”选项，也可退出程序。

1.4　Word 2016 文档操作

本节介绍在 Word 2016 里进行文字编辑的一些基本操作，主要包括文档的创建与保存、文本的录入与选取、文本的复制与粘贴、文本的移动与删除等。

1-2
初识Word 2016
（2）

1.4.1　新建文档

Word 主要用于文本性文档的制作与编辑，在制作文档前必须新建文档。Word 2016 提供以下几种常用方法来创建文档。

（1）新建空白文档

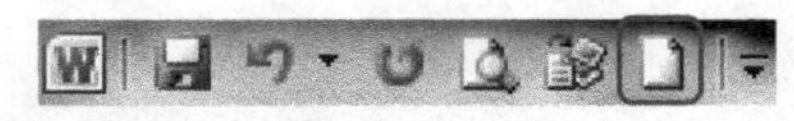

图 1-8　创建新“空白文档”

启动 Word 2016 后，系统会自动创建一个文件名为“文档 1”的空白文档。如果在编辑过程中需要创建新的空白文档，可以单击“快速访问工具栏”中的“新建”按钮，如图 1-8 所示，或按〈Ctrl+N〉组合键直接创建新空白文档。

（2）利用“可用模板”创建文档

Word 中集成了各个行业工作中需要的模板文件，且模板中已经为用户预先设置好了文本格式，用户可以直接套用。

选择“文件”选项卡→“新建”选项，在出现的“可用模板”中，双击选中模板图标，即可完成基于该模板的文档创建，如常用的空白文档、博客文章、书法字帖等文档的创建，如图 1-9 所示。

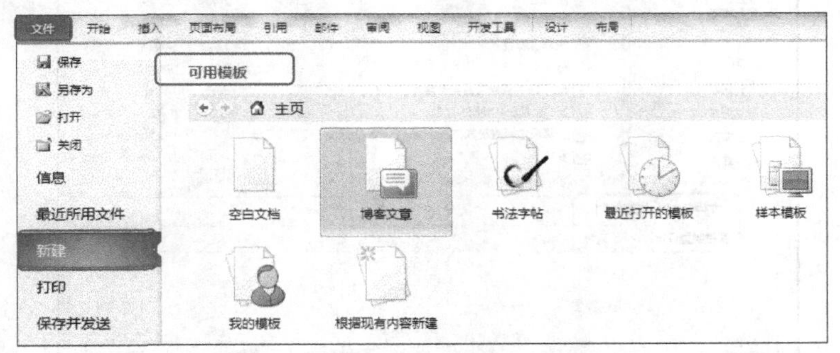

图 1-9　利用“可用模板”创建文档

（3）利用“office.com 模板”创建文档

选择“文件”选项卡→“新建”选项，在出现的 office.com 模板中，选择自己需要的模板，如选择“食品与营养”图标，单击“聚会菜单”右侧“下载”按钮，下载完成后即建立一个新的菜单模板文档，如图 1-10 所示。用户可以根据需求自行修改模板文档中的内容。

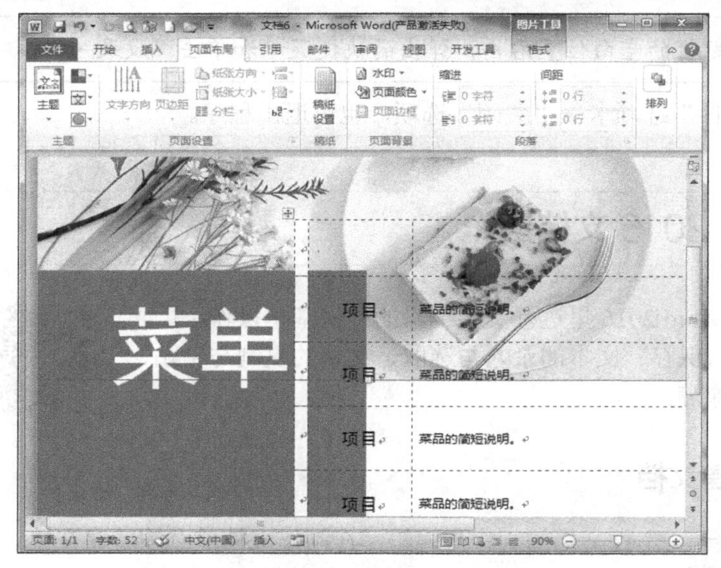

图 1-10 “聚会菜单”模板文档的创建

1.4.2 保存文档

新建一篇文档后，需执行保存操作才能将其存储到计算机中，否则，编辑的文档内容将会丢失。常用以下几种方法对新文档进行保存操作。

- 保存新建文档时，选择“文件”选项卡→“保存”选项，会出现“另存为”对话框，选择文档的保存类型、录入文件名及选择文件保存的位置进行保存操作，如图 1-11 所示。

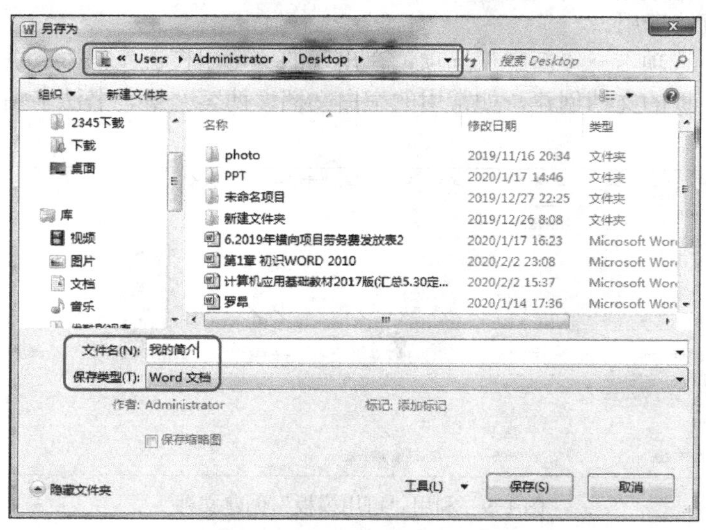

图 1-11 “另存为”对话框

Word 2016 默认的文件类型扩展名为.docx。对于已经保存过的文档，再次进行保存操作时，不会弹出“另存为”对话框，会按原来的保存位置与文件名进行保存。当需要更改保存位置或更改文件名称时，则需要选择“文件”选项卡→“另存为”选项进行保存。

- 单击“快速访问工具栏”上的保存按钮。
- 按〈Ctrl+S〉组合键。

1.4.3 打开文档

当用户需要对已经存在的文档进行查看、编辑或修改操作时，必须先打开该文档。在 Word 2016 中，常用以下的几种方法打开已存在的文档。

- 启动 Word，在工作界面中选择“文件”选项卡→“打开”选项，在弹出的“打开”对话框中，选择文档在计算机中的保存位置，选中需要打开的文档名称，单击“打开”按钮，即可打开已存在的文档。
- 单击“快速访问工具栏”中的“打开”按钮。
- 按〈Ctrl+O〉组合键。
- 打开最近使用过的文件。

1.4.4 关闭文档

- 选择“文件”选项卡→“关闭”选项。
- 单击标题栏右侧的“关闭”按钮。

1.5 文本操作

文本的输入与编辑是 Word 最基本的操作，无论多么复杂的文本，都是从文本的输入开始的。

1.5.1 输入文本

新建文档或打开已存在的文档后，就可以直接在文档中输入内容了。常用的文本输入内容包括中英文字符的输入、标点符号的输入和其他符号的输入。

（1）中英文字符的输入

将指针定位到需要输入文本的位置，然后选择合适的输入法，进行文本字符的输入。

提示：中英文输入法之间的切换快捷键为〈Ctrl+空格〉，各种输入法之间的切换快捷键为〈Ctrl+Shift〉。

（2）标点符号的输入

在输入文本的过程中，往往需要穿插输入一些符号。常用的标点符号可以通过键盘来输入，有些特殊的标点符号需要通过软键盘来实现。右击输入法图标上的“软键盘”按钮，如图 1-12 所示，在出现的菜单中选择“标点符号”选项，出现如图 1-13 所示的界面。

使用这种方法还可以实现希腊字母、注音符号、日文平假名、数学符号等的输入。

（3）常用特殊符号的插入

选择“插入”选项卡→“符号”工具组→“符号”按钮，在下拉列表中选择“其他符号”

选项，出现如图 1-14 所示对话框。

图 1-12　软键盘按钮

图 1-13　软键盘“标点符号”选项内容

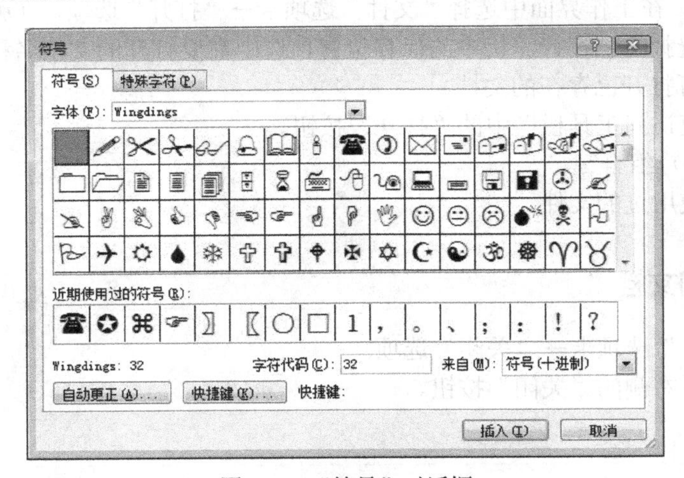

图 1-14　“符号”对话框

在这个对话框中通过选择不同的字体类型，可以显示不同的符号。选择需要的符号，单击“插入”按钮，完成符号的插入。选择“特殊字符”选项卡，还可以插入一些长画线、短画线、商标、版权等符号。

1.5.2　文本选定

对文本进行各种操作，必须先选定文本。文本的选定主要有以下几种方法。

（1）用鼠标拖动选取

- 小范围文本的选取：将指针定位到要选定文字的开始位置，然后按住鼠标左键并拖动到要选定文字的结束位置后松开。
- 大范围文本的选取：用鼠标左键在文本开始的位置单击，按住〈Shift〉键，在文本结束的位置单击一下。
- 不连续段落的选取：选中开始的段落后，按住〈Ctrl〉键，接着选中其他段落。

（2）在选定区选取

把鼠标移到行左边的空白区域，当鼠标变成一个斜向右上方的空心箭头时，单击即可选中当前行；双击即可选中当前一段；三击即可选中全文。

（3）全文的选择

- 单击“开始”选项卡→“编辑”工具组→“选择”右边的向下黑三角形按钮，并在其下拉列表中选择“全选”选项，如图 1-15 所示。

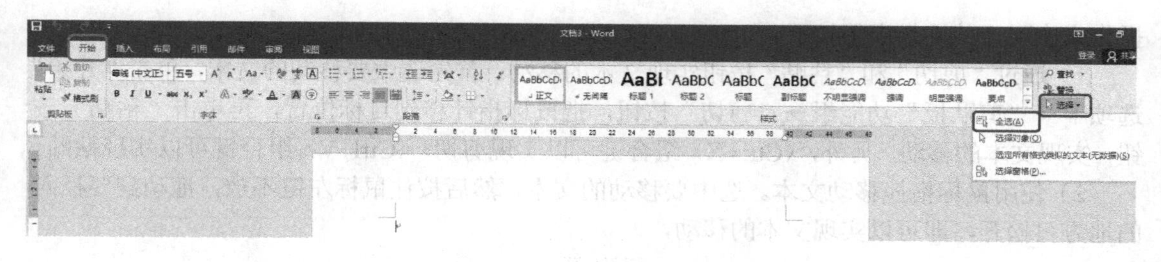

图 1-15　选择菜单

- 使用〈Ctrl+A〉组合键选择全文。

1.5.3　文本复制与粘贴

复制与粘贴文本，就是将选定的文本复制一份粘贴到其他位置，而原位置的文本信息保持不变。一般使用以下几种方法进行复制。

- 使用剪贴板复制文本。先选定要复制的文本，然后单击“开始”选项卡→“剪贴板”功能组→“复制”按钮，或在选定区域上右击并在弹出的快捷菜单中选择“复制”选项。或是选定要复制的文本，直接使用〈Ctrl+C〉组合键。
- 使用鼠标拖拽复制文本。先选定需要复制的文本，然后按住鼠标左键不放，同时按住〈Ctrl〉键，此时鼠标指针下方增加一个灰色的矩形，矩形旁边还有一个带“+”号的方框，拖动鼠标指针到新位置松开，就完成了文本的拖拽复制操作。

文本的粘贴。将指针定位在要复制文本的位置，单击“开始”选项卡→“剪贴板”功能组→“粘贴”按钮，或右击，在弹出的快捷菜单中的选择“粘贴”选项，或使用〈Ctrl+V〉组合键都可以实现粘贴。复制与粘贴后的文本效果如图 1-16 所示。

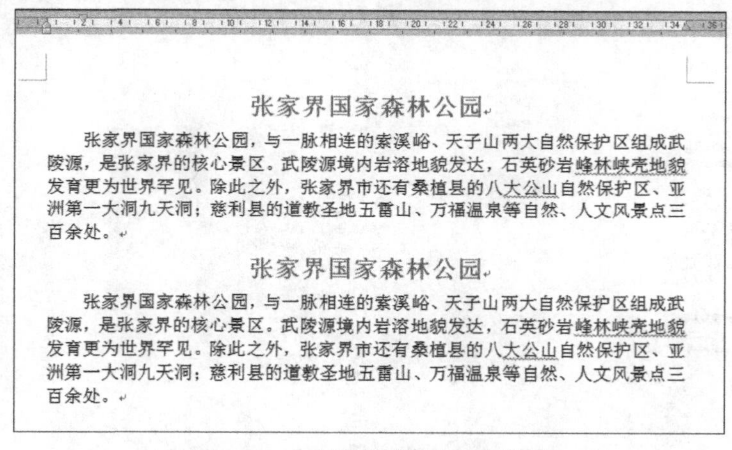

张家界国家森林公园

张家界国家森林公园，与一脉相连的索溪峪、天子山两大自然保护区组成武陵源，是张家界的核心景区。武陵源境内岩溶地貌发达，石英砂岩峰林峡壳地貌发育更为世界罕见。除此之外，张家界市还有桑植县的八大公山自然保护区、亚洲第一大洞九天洞；慈利县的道教圣地五雷山、万福温泉等自然、人文风景点三百余处。

张家界国家森林公园

张家界国家森林公园，与一脉相连的索溪峪、天子山两大自然保护区组成武陵源，是张家界的核心景区。武陵源境内岩溶地貌发达，石英砂岩峰林峡壳地貌发育更为世界罕见。除此之外，张家界市还有桑植县的八大公山自然保护区、亚洲第一大洞九天洞；慈利县的道教圣地五雷山、万福温泉等自然、人文风景点三百余处。

图 1-16　复制与粘贴后的文本效果

1.5.4　文本移动与粘贴

当编辑文档发现某些文字的位置发生错误时，就要用到文字的移动，即将选定的文本从某一位置移动到另外一个位置，而原位置上不再保留原有的文本。文本的移动操作通过剪切操作来实现，其操作步骤如下。

1）通过“剪切”和“粘贴”按钮实现文本的移动。首先选中要移动的文本，单击“开始”选项卡→“剪贴板”功能组→“剪切”按钮，把鼠标指针移到目标位置，再单击“粘贴”按钮，实现文本的移动。另外，〈Ctrl+X〉组合键可以实现剪切，〈Ctrl+V〉组合键可以实现粘贴。

2）使用鼠标拖拽移动文本。选中要移动的文本，然后按住鼠标左键不放，拖动到要插入的地方再松开，即可以实现文本的移动，

1.5.5 删除文本

选定要删除的文本，按〈Delete〉键即可删除；或把插入点定位到要删除的文本之后，通过〈Backspace〉键进行删除；若把插入点定位到删除文本之前，则需要通〈Delete〉键进行删除。

1.6 文档信息查看与设置

1.6.1 文档信息查看

在 Word 2016 中可以查看有关文档的基本信息，选择“文件”选项卡→“信息”选项，打开如图 1-17 所示界面。

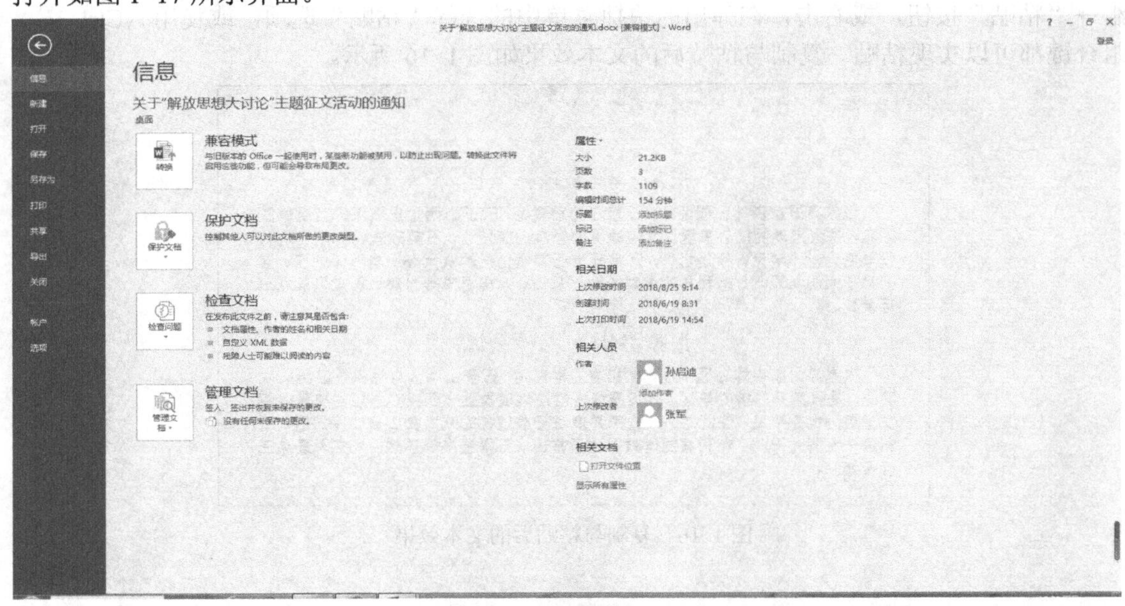

图 1-17 “信息”选项设置

在界面左侧一栏用来对“兼容模式”“保护文档”“检查文档”“管理文档”等信息进行查看和设置。右侧一栏中显示当前文档的详细信息，包括“属性”“相关日期”“相关人员”“相关文档”。“属性”信息中包括文件大小、页数、字数、编辑用时等。“相关日期”属性包括文

档的创建时间、上次修改时间及上次打印时间。

1.6.2　文档加密设置

编辑好的文档，有时需要进行文档加密处理，以防信息泄露。可以利用“信息”界面中的“保护文档”提供的功能，对文档的标记状态、密码加密、编辑权限、数字签名进行设置，如进行“密码加密”设置，操作步骤如下。

1）打开已经创建好的文档。

2）选择“文件”选项卡→“信息”选项，单击“保护文档”按钮，打开如图 1-18 所示下拉菜单。

3）选择“用密码进行加密”选项，打开“加密文档”对话框，如图 1-19 所示。

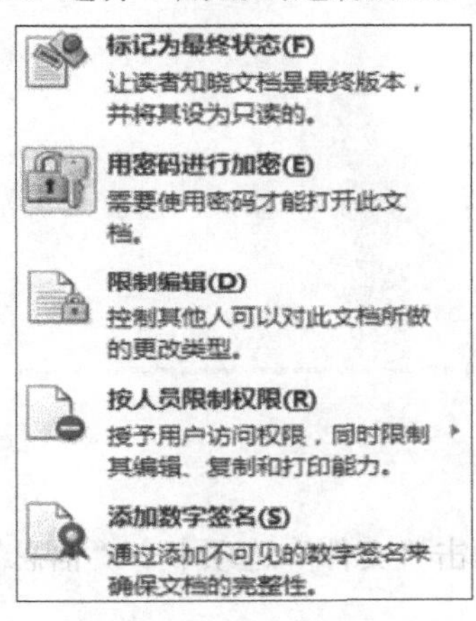

图 1-18　“保护文档”下拉菜单

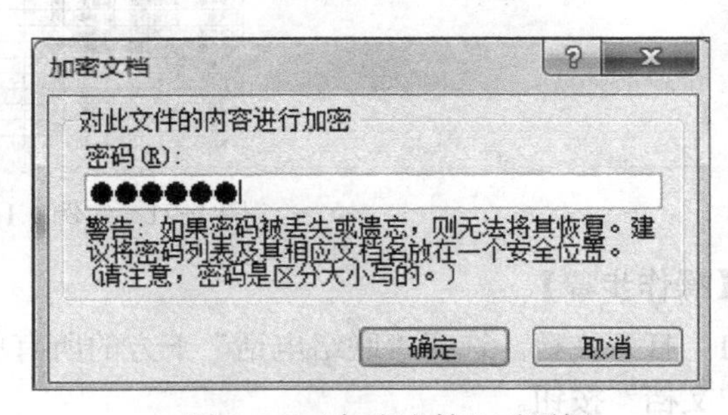

图 1-19　“加密文档”对话框

4）输入密码，如“123456”，再次输入相同的密码，单击“确定”按钮，即可完成文档加密的设置。

5）可以再选择“标记为最终状态”选项，则状态属性将设置为“最终状态”，并实现禁止输入、编辑命令和校对标记等操作。

1.6.3　文档编辑权限设置

Word 2016 中还提供了强大的编辑权限设置功能，可以根据自己的需要设置编辑权限，用来限制访问者的权限。

选择“文件”选项卡→“信息”→“保护文档”下拉列表中的“限制编辑”选项，在窗口的右侧会弹出“限制格式和编辑”窗格，如图 1-20 所示。可以对格式、编辑权限、强制保护进行设置。在“格式设置限制”中，可以勾选“限制对选定的样式设置格式设置”复选框，从而限制访问者更改文档的样式，在“编辑限制”中勾选“仅允许在文档中进行此类型的编辑”复选框，打开下拉列表，可以对选中的内容进行编辑权限设置。

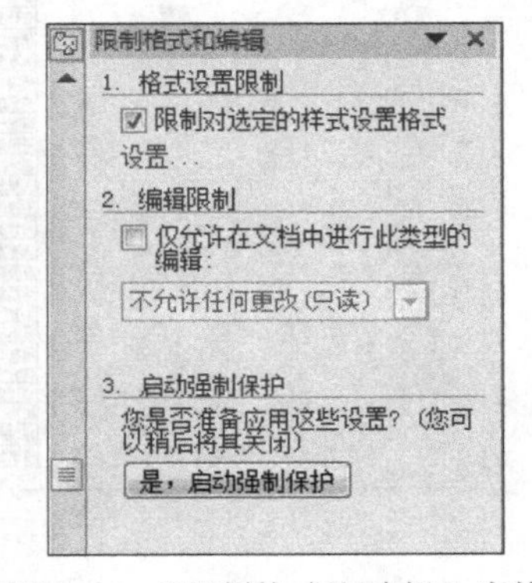

图 1-20　“限制格式和编辑”窗格

实例 1.1　文档编辑权限设置

【操作要求】打开文档（见图 1-21），使用限制编辑功能，仅允许用户填写“联络电话”标题下方的单元格，使用“1984”作为密码。

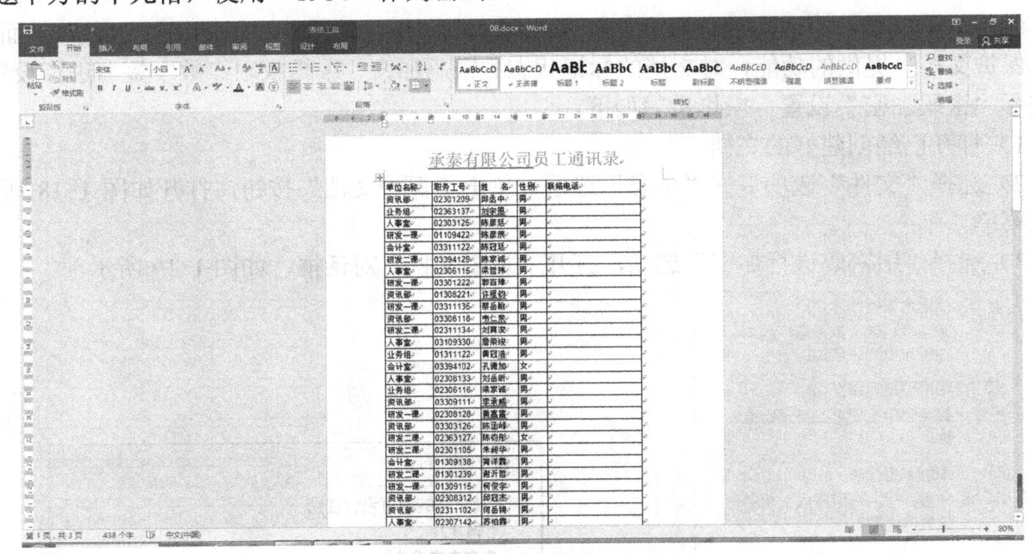

图 1-21　实例 1.1 素材文档

【操作步骤】

1）打开文档，选择“联络电话”下方的所有单元格，单击“文件”选项卡→“信息”→“保护文档”按钮。

2）在“保护文档”下拉列表中选择 “限制编辑”选项，单击“编辑限制”下方的方框，再单击“例外项（可选）”中的“每个人”，如图 1-22 所示。

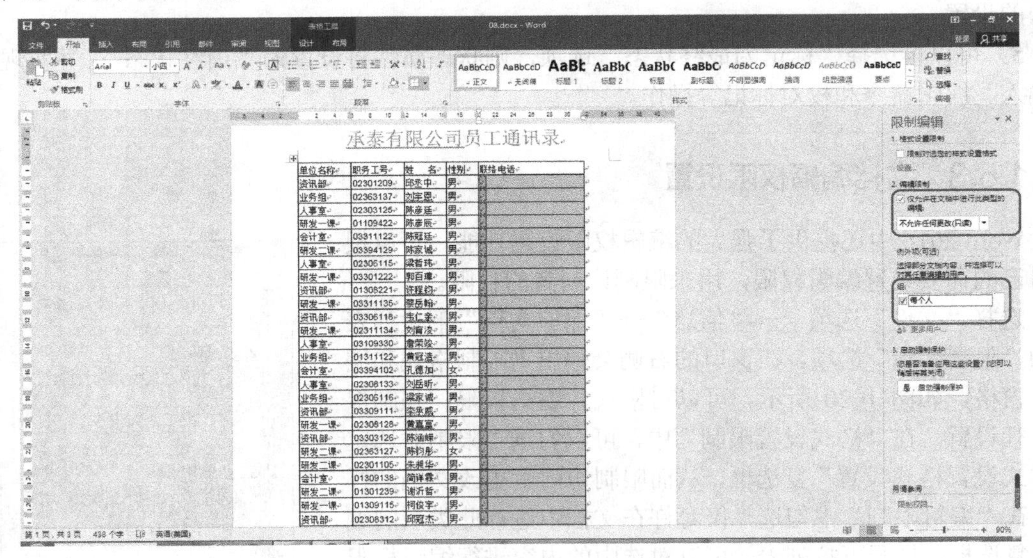

图 1-22 “限制编辑”文档

3）单击“是，强制保护文档”按钮，在弹出的“启动强制保护”对话框中输入密码“1984”，并再次输入密码，单击“确定”按钮，完成密码设置，如图 1-23 所示。

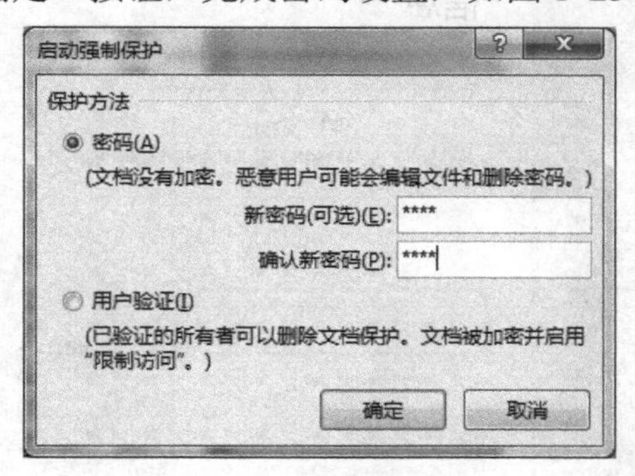

图 1-23　强制保护

实例 1.2　文档加密设置

【操作要求】为了保护文档（见图 1-24），以“1234”为密码加密文档。

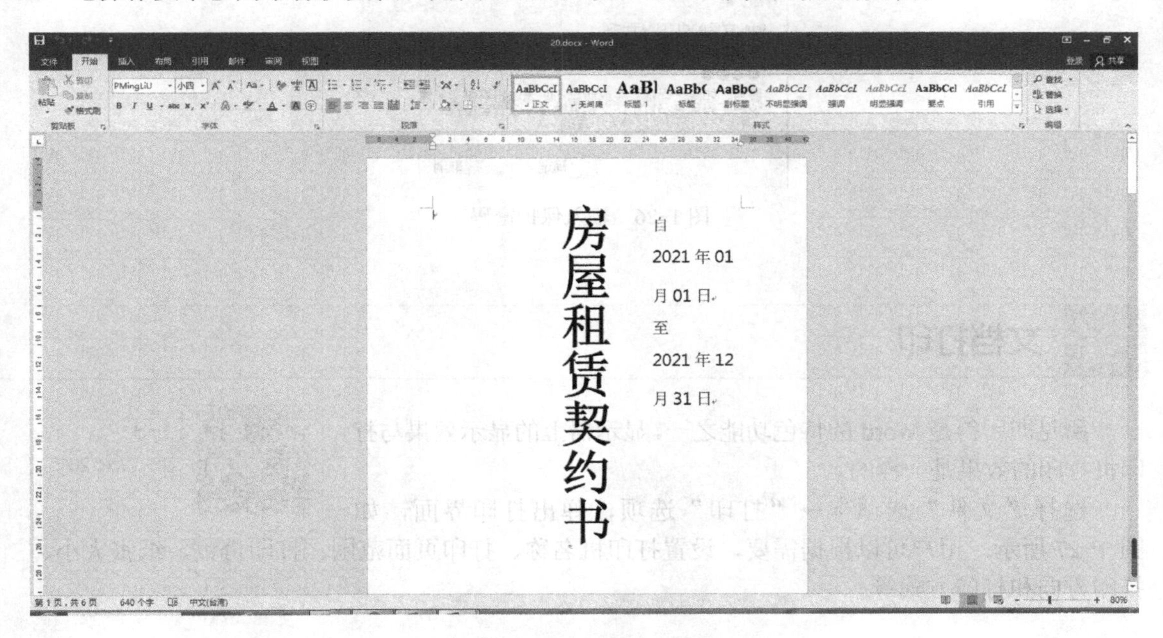

图 1-24　实例 1.2 素材文档

【操作步骤】

1）打开文档，单击“文件”选项卡→“信息”→“保护文档”按钮。

2）在“保护文档”下拉列表中选择 “用密码进行加密”选项，如图 1-25 所示。弹出“加密文档”对话框。

3）在加密文档对话框中，输入密码“1234”，并再次输入密码，单击“确定”按钮，完成密码设置，如图 1-26 所示。

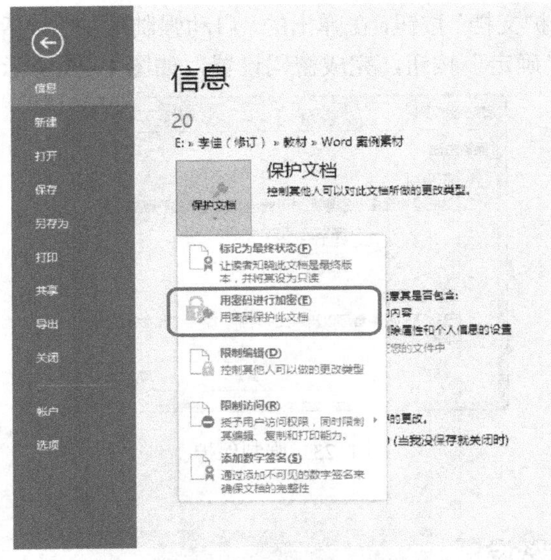

图 1-25　用密码加密文档

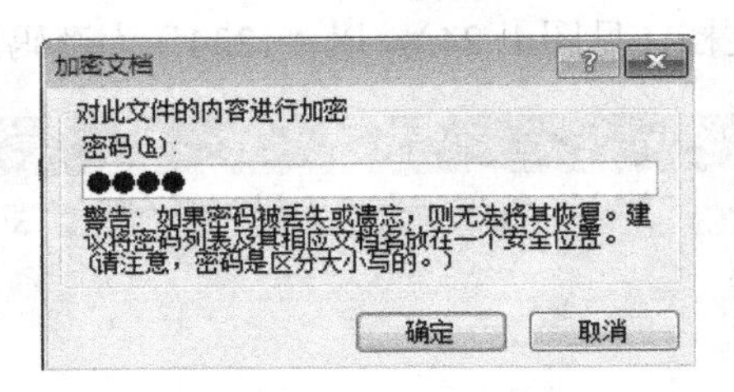

图 1-26　输入保护密码

1.7　文档打印

1-3
初识Word 2016
(3)

所见即所得是 Word 的特色功能之一，显示器上的显示效果与打印机打印的效果是一样的。

选择“文件”选项卡→“打印”选项，弹出打印界面，如图 1-27 所示。用户可以根据需要，设置打印机名称、打印页面范围、打印份数、纸张大小、打印方向和打印方式等。

1.7.1　打印设置

（1）打印机设置

若添加过多个打印机的应用程序，单击“打印机”下方右侧的下拉按钮，在打开的下拉列表中，可以选择需要使用的打印机名称，如图 1-28 所示。也可以选择“添加打印机”选项添加新的打印机。

（2）打印页面范围

打印文档前，需要设置打印的范围，单击“设置”下方右侧的下拉按钮，在打开的下拉列表中，根据需要进行打印范围设置，如图 1-29 所示。

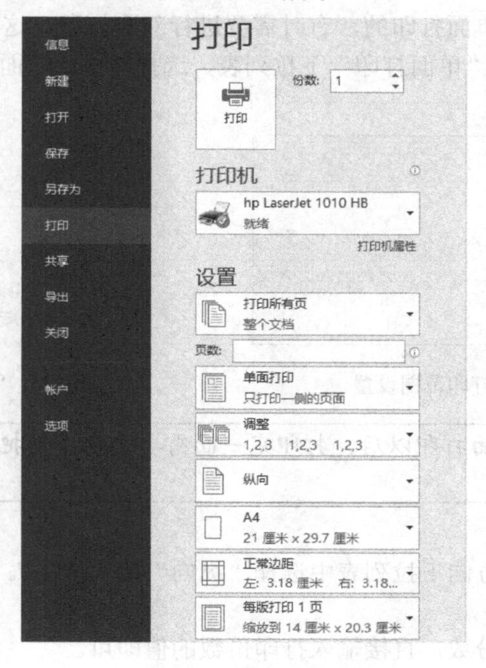

图 1-27 “打印”界面

图 1-28 选择“打印机”设备

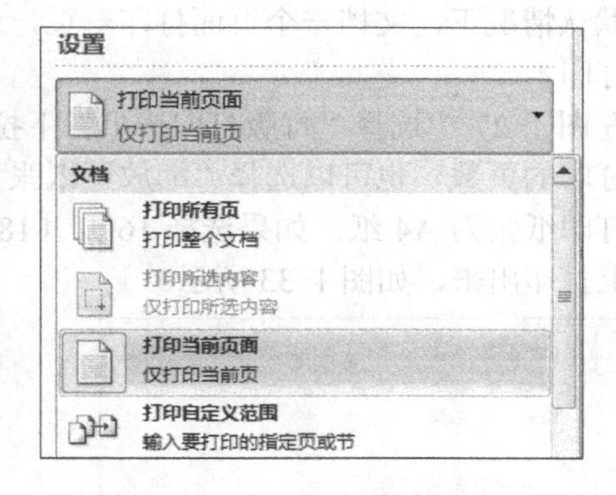

图 1-29 打印“页面范围”设置

- 打印当前页面：用来打印当前鼠标所在页面的内容。
- 打印整个文档：将打印整个文档的所有页面。
- 打印所选内容：如果要打印文档中的某些特定内容，则选定文档内容，选择“打印所选内容”选项进行打印。若没有选定文档内容，则此选项显示为灰色，表示此选项在当前状态下不可用。
- 打印自定义范围：根据需要设置打印的页码。如果需要打印的内容页码是连续的，则在页码范围内输入起始页码和终止页码，中间用“-”连接，比如“3-7”，就可以打印第 3～7 页的所有内容。如果需要打印的内容页码是不连续的，则依次输入所要打印的页码，中间用“，”间隔，如输入“2，4，6”，就会打印第 2、4、6 页的内容。也可以两种方法一起用，如图 1-30 所示。

（3）双面打印

默认情况下，文档是单面打印的，有时需要进行双面打印，这里以手动双面打印为例进行说明，选择图 1-31 中的“单面打印”下拉列表，选择“手动双面打印”即可。双面打印还可以减少纸张浪费。

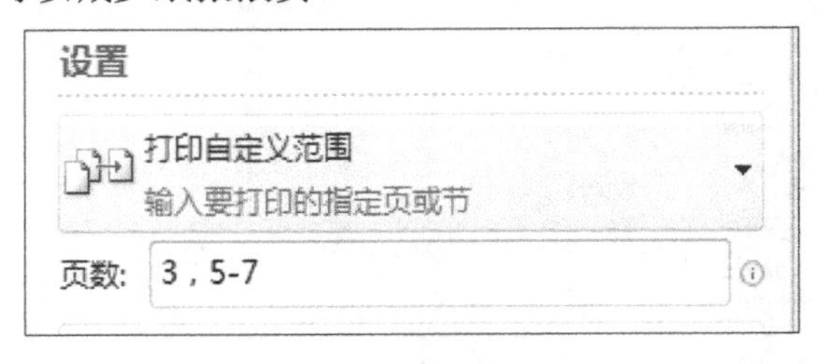

图 1-30 “自定义”打印范围设置

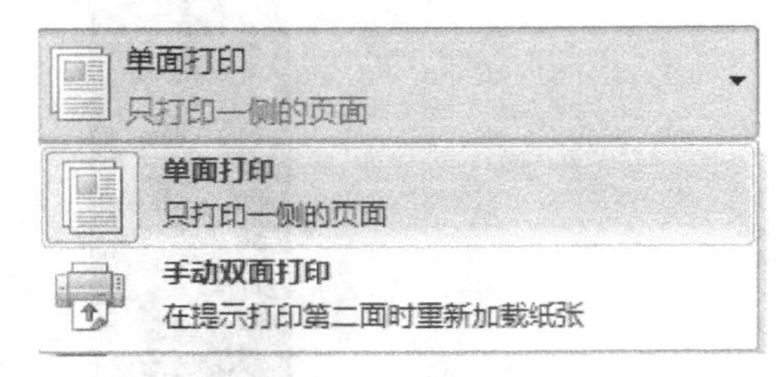

图 1-31 “手动双面打印”设置

提示： 设置成手动双面打印以后，打印完一面需要自己手动把另一面放进打印机里面继续打印。

（4）打印方向

可以根据需要在打印方向下拉列表中选择“纵向”或“横向”。

（5）打印份数

用来设置打印文档的份数，直接输入打印份数的值即可。

（6）打印方式设置

默认情况下，文档一个页面打印一页，通过设置打印参数，可以将几页合在一个页面上进行打印。

在图 1-27 中选择“每版打印一页”下拉按钮，打开如图 1-32 所示下拉列表，可以选择每版打印的页数，也可以选择“缩放至纸张大小”， 选择缩放的纸张进行缩放打印。默认情况下打印纸张为 A4 纸，如果选择 16 开（18.4 厘米×26 厘米），则可以将内容直接在缩小的纸张上打印出来，如图 1-33 所示。

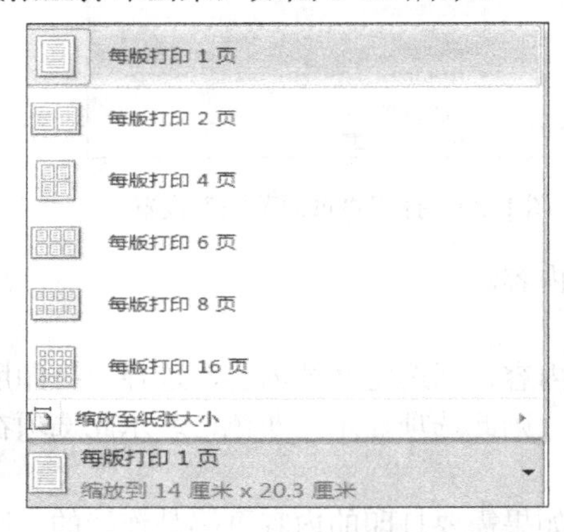

图 1-32 “版面页数”设置

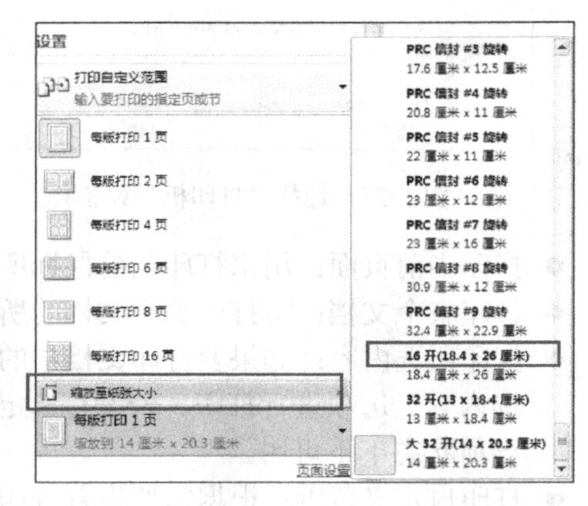

图 1-33 缩放打印设置

（7）其他设置

在文档打印界面，还可以设置打印的纸张大小和页边距。

1.7.2 打印预览

在文档打印之前，可以先预览一下打印效果，以便对不满意的地方进行修改。预览的操作方法是：选择“文件”选项卡→“打印”选项或单击快速访问工具栏上的“打印预览和打印”选项，即可弹出“打印”界面，如图 1-34 所示，左侧为打印属性设置页面，右侧显示的即是打印文档的预览效果。

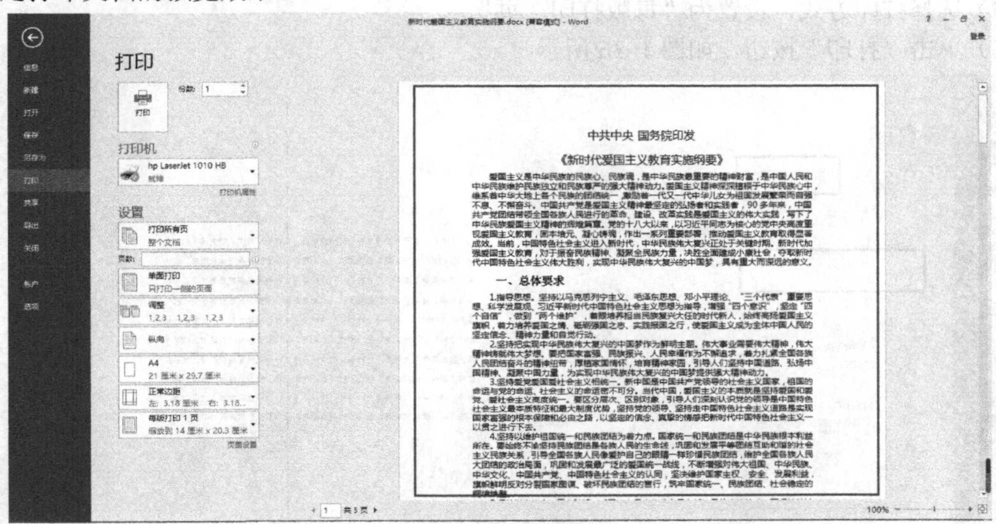

图 1-34 “打印”预览窗口

实例 1.3 打印文档属性设置

【操作要求】打开文档（见图 1-35），要求设置：使用“Microsoft XPS Document Writer”打印机打印当前的文件，页边距为“适中”，每版打印两页，并在“文档”文件夹中将文件另存为“简繁对照.xps”。

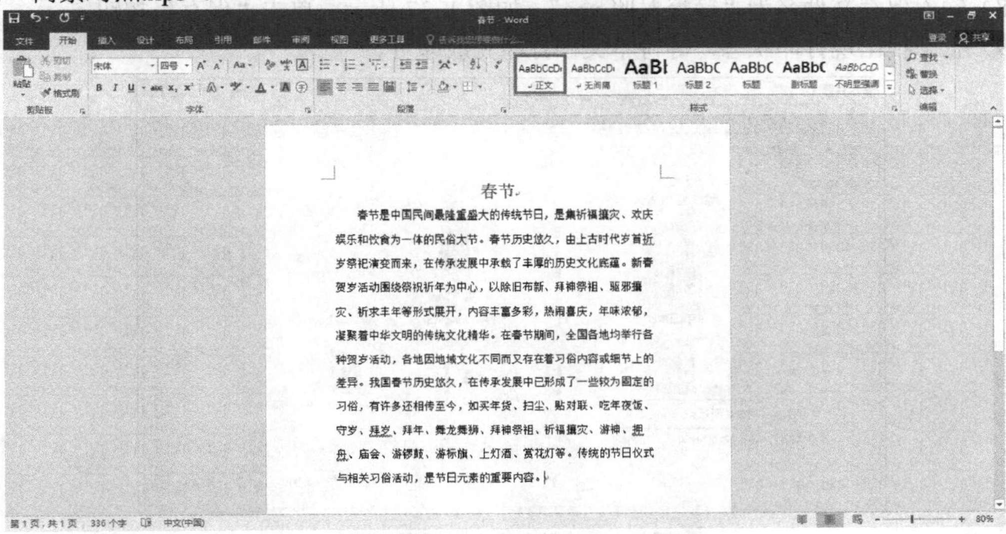

图 1-35 实例 1.3 素材文档

【操作步骤】

1）打开文档。

2）选择“文件”选项卡→“打印”选项，打开“打印”页面。

3）选择打印机类型为“Microsoft XPS Document Writer”。

4）页边距设置为“中等边距”。

5）选择打印方式，设置为“每版打印 2 页”。

6）单击“打印”按钮，如图 1-36 所示。

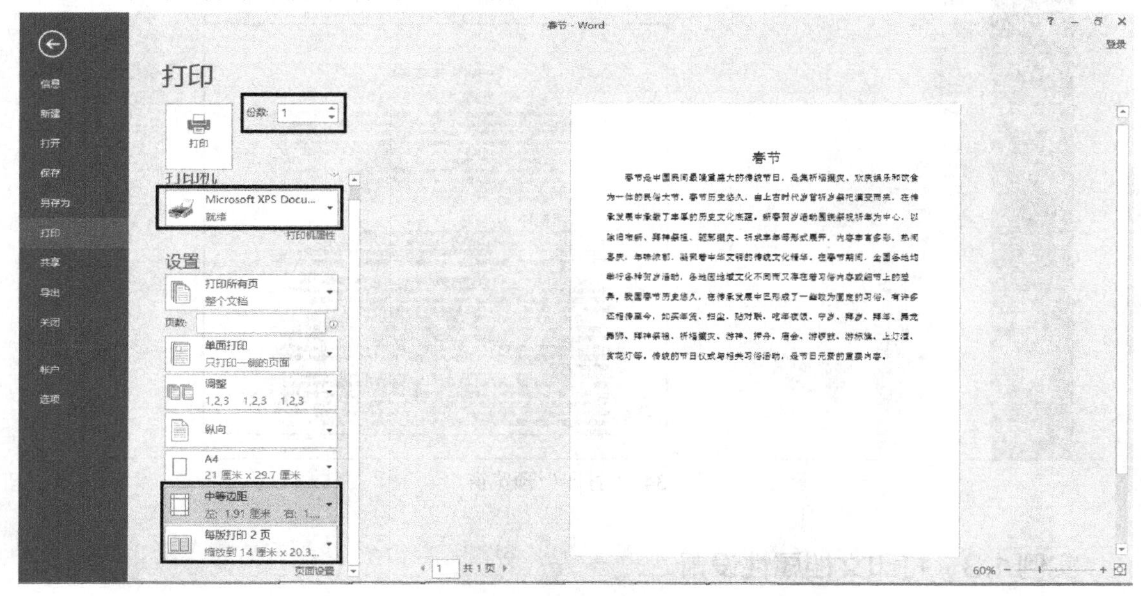

图 1-36 “打印”属性的设置

7）此时会弹出“文件另存为”对话框，设定保存位置为“文档”文件夹。

8）输入保存文件名为“简繁对照.xps”，如图 1-37 所示，单击“保存”按钮。

9）状态栏出现打印状态，等待本文档打印完成即可。

图 1-37 “另存为”对话框设置

1.8 “选项”对话框

Word 程序的默认设置可以满足用户的基本需求和习惯，用户也可以通过“选项”对话框对一些功能和选项进行设置，满足个性化需求。

1.8.1 打开“选项”对话框

选择“文件”选项卡→“选项”选项，打开如图 1-38 所示“Word 选项”对话框，可以对“常规”“显示”“校对”“保存”“版式”“语言”“高级”“自定义功能区”“快速访问工具栏”“加载项”“信任中心”共 11 个选项进行设置。

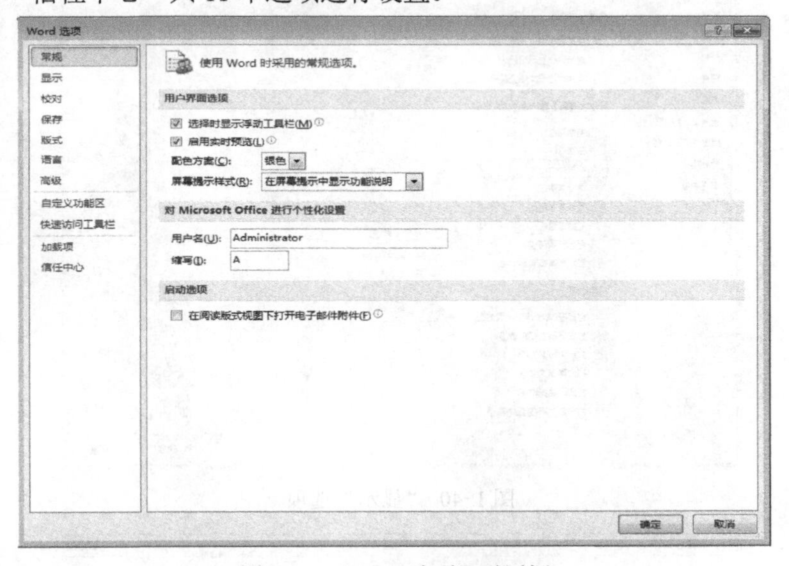

图 1-38 “Word 选项”对话框

1.8.2 常用选项设置

（1）“常规”选项

“常规”选项可以设置用户界面选项，包含是否显示浮动工具栏、配色方案、屏幕提示样式设置等操作，如图 1-39 所示，默认的屏幕提示样式为“在屏幕提示中显示功能说明”。

（2）“显示”选项

“显示”选项可以对页面显示选项、屏幕显示的格式标记、打印文档时的属性进行设置，如图 1-40 所示，默认设置是显示段落标记。

（3）“校对”选项

“校对”选项可以对文档进行自动拼写、拼写和语法检查时的选项设置，如图 1-41 所示。如单击“自动更正选项”按钮，出现“自动更正”对话框，选择“键入时自动套用格式”选项，将“自动编号列表”前面的“√”去掉，单击“确定”按钮可以撤销自动编号功能。

图 1-39 “常规”选项

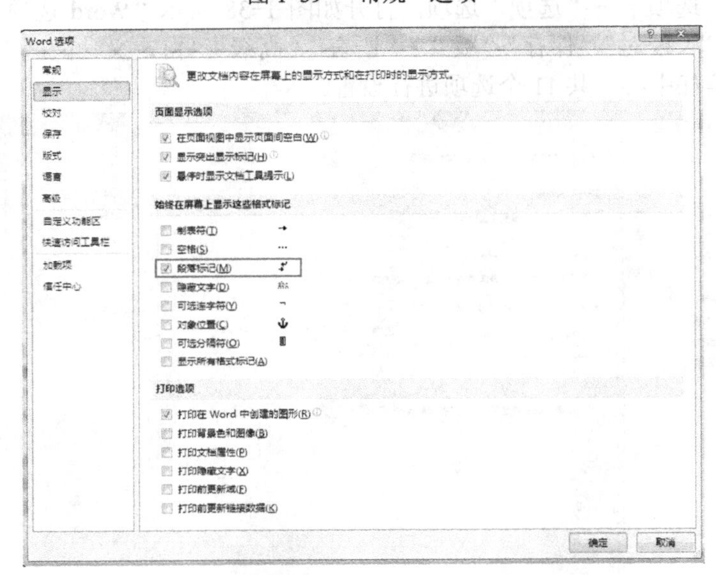

图 1-40 “显示”选项

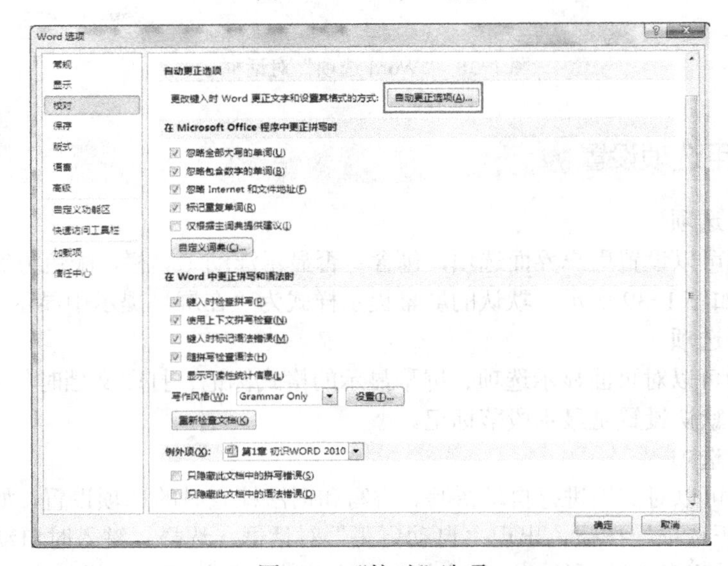

图 1-41 “校对”选项

（4）“保存”选项

“保存”选项可以对文档的保存格式、自动恢复文件位置等进行设置，如图 1-42 所示。如可以更改“保存自动恢复信息时间间隔”时间为“2 分钟”。

图 1-42 “保存”选项

（5）“自定义功能区”选项

“自定义功能区”选项允许用户对功能区进行自定义，在“自定义功能区”列表中，勾选相应的主选项卡选项，会在自定义功能区里显示相应主选项卡，如图 1-43 所示。

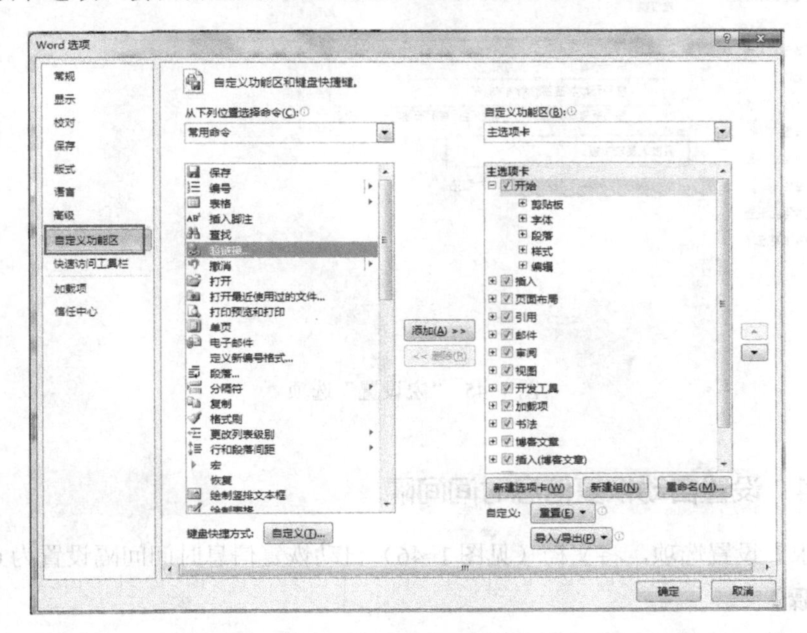

图 1-43 “自定义功能区”选项

（6）“信任中心”选项

单击“信任中心”选项→“信任中心设置”按钮，如图 1-44 所示，会弹出“信任中心”对话框。

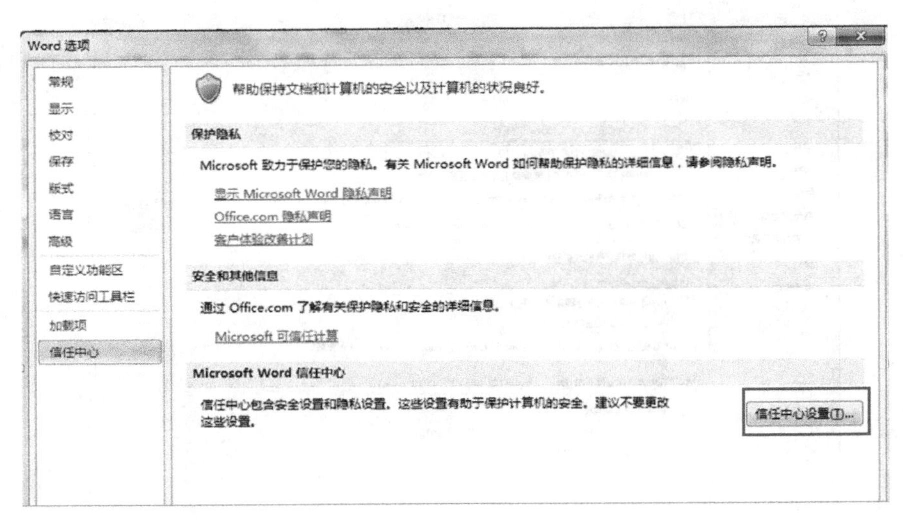

图 1-44 “信任中心”选项

可以对“受信任的发布者”“受信任的文档”“宏设置”“个人信息选项”等进行设置，如在左侧选择“宏设置”选项，在右侧选择“启用所有宏”，并勾选“信任对 VBA 工程对象模型的访问”复选框，就可以对文档进行宏操作设置，如图 1-45 所示。

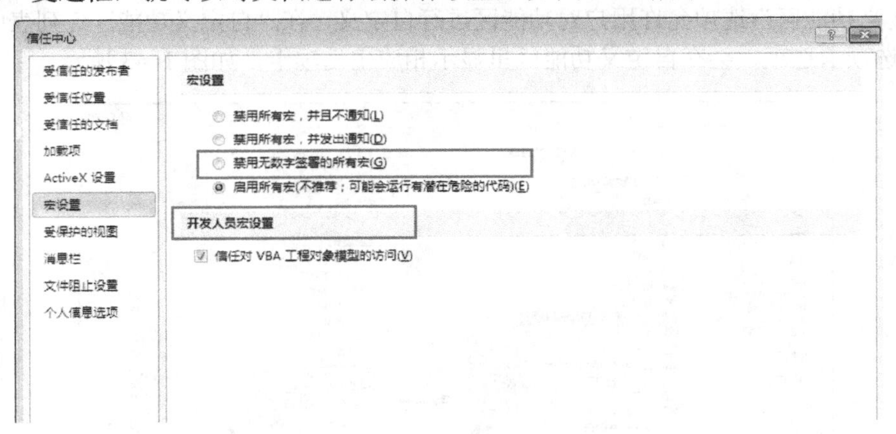

图 1-45 “宏设置”选项

实例 1.4 设置自动恢复信息时间间隔

【操作要求】设置选项，将文档（见图 1-46）自动恢复信息时间间隔设置为 6 分钟。

【操作步骤】

1）打开文档，选择“文件”选项卡→“选项”选项，打开“Word 选项”对话框，在左侧选择“保存”选项。

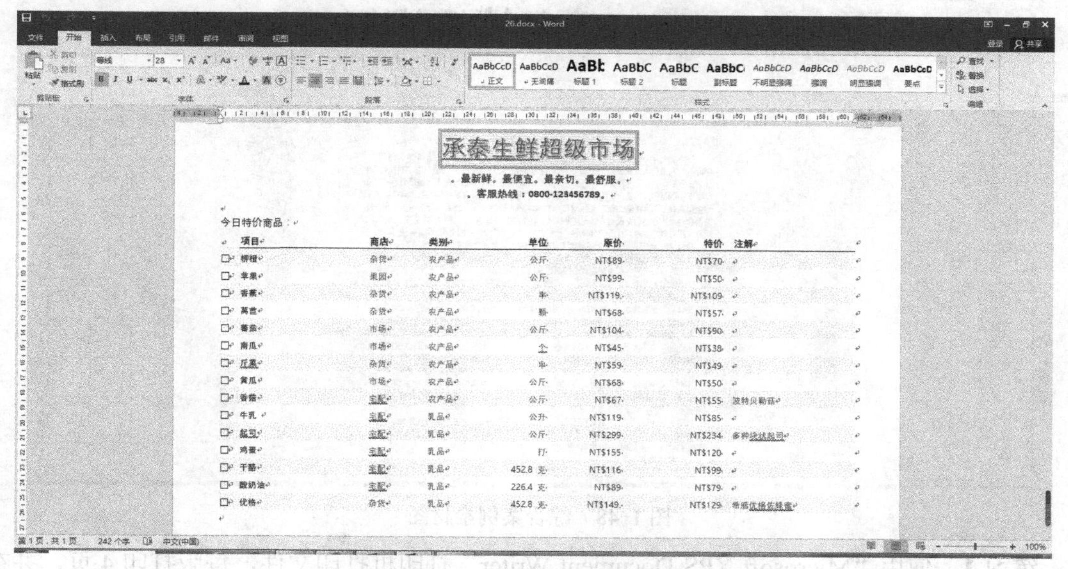

图 1-46　实例 1.4 素材文档

2）在“保存”选项右侧的“保存文档”列表中，将“保存自动恢复信息时间间隔”设置为 6 分钟，如图 1-47 所示，单击“确定”按钮。

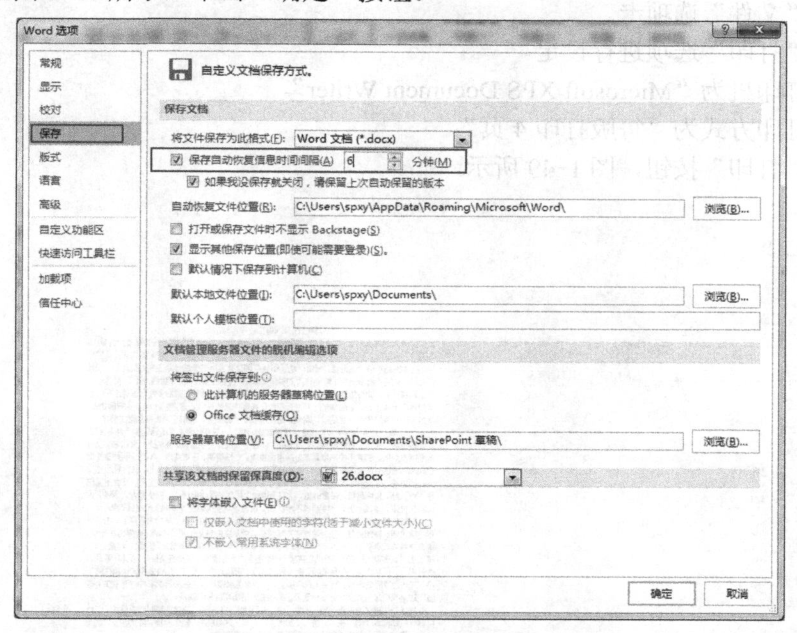

图 1-47　“保存”选项

1.9　综合案例

给定素材图 1-48，完成下列练习。

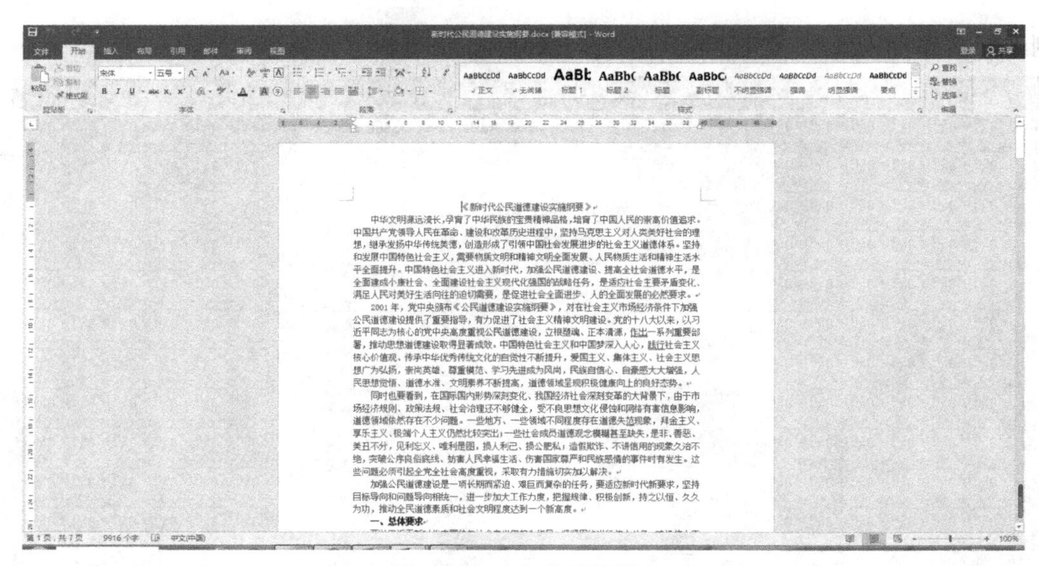

图 1-48　综合案例素材图

练习 1　使用“Microsoft XPS Document Writer”打印机打印文件，每版打印 4 页，并在“文件”文件夹中将文件另存为“打印结果.xps”。

【操作步骤】

1）单击“文件”选项卡。

2）选择“打印”选项进行设定。

3）选择打印机为“Microsoft XPS Document Writer”。

4）单击打印方式为“每版打印 4 页”。

5）单击“打印”按钮，图 1-49 所示。

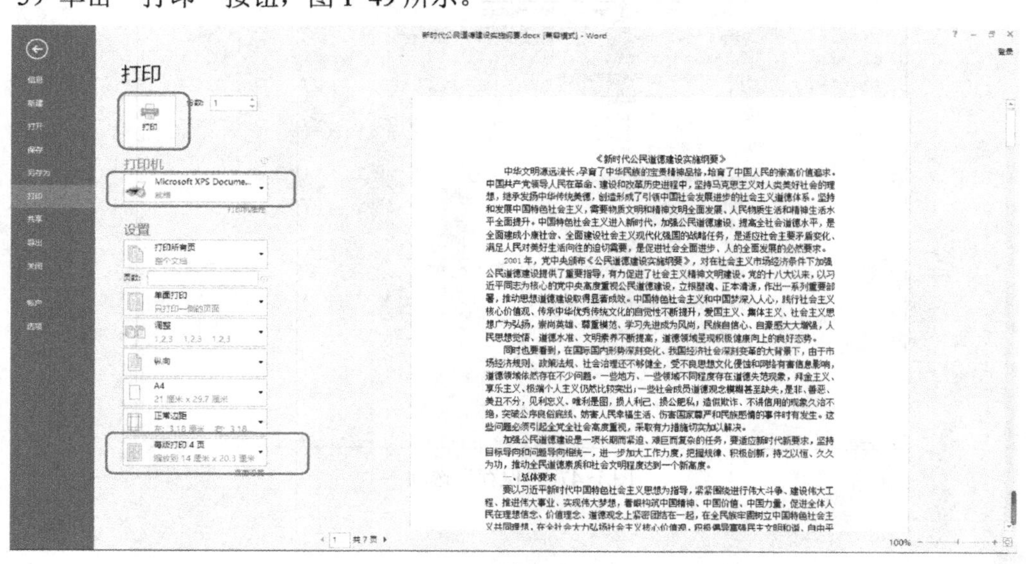

图 1-49　设置打印机和打印方式

6）此时弹出“文本另存为”对话框。设定保存位置为“文档”文件夹。

7）文件名命名为“打印结果”。

8）单击“保存”按钮，如图 1-50 所示。

图 1-50　保存打印结果

练习 2　将文件以“1357”密码加密，再标记为最终状态。

【操作步骤】

1）单击“文件”选项卡。

2）单击“信息”选项→“保护文档”按钮。

3）在下拉列表中选择“用密码进行加密”选项，弹出“加密”文档对话框，如图 1-51 所示。

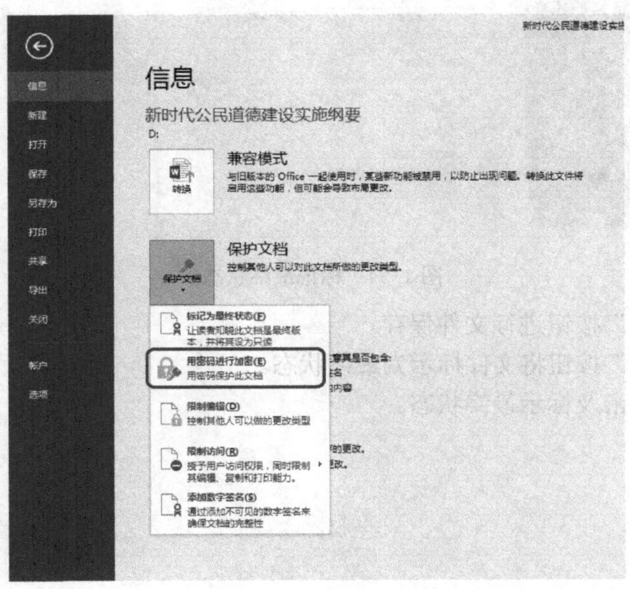

图 1-51　设置加密

4）输入密码“1357”。
5）单击“确定”按钮，如图 1-52 所示。
6）再次输入密码“1357”。
7）单击“确定”按钮，如图 1-53 所示。

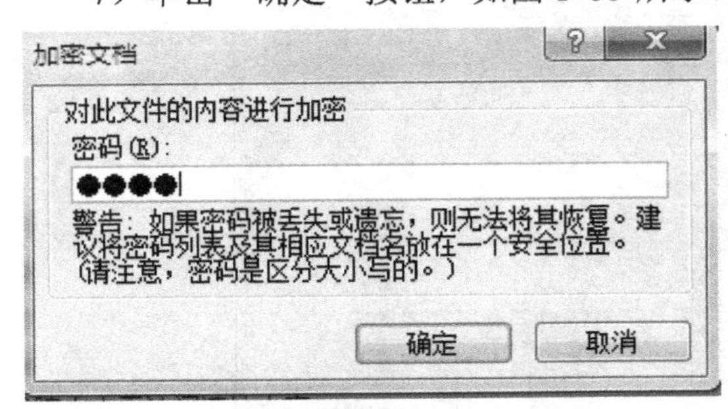

图 1-52　设置密码

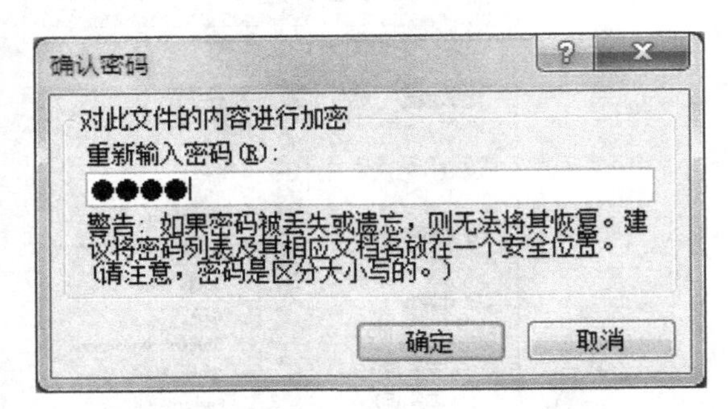

图 1-53　确认密码

8）单击“文件”选项卡→“信息”选项→“保护文档”按钮。
9）选择“标记为最终状态”选项，如图 1-54 所示。

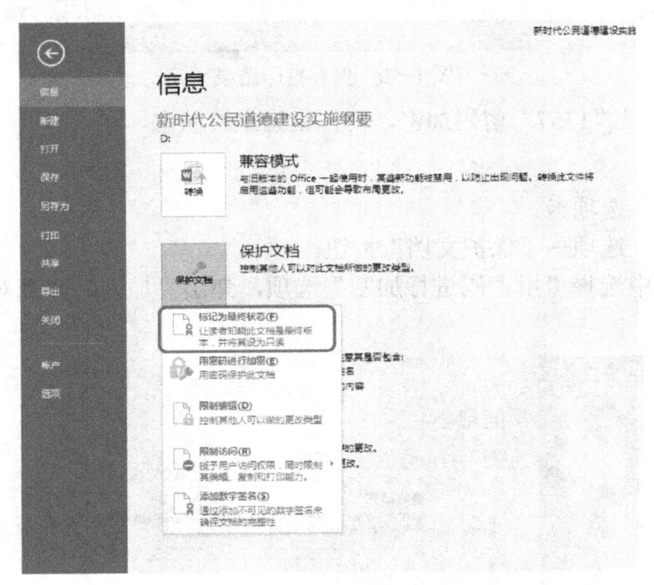

图 1-54　标记最终状态

10）单击“确定”按钮进行文件保存。
11）单击“确定”按钮将文件标示为最终状态。
12）完成文件加密及标示最终状态。

第2章 文档格式

本章主要学习使用“开始”选项卡下面的各个功能组，对创建的 Word 2016 文档进行字体、段落、样式等设置，完成文档的基础排版。

本章要点：

- 格式刷的使用
- 字体格式的设置
- 段落格式的设置
- 项目符号和编号的添加
- 边框和底纹的设置
- 样式的快速应用
- 样式的创建与更改

本章难点：

- 字体格式的设置
- 段落格式的设置
- 边框和底纹的设置
- 制表符的应用
- 样式格式化文档

给文档设置必要的格式，不仅可以使文档看起来更加美观，给人美的享受，还能使读者更加轻松地阅读和理解文档内容。本章主要学习使用“开始”选项卡下面的各个功能组，对创建的 Word 2016 文档进行格式设置。

2.1 剪贴板

剪贴板是 Windows 系统内置的一个非常有用的工具，当进行剪切或复制操作时，会把信息临时保存在剪贴板上，根据需要进行一次或多次粘贴操作。

2-1
剪贴板

2.1.1 粘贴选项

在进行文本移动或复制时，首先选中需要操作的文本信息，使用“复制”（〈Ctrl+C〉）或“剪切”（〈Ctrl+X〉）按钮，将信息保存在剪贴板上，然后可以使用“粘贴”按钮或按〈Ctrl+V〉组合键进行默认粘贴操作，也可以根据需要，进行粘贴方式的选择，粘贴方式主要有保留源格式、合并格式和只保留文本三种方式。如何进行粘贴方式选择呢？操作步骤如下。

1）打开 Word 文档，选定需要移动或复制的文本信息。

2）单击菜单栏中的“开始”选项卡→“剪贴板”功能组→“粘贴”按钮下方的黑色三角

形 ▾ ，打开命令下拉列表，或右击文本需要粘贴到的位置，在弹出的快捷菜单中选择“粘贴选项”选项，如图 2-1 所示。

图 2-1 粘贴选项

各粘贴选项说明如下。

- 保留源格式：保留需要移动或复制文本的字体、大小等格式。
- 合并格式：忽略复制文本的原有格式，采用与现在文件一致的格式进行粘贴。
- 只保留文本：忽略复制文本与现有文本的所有格式，只粘贴文本信息。

3）三种粘贴方式的效果如图 2-2 所示。

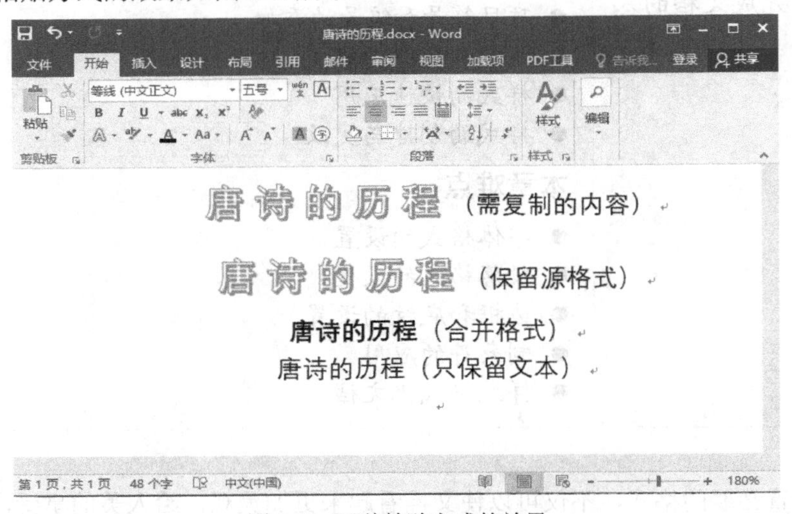

图 2-2 三种粘贴方式的效果

2.1.2 格式刷

在 Word 中，可以使用格式刷快速地将设置好的格式复制到其他文本中，从而提高工作效率。格式刷的操作步骤如下。

1）选定已设置好格式的文本。

2）单击“剪贴板”功能组→“格式刷”按钮，鼠标指针变成一个小刷子的形状。

3）拖动鼠标刷过需要设置格式的所有文本即可。

提示： 双击“格式刷”按钮，可多次复制格式到拖动过的文本上，再次单击“格式刷”按钮或按〈Esc〉键，可取消格式刷上的格式。按〈F4〉功能键也可以进行格式的多次复制。

2.1.3 “剪贴板”任务窗格

在 Word 中，可以利用“剪贴板”任务窗格管理剪贴板里面的内容，并对“剪贴板”的显示进行设置，操作步骤如下。

1）单击“开始”选项卡→“剪贴板”功能组→“剪贴板” 按钮，打开“剪贴板”任务窗格，如图 2-3 所示。

2）在“剪贴板”任务窗格中，可以显示临时保存在剪贴板中的信息，最多可以保存 24 个需要移动或复制的信息，根据需要单击选择需要粘贴的项目，也可以进行删除操作。

3）在打开的“剪贴板任务窗格”中，单击任务窗格底部的“选项”右侧的下拉按钮。在打开的“选项”下拉菜单中，可以设置“剪贴板”的显示选项。如选中“在任务栏上显示 Office 剪贴板的图标”选项，如图 2-4 所示。

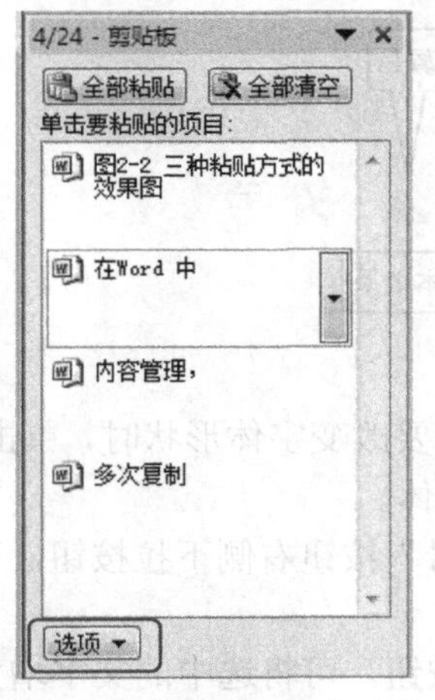

图 2-3 “剪贴板”任务窗格

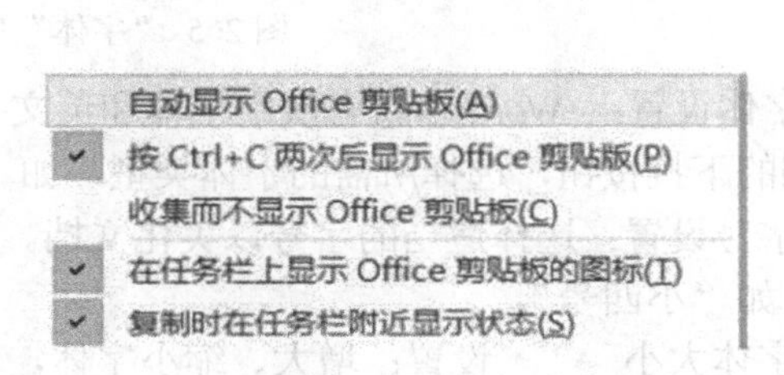

图 2-4 “剪贴板”的选项设置

各选项说明如下。

- 自动显示 Office 剪贴板：当 Office 剪贴板中暂存有内容时，自动打开“Office 剪贴板”任务窗格。
- 按 Ctrl+C 两次后显示 Office 剪贴板：连续两次按〈Ctrl+C〉组合键打开“Office 剪贴板”任务窗格。
- 收集而不显示 Office 剪贴板：当 Office 剪贴板中暂存有内容时，不打开“Office 剪贴板”任务窗格。
- 复制时在任务栏附近显示状态：当有新的粘贴内容时，自动弹出提示信息。

4）单击右上角的“关闭”按钮 ×，可以关闭剪贴板任务窗格。

2.2 字体

默认情况下，在文档中输入的文本都是软件默认的格式，而在实际工作中，不同的文档需设置不同的字体格式，因此在完成文本的输入后，可以对文本的字体格式进行设置。

2.2.1 字体格式

字体格式包括字体、字形、字号、颜色、下画线、上标、下标等。设置方法有两种，一种是使用“开始”选项卡中的“字体”功能组中的命令按钮进行设置，另一种是利用“字体”对话框进行设置。

1．利用“字体”功能组中的命令按钮

1）打开文档，选定需要设置的文本对象。

2）单击“开始”选项卡→“字体”功能组中相应命令按钮进行设置，“字体”功能组命令按钮如图 2-5 所示。

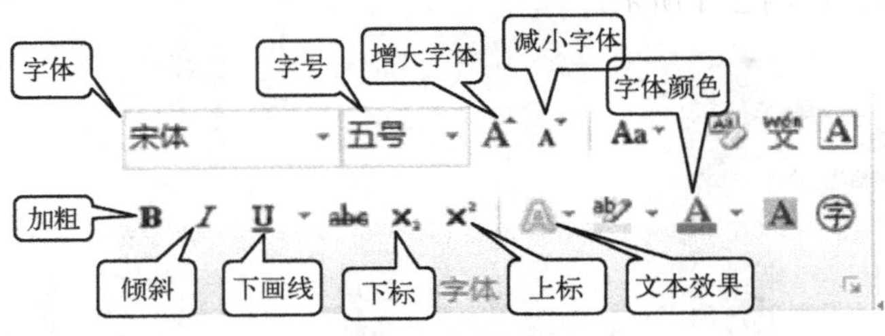

图 2-5 “字体”功能组按钮

3）字体设置： Word 中带有汉字字体和英文字体。当需要改变字体形状时，单击“字体”按钮右侧的下拉按钮，选择所需的字体类型，如“仿宋”字体。

4）字号设置：选择适当的字号以美化文档。单击“字号”按钮右侧下拉按钮，选择所需的字号，如“小四号”。

5）字体大小 A˄ A˅ 设置：增大、缩小字体，单击相应按钮，可将选中的文字增大或缩小 1 个号的大小。

6）设置 B 、 I 、 U 、 abc ：可以对选定的文本进行加粗、倾斜、加下画线、加删除线设置，增强显示效果。

7）设置 X^2、X_2：可以分别实现对文本的上标和下标效果设置。

8）设置字体颜色 A：选中需要设置的文本后，直接单击图标可以将文本设置为现有的颜色，如果单击右边的下拉按钮，弹出如图 2-6 所示的下拉列表，则可以对字体进行主题颜色、标准色、其他颜色、渐变的设置。

如果列表中没有需要的颜色，则可以选择“其他颜色”选项，出现如图 2-7 所示对话框，在“标准”选项卡下选择需要的颜色。

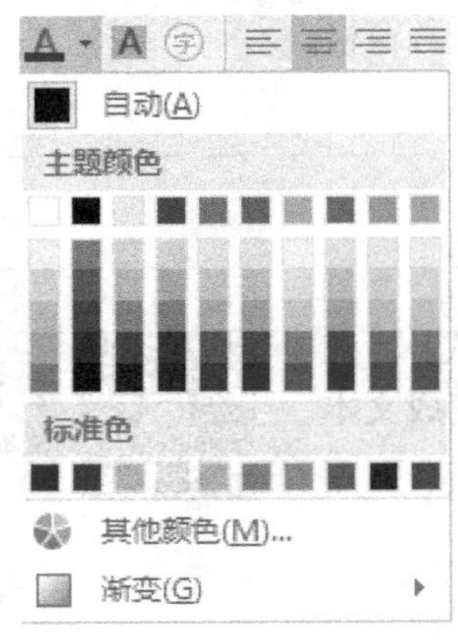

图 2-6 “字体颜色”设置

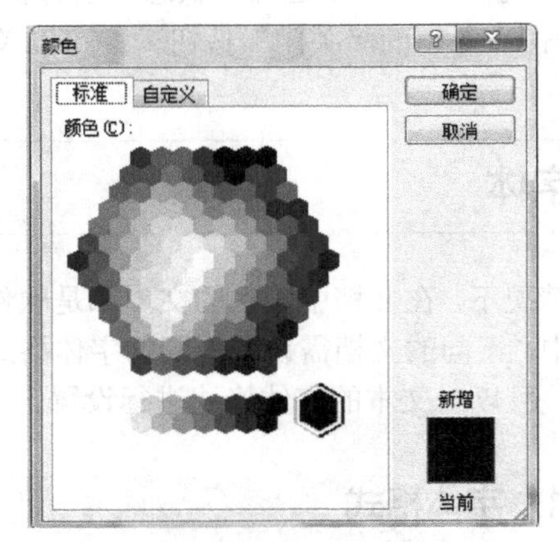

图 2-7 “标准颜色”设置

若需要指定的字体颜色是 RGB 值，可以进行自定义设置，如设为（RGB：250，155，150），则选择“自定义”选项卡，在出现的对话框中输入指定的值，如图 2-8 所示。

9）文本效果设置 ：对所选文字使用外观效果，如阴影、映像、发光、连字效果，增强文字的吸引力，如图2-9所示。

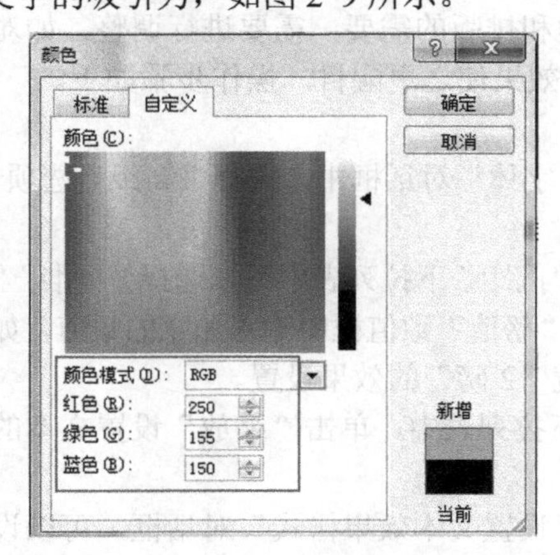

图2-8 “自定义颜色”设置

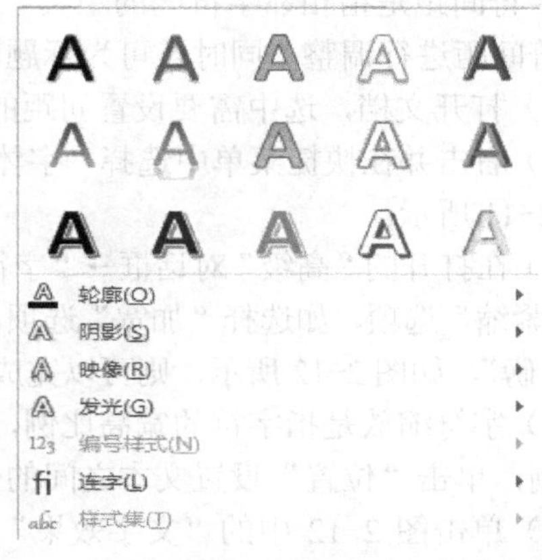

图2-9 “文本效果”设置

10）更改大小写 Aa ：根据需要对英文文本进行大小写格式设置，单击 Aa 右侧的 按钮，弹出大小写设置选项，如图2-10所示。

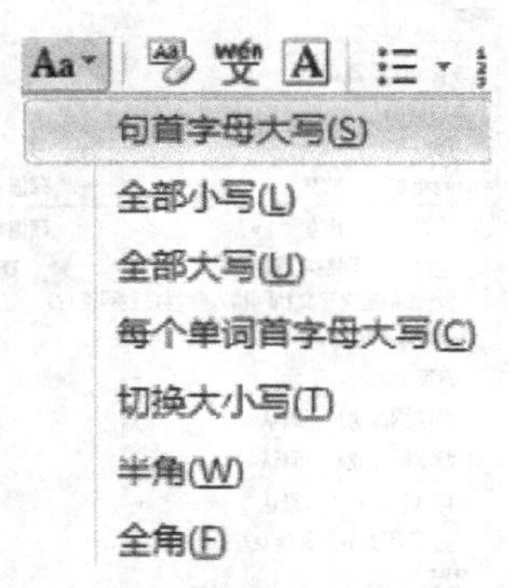

图2-10 “更改大小写”设置

11）文本“边框和底纹”设置 A、A：可以对选定的文本添加默认的边框和底纹效果。

2. 利用“字体”对话框设置

1）打开文档，选定需要设置的文本对象。

2）单击“开始”选项卡→“字体”功能组右下角的↘按钮，打开“字体”对话框，或右击选定文字，在快捷菜单中选择“字体”选项，也会弹出“字体”对话框，如图2-11所示，可以对字体、字号、字体颜色、下画线线型、下画线颜色、着重号等进行综合的设置。

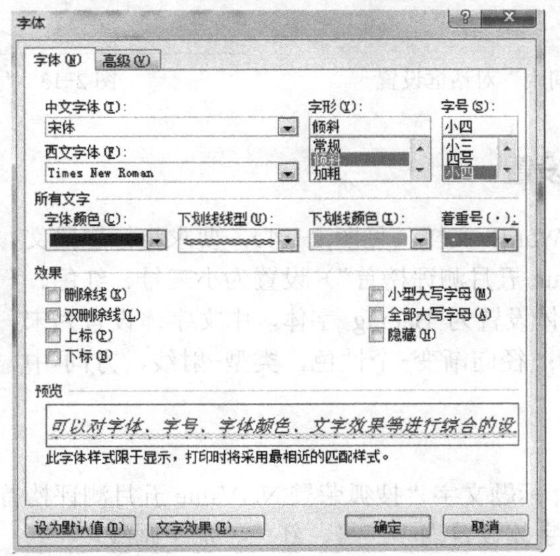

图2-11 “字体”对话框设置

2.2.2 字符间距与缩放

字符间距是指相邻字符间的距离，有时为了阅读和排版的需要，需要进行调整，如对标题字符间距进行调整，同时还可为标题添加一些文字效果使之更醒目。操作步骤如下。

1）打开文档，选中需要设置间距的文本。

2）右击并在快捷菜单中选择“字体”选项，在“字体”对话框中，选择“高级”选项卡，如图2-11所示。

3）在打开的“高级”对话框→“字符间距”栏→“间距”下拉列表中可以选择“标准”“加宽”“紧缩”选项，如选择“加宽”选项，并在后面的“磅值”数值框中输入加宽的数值，如输入“2磅”，如图2-12所示，则可以完成选定文本加宽“2磅”的效果设置。

4）字符缩放是指字符的宽高比例，在“缩放”下拉列表中，单击“缩放”设置文本的缩放比例，单击“位置”设置文本之间的位置关系。

5）单击图2-12中的“文字效果”按钮，弹出“设置文本效果格式”对话框，可以设置文本填充、文本边框、阴影、映像等文字效果，如“纯色填充”设置，如图2-13所示。

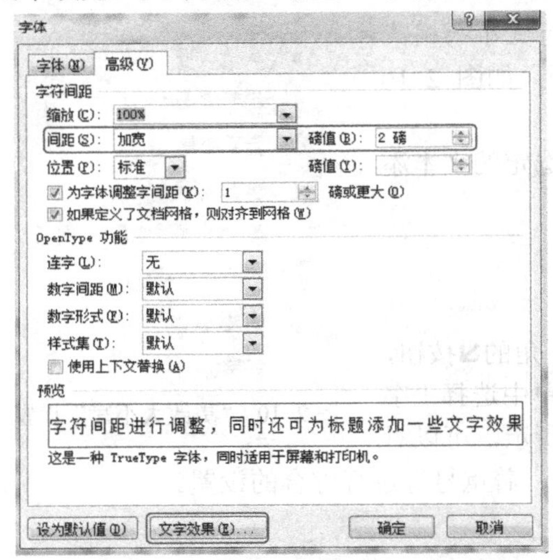

图2-12 “字符间距”对话框设置

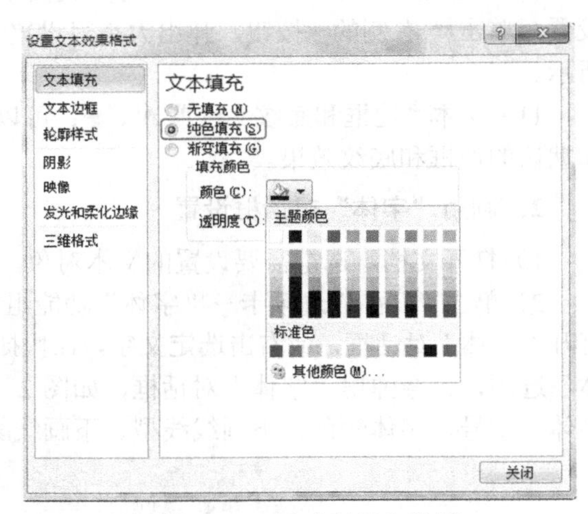

图2-13 “文本效果”设置

实例2.1 字体设置

【操作要求】打开Word1文档（见图2-14），要求将标题段文字（“搜狐荣登NetValue五月测评榜首”）设置为小三号、红色、加下画线、其中英文字体设置为Batang字体，中文字体设置为宋体，并设置文本效果为：径向渐变-个性色，类型-射线，方向-中心辐射。

【操作步骤】

1）打开文档，选择标题文字“搜狐荣登NetValue五月测评榜首”，在“开始”选项卡里的“字体”功能组中将字体设置为小三号、红色、加下画线。

2）单击“字体”功能组右下角的展开按钮，在打开的“字体”对话框中，设置中文字体为“宋体”，西文字体为“Batang”字体，如图 2-15 所示。

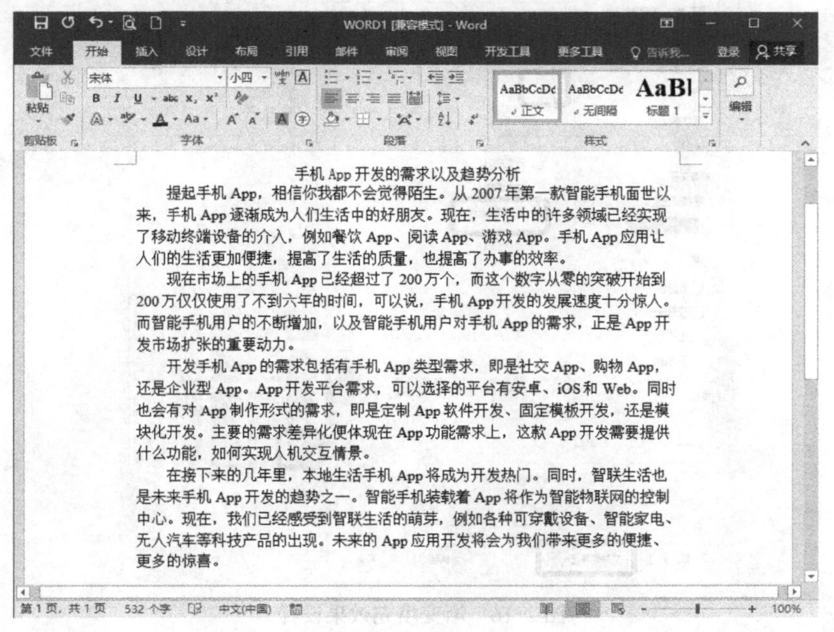

图 2-14　Word1 文档

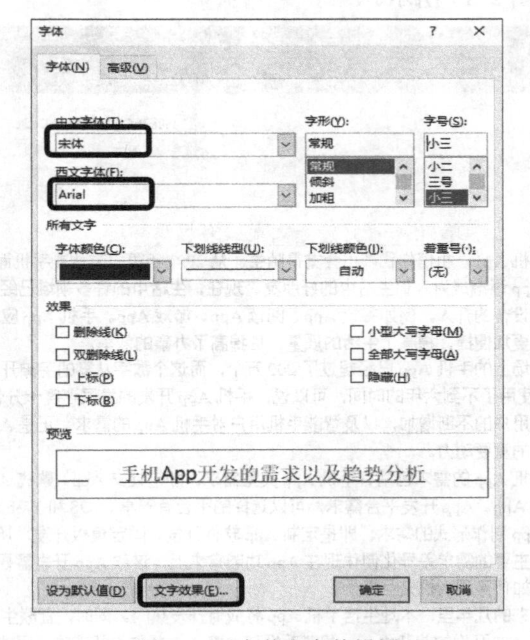

图 2-15　中英文字体设置

3）单击“字体”对话框中的“文本效果”按钮，弹出“设置文本效果格式”对话框，如图 2-16 所示。

4）选择“文本填充”栏中的“渐变填充”，在“预设颜色”下拉列表中选择“径向渐变-个性色”，在“类型”下拉列表中选择“射线”，在“方向”下拉列表中选择“中心辐射”。

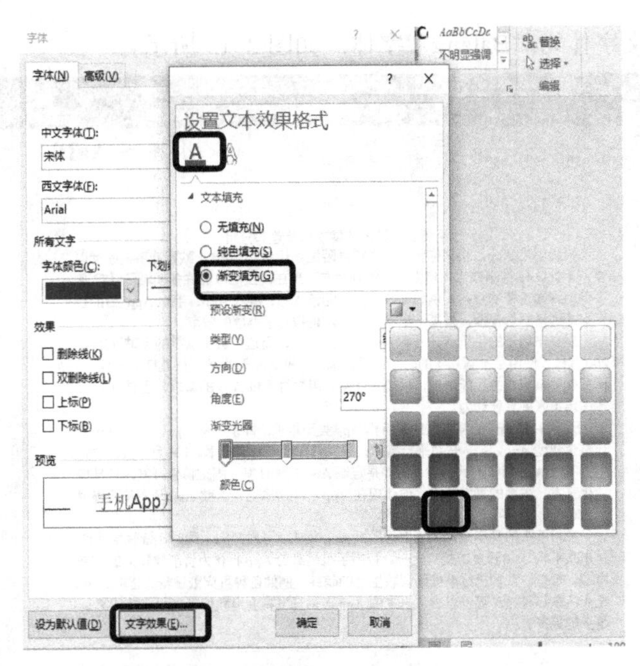

图 2-16　渐变填充效果设置

5）设置最终效果如图 2-17 所示。

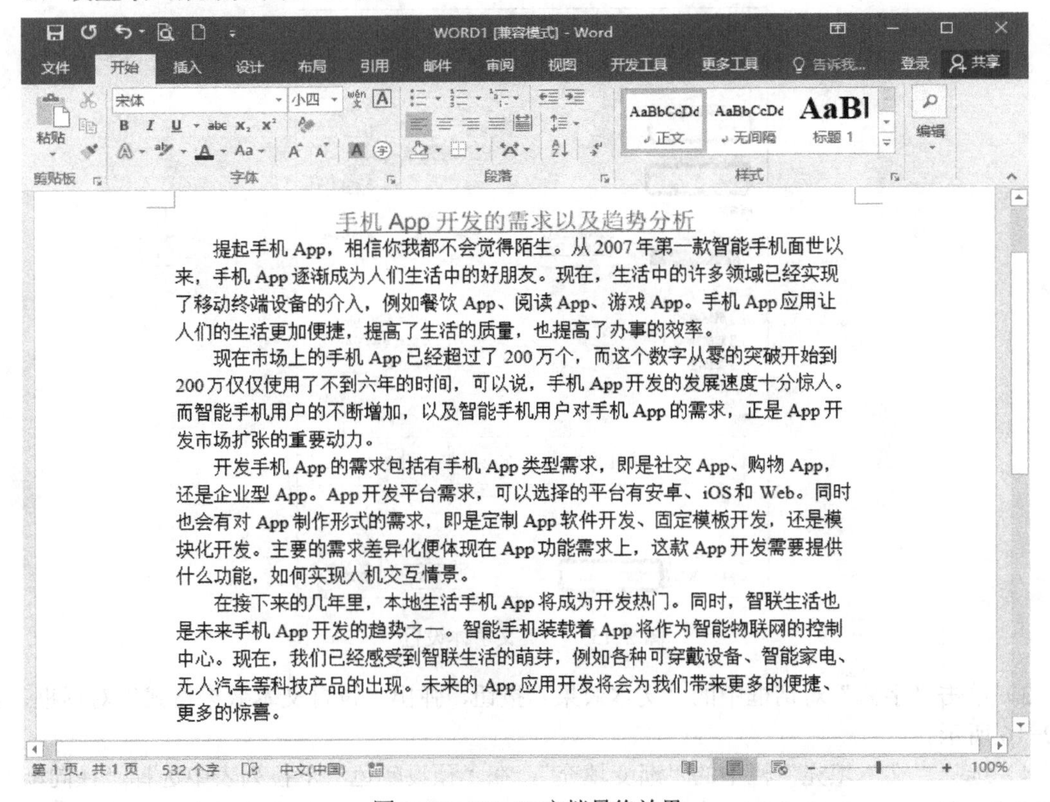

图 2-17　Word1 文档最终效果

2.2.3 字符特殊效果

1. 拼音指南

现实生活中，经常遇到需要使用添加拼音标识的文档，比如新华字典、小学语文课本等。那么在编辑 Word 文档时，如何给文档字符添加拼音呢？操作步骤如下。

1）打开文档，选定需要添加拼音的文本，如图 2-18 所示。

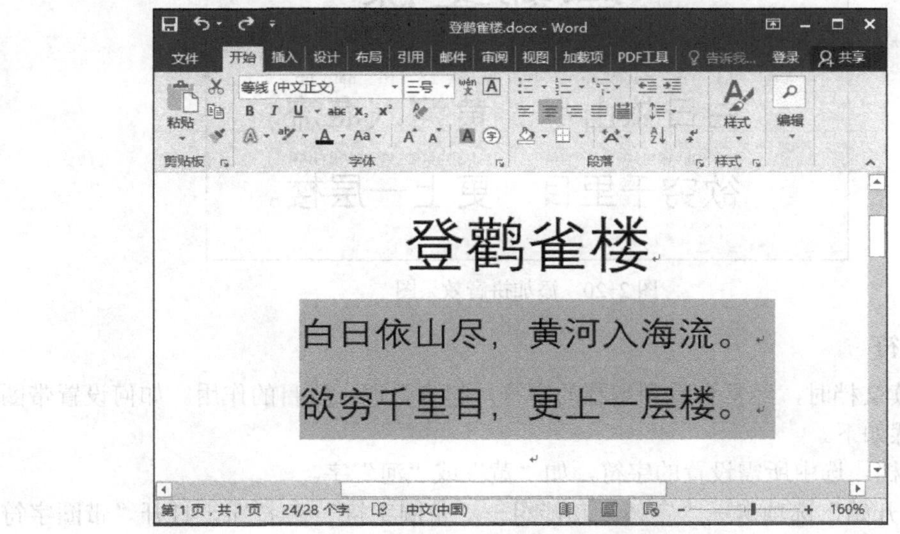

图 2-18 选定文本对象

2）单击“开始”选项卡→“字体”功能组→“拼音指南”按钮，打开“拼音指南”对话框。

3）设置添加拼音相关参数，如设置对齐方式为“居中”，偏移量为“2”磅，字体为“华文中宋”，字号为“6”磅，在下方预览窗口就能看到设置的效果，如图 2-19 所示。

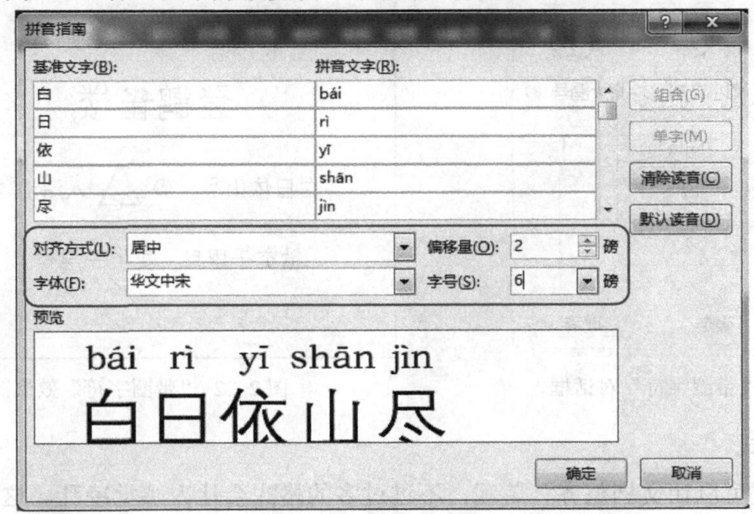

图 2-19 “拼音指南”设置对话框

4）单击“确定”按钮，选定的文本即完成添加拼音设置，并标有声调，效果如图 2-20 所示。

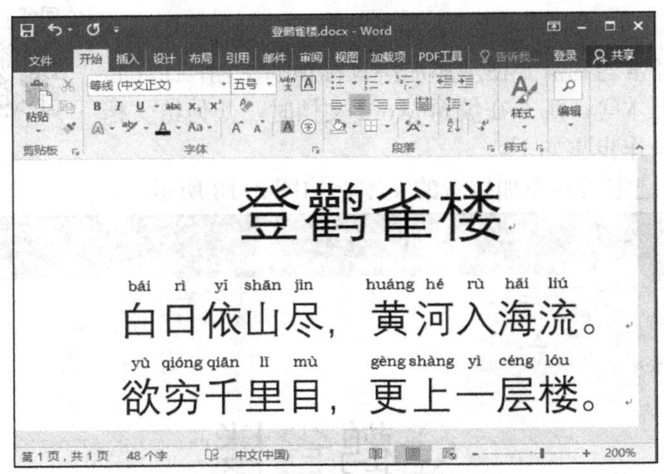

图 2-20 添加拼音效果图

2. 带圈字符

平时在阅读文档时，经常会看到带圈的字符，起到强调、醒目的作用。如何设置带圈效果呢？操作步骤如下。

1）打开文档，选中所需设置的字符，如“黄”或“河”字。

2）单击“开始”选项卡→“字体”功能组→“带圈字符”按钮，打开“带圈字符”对话框，如图 2-21 所示。

3）设置“黄”字样式为“缩小文字”，圈号为圆形；“河”字为“增大圈号”，保持原文字大小，圈号为三角形。则设置效果如图 2-22 所示。

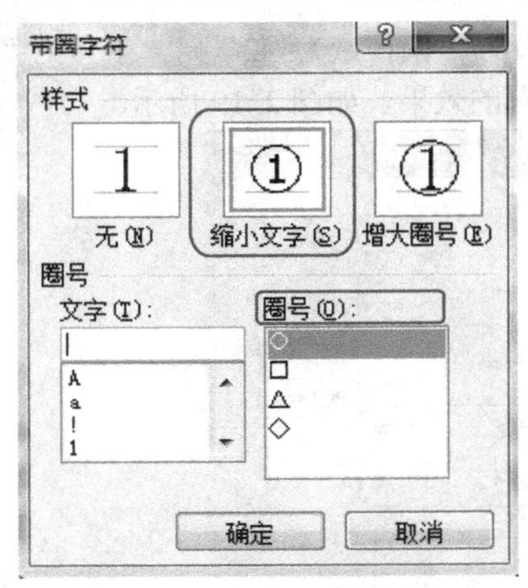

图 2-21 “带圈字符”对话框

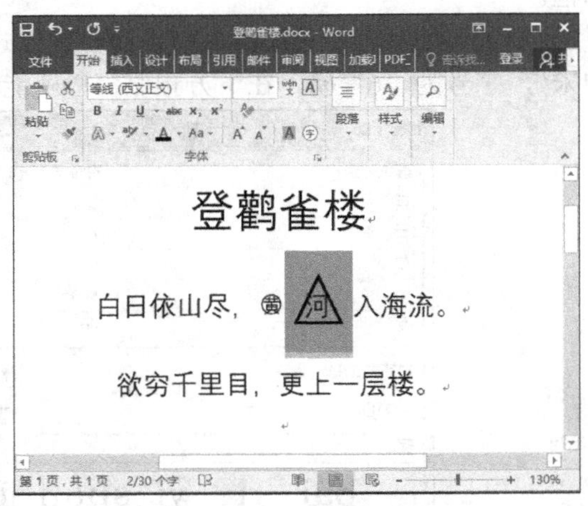

图 2-22 “带圈字符”效果图

3. 清除格式

格式的设置可以让文档整齐、美观，不过过多的格式会让人感觉凌乱。这时候可以根据需要对不喜欢的格式进行清除，操作方法如下。

1）打开文档，选定需要清除格式的文本。

2）单击“开始”选项卡→“字体”功能组→“清除格式”按钮。

3）选定文本的所有格式会被清除，只剩下纯文本内容。

实例 2.2　设置文本特殊效果

【操作要求】打开“兰花”文档（见图 2-23），要求以“填充：白色；边框：红色，主题色 2；清晰阴影：红色，主题色 2”文本效果应用至第 1 段文字，文字轮廓及阴影皆为“紫色”。最后再将字体颜色设为“紫色”，渐变为“线性向下”变体效果。

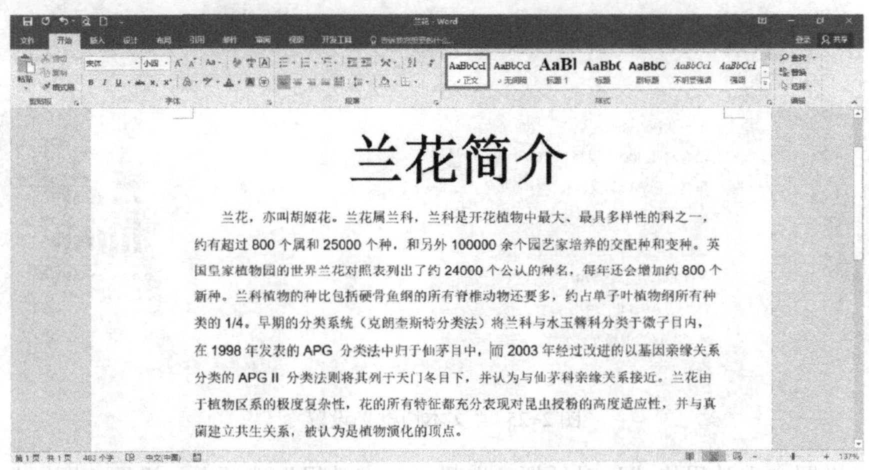

图 2-23　“兰花”文档

【操作步骤】

1）打开文档，选中标题文字“兰花简介”。

2）单击“开始”选项卡→“字体”功能组→“文本效果”按钮，打开“文本效果”下拉列表，如图 2-24 所示。

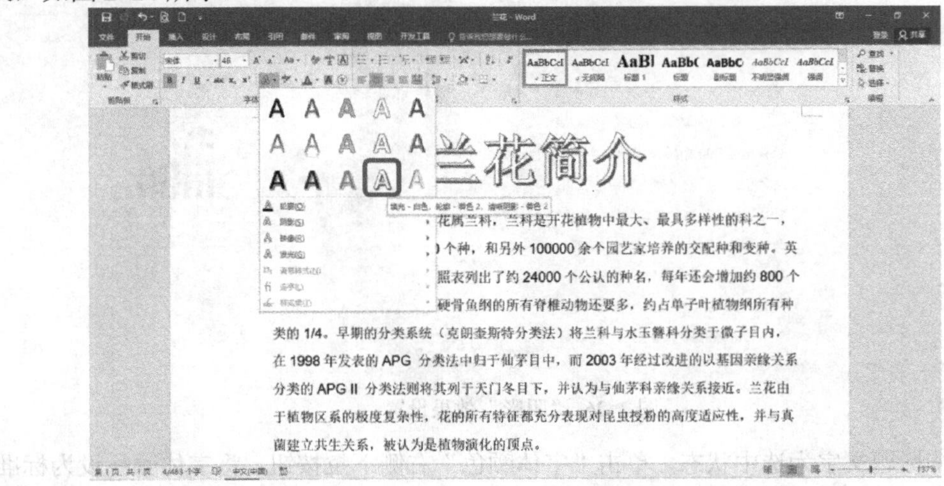

图 2-24　“文本效果”设置

3）在效果列表中选择“填充：白色；边框：红色，主题色 2；清晰阴影：红色，主题色 2”文本效果。

4）保持标题文字为选中状态，单击“字体”功能组右下角的展开按钮 ，在打开的“字体”对话框中，单击“文本效果”命令，打开“设置文本效果格式”对话框，在“文本填充与轮廓”选项卡中，设置“文本边框”为实线，颜色为紫色，如图 2-25 所示。

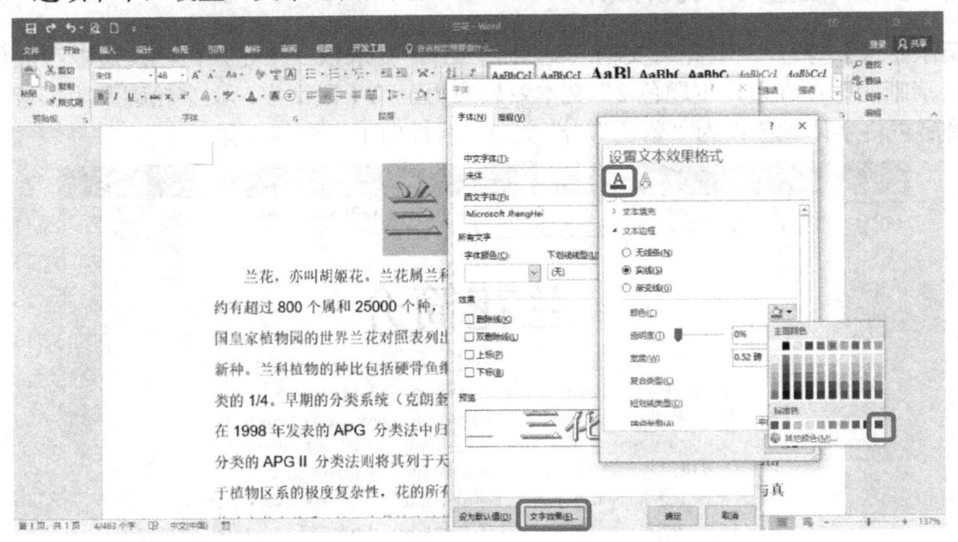

图 2-25 “文本边框”设置

5）在“设置文本效果格式”对话框，选择“文字效果”选项卡，设置“阴影”列表中的颜色为紫色，如图 2-26 所示。

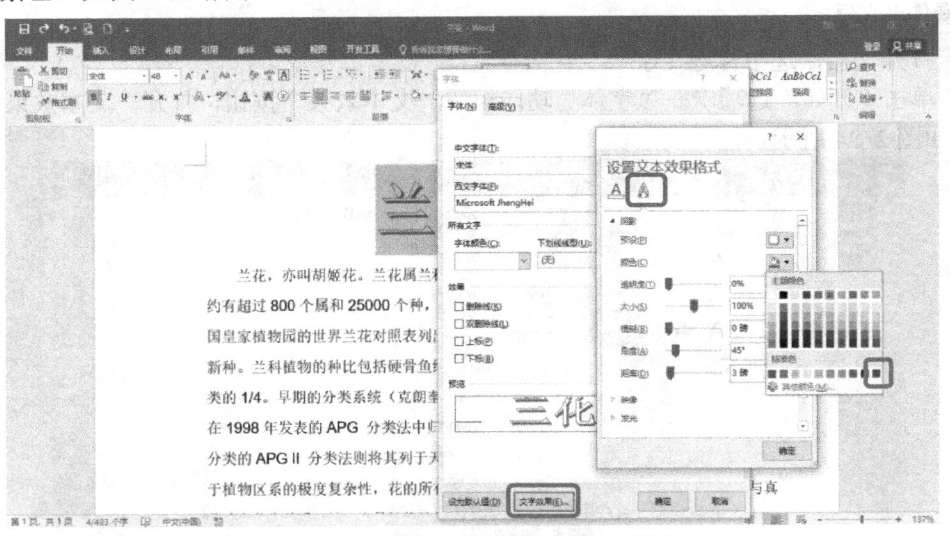

图 2-26 “阴影”效果设置

6）保持标题文字为选中状态，单击“字体颜色”右侧下拉按钮，将字体颜色设为标准色中的“紫色”；选项“渐变”→“浅色变体”→“线性向下”变体效果，如图 2-27 所示，单击“确定”按钮，关闭对话框，完成所有设置。

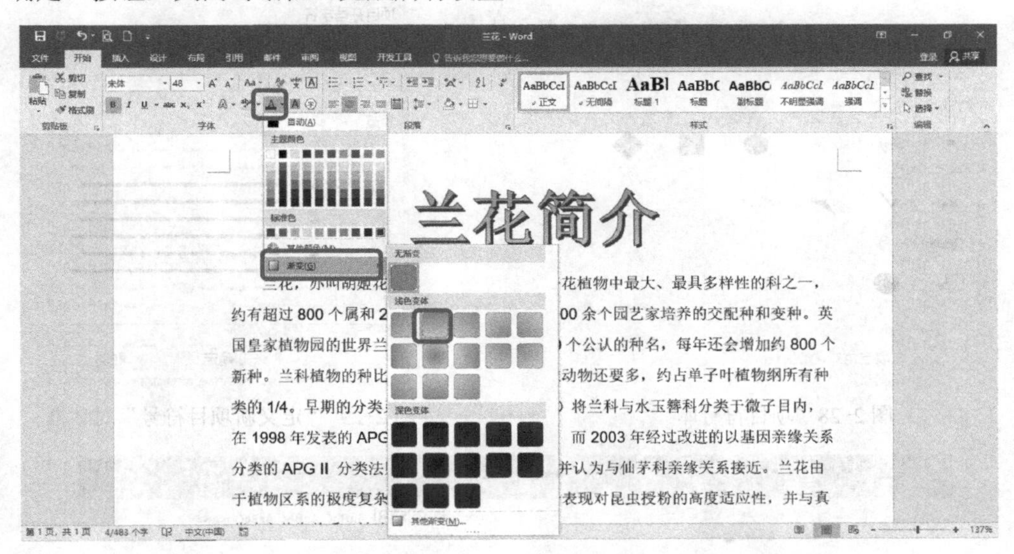

图 2-27 “渐变效果”设置

2.3 段落

Word 2016 的段落设置主要包括项目符号和编号的添加、对齐方式和边框与底纹设置等。

2.3.1 项目符号

为了让文本更醒目，可以给文本添加项目符号，如◆、●符号等。项目符号是为选中的自然段落添加的符号标志，各项目没有顺序，是并列关系。

添加项目符号，操作步骤如下。

1）选择需要设置项目符号的段落，单击“开始”选项卡→“段落”功能组→项目符号按钮 ，或右击选定文本，在快捷菜单里选择“项目符号”选项，打开“项目符号库”，如图 2-28 所示，选择所需项目符号直接应用。

2）选择“定义新项目符号”选项，打开“定义新项目符号”对话框，如图 2-29 所示。

3）单击“符号”或“图片”按钮，打开“符号”或“图片”窗口，选择合适的项目符号，并设置项目符号的对齐方式，单击“确定”按钮，即可完成新的项目符号定义。

实例 2.3 项目符号的应用

【操作要求】打开“硬盘的技术指标”文档（见图 2-30），要求将两条横线之间的项目符号更改为“文档”文件夹的“Hdd.jpg”图片，大小为 14 磅，文本对齐方式为居中对齐。

2-5 项目符号的应用

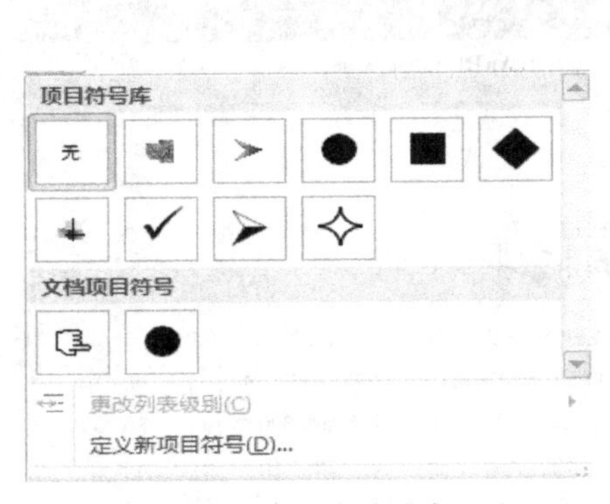

图 2-28　项目符号库

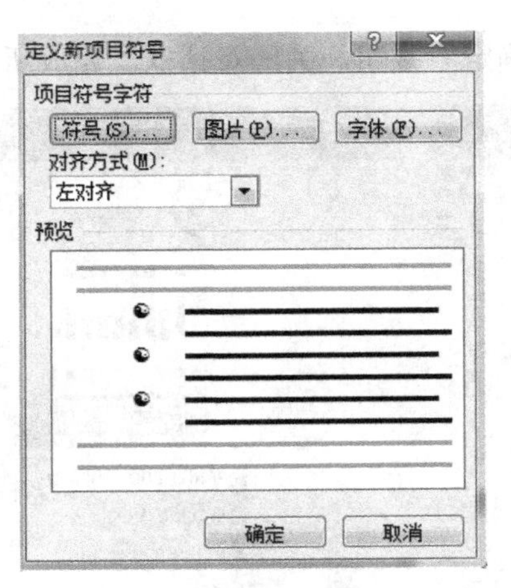

图 2-29　“定义新项目符号”对话框

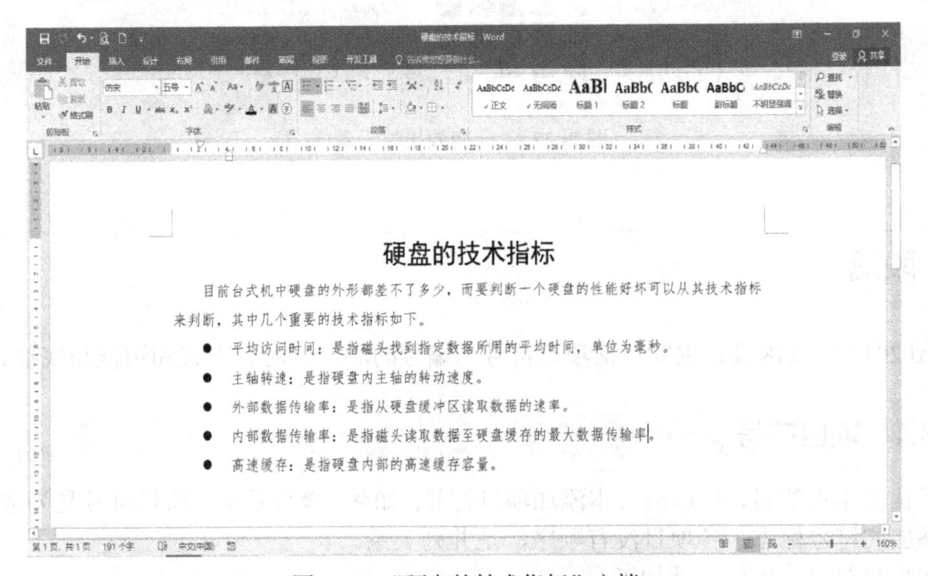

图 2-30　“硬盘的技术指标”文档

【操作步骤】

1）打开文档，选中第 2～5 段之间需要设置项目符号的段落。

2）单击“开始”选项卡→“段落”功能组→“项目符号”按钮旁边的下拉按钮。

3）选择“定义新项目符号”选项，弹出“定义新项目符号”对话框，如图 2-28 所示。

4）单击“图片”按钮，弹出“插入图片”对话框，如图 2-31 所示。

5）选择“从文件”选项，弹出“插入图片”对话框。

6）单击“文档”文件夹，在文档库里选择“Hdd.jpg”文件，如图 2-32 所示。

7）单击“打开”按钮，弹出“定义新项目符号”对话框，如图 2-33 所示。

8）在预览列表中可以看到已将“Hdd.jpg”图片成功设置为项目符号，单击“确定”按钮，完成项目符号的应用。

9）单击任一项目符号图片，则会选中所有的项目符号图片，设定字体大小为 14 磅，如图 2-34 所示。

图 2-31　“插入图片”对话框

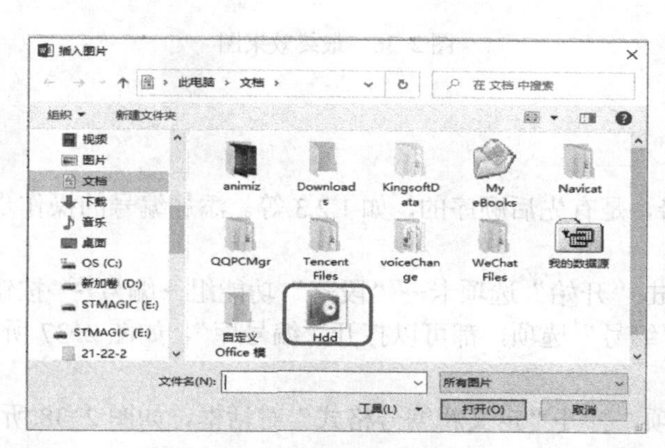

图 2-32　“选择图片”对话框

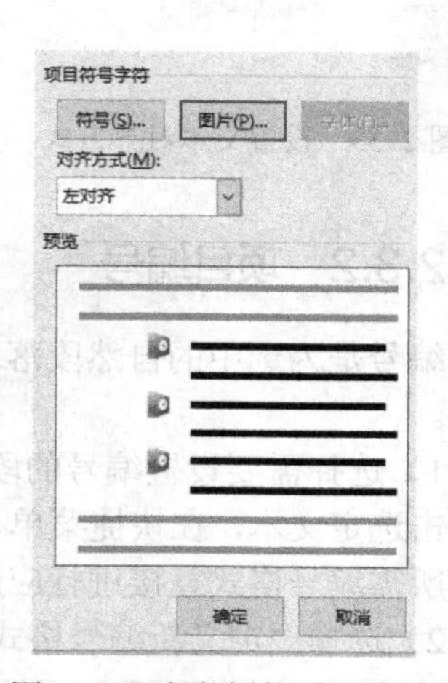

图 2-33　定义新的项目符号

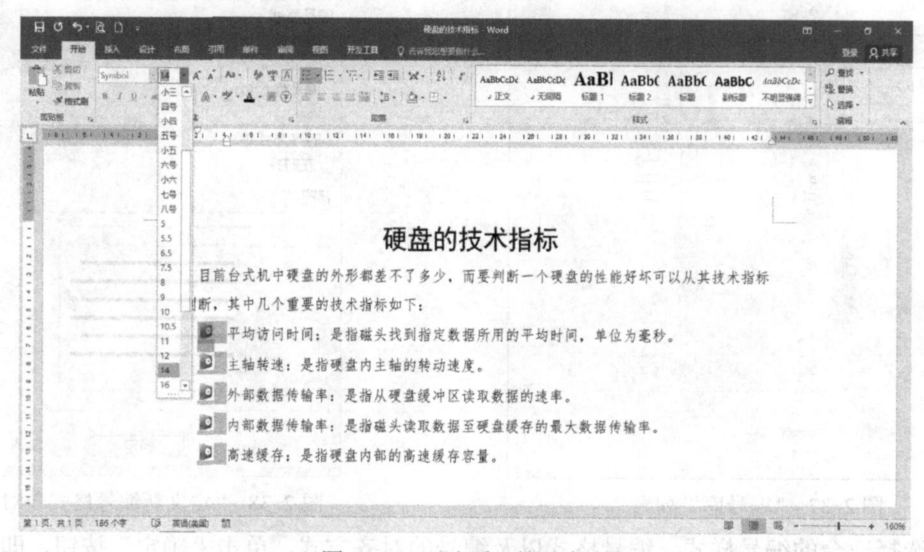

图 2-34　更改项目符号大小

10）再次全选两条水平线之间的项目符号段落，单击“段落”组中右下方的展开按钮，弹出“段落”对话框。

11）在“中文版式”选项卡中，选择“文本对方方式”为“居中”，如图 2-35 所示。

12）单击“确定”按钮，完成项目符号的设置，如图 2-36 所示。

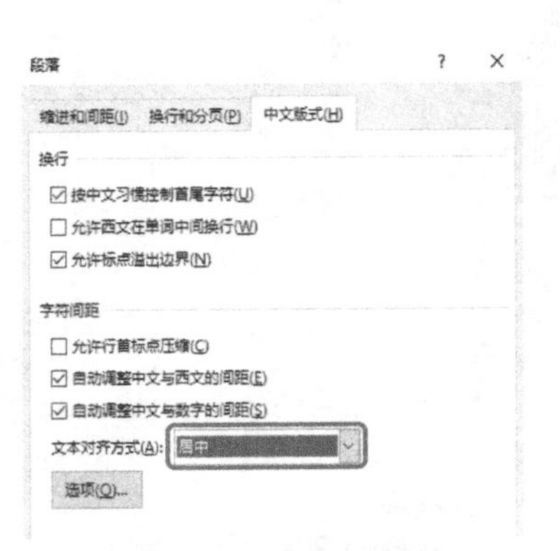

图 2-35 设置文本对齐方式

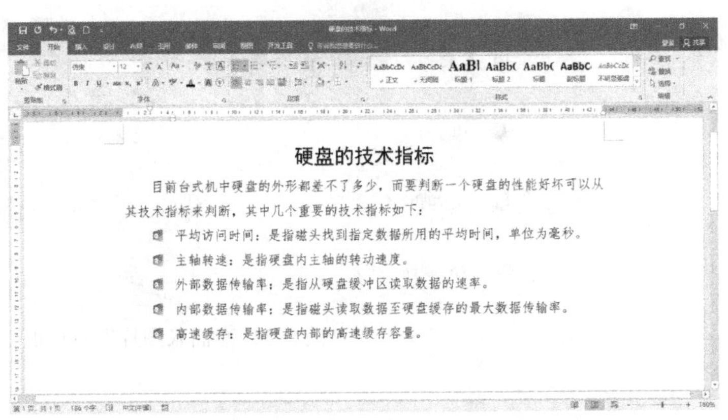

图 2-36 最终效果图

2.3.2 项目编号

编号是为选中的自然段落编辑序号，是有先后顺序的，如 1.2.3.等。添加编号的操作步骤如下。

1）选择需要设置编号的段落，单击“开始”选项卡→“段落”功能组→编号 按钮，或右击选定文本，在快捷菜单里选择“编号”选项，都可以打开“编号库”，如图 2-37 所示，选择所需编号格式直接进行应用。

2）选择“定义新编号格式…”选项，打开“定义新编号格式”对话框，如图 2-38 所示。

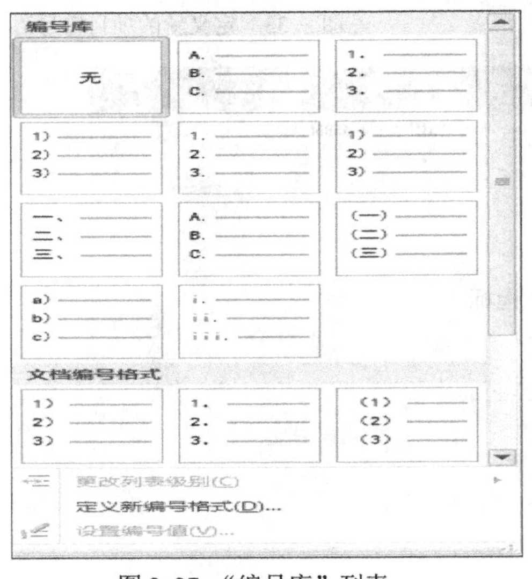

图 2-37 “编号库”列表

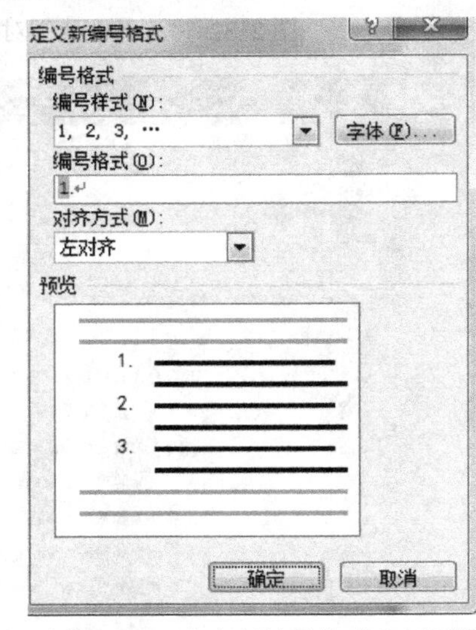

图 2-38 “定义新编号格式”对话框

3）选择适合的编号样式、编号格式以及编号的对齐方式，单击“确定”按钮，即完成新编号设置。

2.3.3 多级列表

在长文档中，要用不同形式的编号来表现标题或段落的层次。这时，就要用到多级符号列表功能。多级列表最多可以有 9 个层级，每一层级都可以根据需要设置不同的格式和形式。

1．添加多级列表

在添加多级列表前，一定要先设置文档的缩进方式，然后再进行设置。在为段落设置缩进时，可以通过〈Tab〉键进行设置，选择一级项目后，按一次〈Tab〉键进行缩进；选择二级项目后，按两次〈Tab〉键进行缩进。

单击“开始”选项卡→“段落”功能组→“多级列表”按钮，打开“列表库”，如图 2-39 所示，选择一种多级列表的样式即可插入到列表中。

2．自定义多级列表

若对系统提供的多级列表的符号格式不满意，则可以定义新多级列表来改变多级列表中各级符号的格式，操作步骤如下。

1）在“多级列表”下拉菜单中选择“定义新的多级列表”命令，打开“定义新多级列表”对话框，如图 2-40 所示。

2）在“定义新多级列表”对话框中选择需要修改的级别，然后设置其“编号格式”“此级别的编号样式”和“位置”，最后单击“确定”按钮即可，如图 2-40 所示。

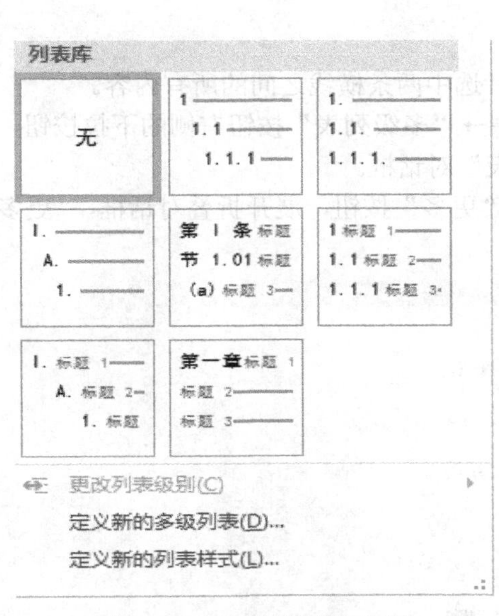

图 2-39　“多级列表集”设置

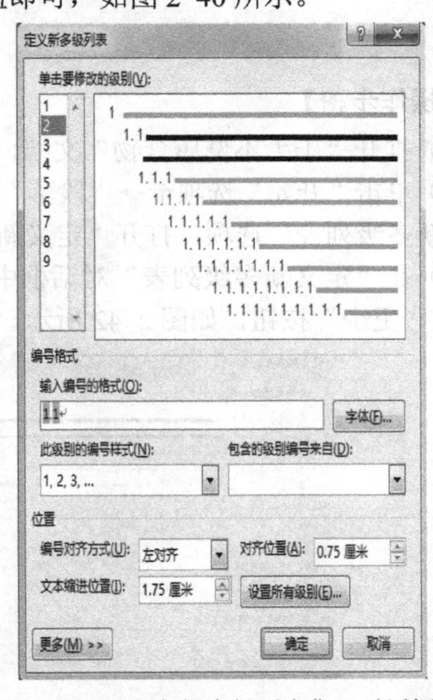

图 2-40　“定义新多级列表集”对话框

实例 2.4　多级列表的应用

【操作要求】打开“十大不健康食物”文档（见图 2-41），要求将两条水平线之间的段落重新定义多级列表。

2-6 多级列表的应用

第 1 级别数字格式为“一，二，三（简）…”，编号之后为“空格”，将级别链接到“标题 1”样式（注意：数字格式后方需加入半角句号）。

第 2 级别数字格式为“1，2，3…”，编号之后为“制表符”，将级别链接到“标题 2”样式（注意：数字格式后方需加入半角句号）。

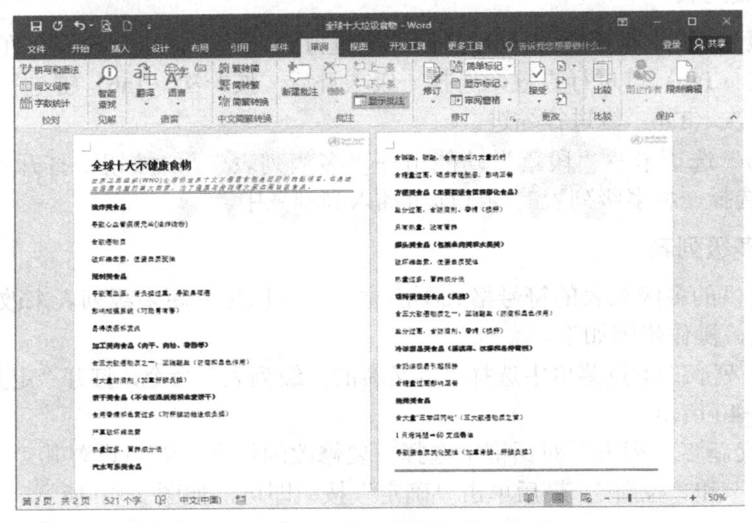

图 2-41 “十大不健康食物”文档

【操作步骤】

1）打开“十大不健康食物”文档，拖动指针选中两条横线之间的所有内容。

2）单击“开始”选项卡→“段落”功能组中→“多级列表”按钮右侧的下拉按钮，选择“定义新多级列表”选项，打开“定义新多级列表”对话框。

3）在“定义新多级列表”对话框中，单击“更多”按钮，展开折叠对话框，“更多”按钮变成“更少”按钮，如图 2-42 所示。

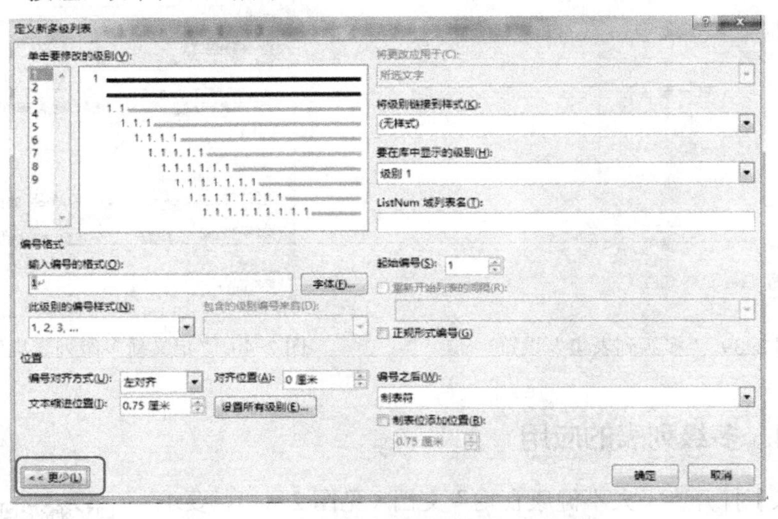

图 2-42 “定义新多级列表”展开对话框

4）在“单击要修改的级别”列表中选择“1”，在“此级别的编号样式”的下拉列表中选择“一，二，三（简）…”样式，在“编号之后”下拉列表中选择“空格”，将“级别链接到样式”下拉列表中选择“标题 1”，并且在“输入编号的格式”下方文本框中显示的数字后面加上半角句号，如图 2-43 所示。

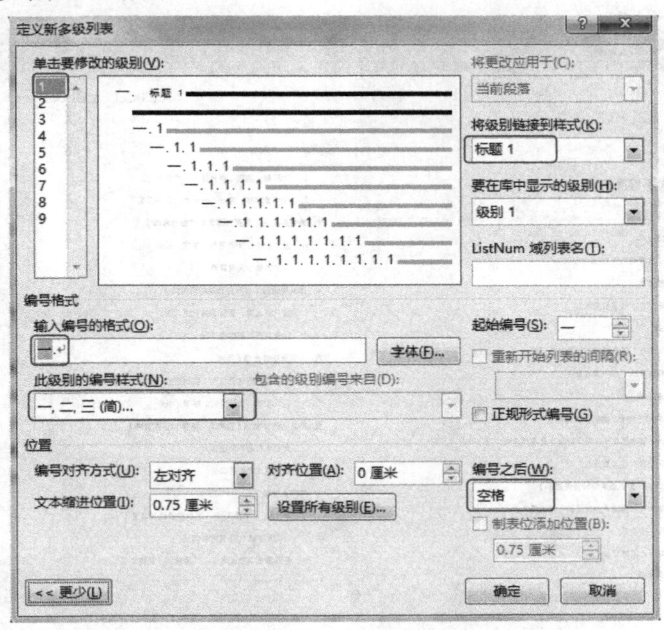

图 2-43　第 1 级列表设置对话框

5）用同样的方法，在“单击要修改的级别”列表中选择“2”，在“此级别的编号样式”的下拉列表中选择 “1，2，3，…”样式，在“编号之后”下拉列表中选择“制表符”，将“级别链接到样式”下拉列表中选择“标题 2”，并且在“输入编号的格式”下方文本框中显示的数字后面加上半角句号，如图 2-44 所示。

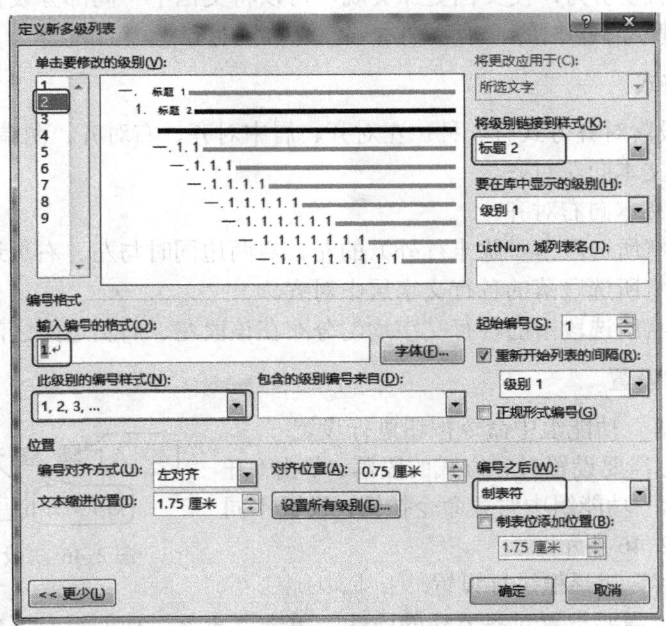

图 2-44　第 2 级列表设置对话框

6）多级列表的应用效果图如图 2-45 所示。

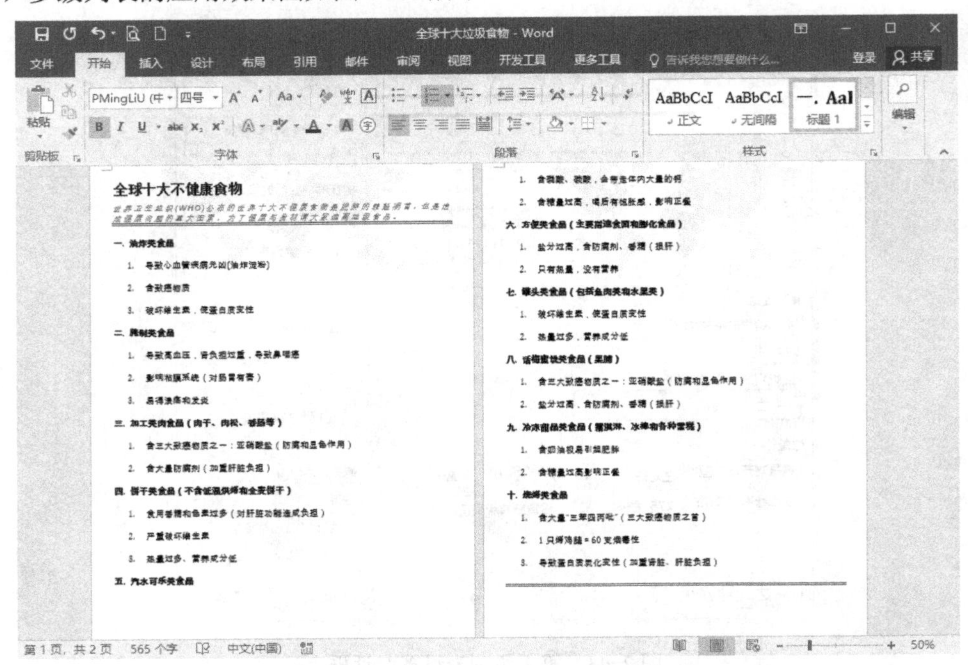

图 2-45　多级列表的应用效果图

2.3.4　段落对齐

为了增强文档的吸引力，使文档更加美观，可以将文档中不同部分设置成不同的对齐方式，如标题文本一般为中间对齐，落款文本一般为右侧对齐等。

1. 段落对齐方式

Word 2016 中段落对齐方式有 5 种：左对齐、居中对齐、右对齐、两端对齐和分散对齐。

- 左对齐：将文本向左对齐。
- 右对齐：将文本向右对齐。
- 两端对齐：将所选段落（除末行外）的左、右两边同时与左、右页边距或缩进对齐。
- 居中对齐：将所选段落的各行文字居中对齐。
- 分散对齐：将所选段落的各行文字均匀分布在该段左、右页边距之间。

2. 对齐方式的设置

（1）利用“段落”功能组中命令按钮进行设置

打开文档，选定需要设置对齐方式的段落。单击“开始”选项卡→“段落”功能组中对齐命令按钮，设置不同的对齐方式，如图 2-46 所示。

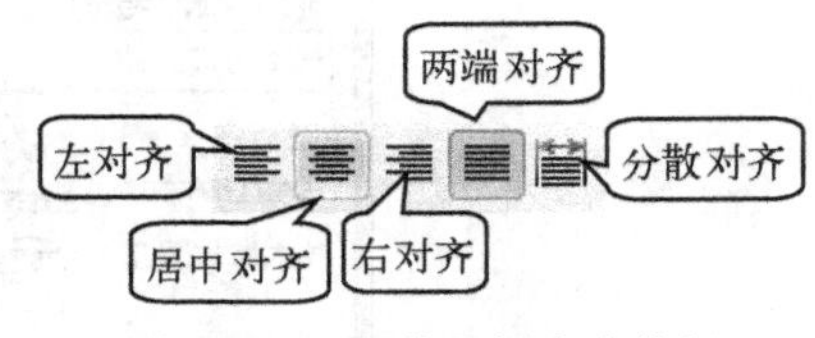

图 2-46　“段落”组命令按钮

（2）利用“段落”对话框进行设置

打开文档，选定需要设置对齐方式的段落，单击“段落”功能组右下角的↘按钮，打开“段落”对话框，或右击选定文字，在快捷菜单中选择“段落”选项，也会弹出“段落”对话框。选择“缩进和间距”选项卡，单击“常规”栏对齐方式下拉按钮，选择需要的对齐方式，如图 2-47 所示。

设置不同对齐方式的文档效果如图 2-48 所示。

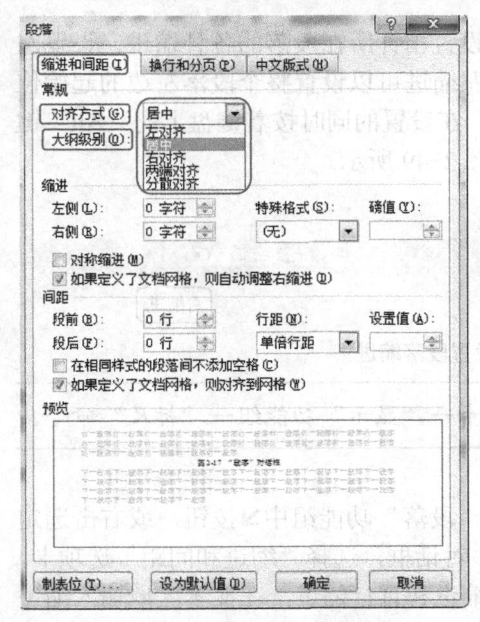

图 2-47 “段落”对话框

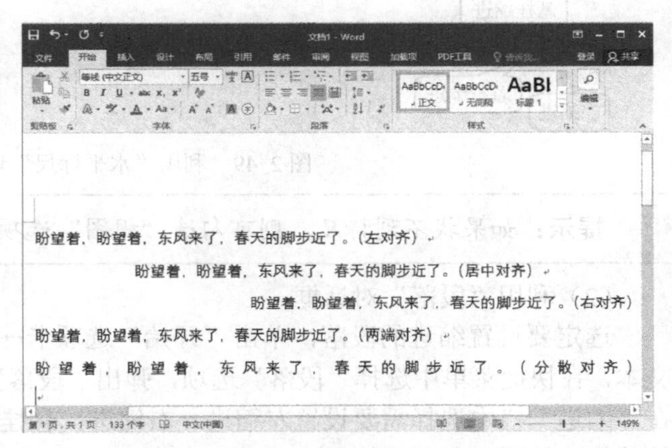

图 2-48 不同对齐方式效果图

3. 大纲级别

大纲级别主要用于为文档中的段落指定等级，显示标题的层级结构，用户可以应用大纲级别快速查看文档内容或自动生成目录。具体操作步骤如下。

1）选定需要设置级别的段落。

2）打开如图 2-47 所示的“段落”对话框，单击“缩进与间距”选项卡。

3）单击“常规”栏“大纲级别”右侧下拉按钮，设置所需要的级别即可。

大纲级别的设置除了可以应用“段落”对话框来设置，也可以应用后面将要学习的“样式”进行设置。

2.3.5 段落缩进

段落缩进是指段落左右两边文字与页边距之间的距离，一般每个段落都采用首行缩进两个字符的方式来显示。

1. 段落缩进

段落缩进包括 4 种方式：左缩进、右缩进、首行缩进和悬挂缩进。

1）左缩进：设置段落与左页边距之间的距离。

2）右缩进：设置段落与右页边距之间的距离。

3）首行缩进：可以设置段落首行第一个字的位置，在中文段落中一般采用这种缩进方式，默认缩进两个字符。

4）悬挂缩进：可以设置段落中除第一行以外的其他行左边的开始位置。

2. 段落缩进的设置

（1）利用水平标尺

水平标尺上有多种标记，通过调整标记的位置可设置指针所在段落的各种缩进。设置左缩进时，首行缩进标记和悬挂缩进标记会同时移动，左缩进可以设置整个段落左边的起始位置，拖动右缩进标记，可以设置段落右边的缩进位置。在设置的同时按着键盘上的〈Alt〉键不放，可以更精确地在水平标尺上设置段落缩进，如图 2-49 所示。

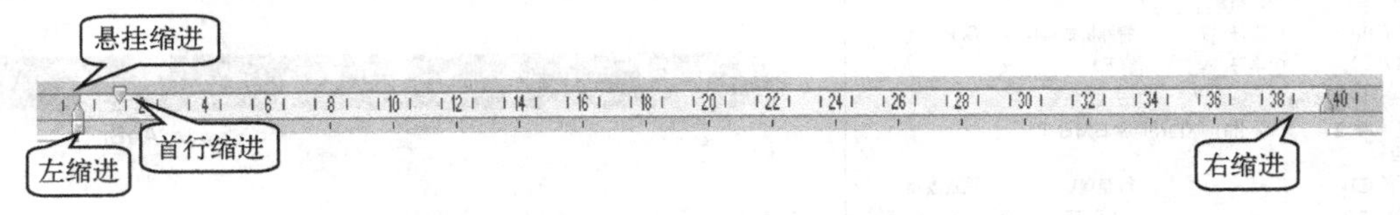

图 2-49 利用“水平标尺”设置段落缩进

提示：如果找不到标尺，则可勾选“视图”选项卡→“显示”功能组→“标尺”命令。

（2）利用“段落”对话框

选定要设置缩进的段落，单击“开始”选项卡→“段落”功能组中↘按钮，或右击选定文本，在快捷菜单中选择“段落”选项，弹出“段落”对话框，选择“缩进和间距”选项卡，在“缩进”栏中选择需要设置左缩进、右缩进、悬挂缩进和首行缩进，在文本区域输入缩进的数值，如图 2-50 所示。

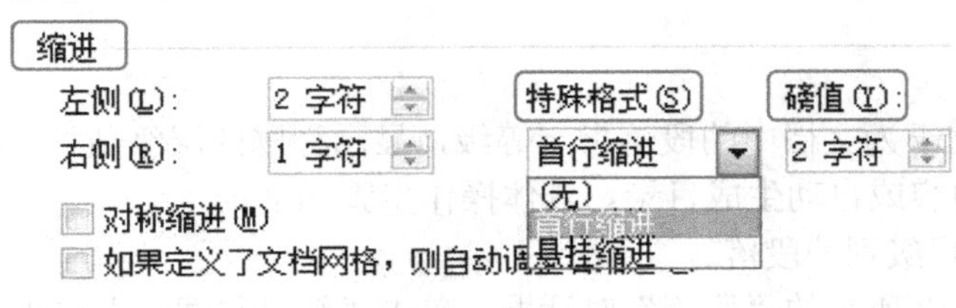

图 2-50 “段落”缩进设置

提示：缩进可分为一般缩进和特殊缩进，缩进就是指的一般缩进，特殊缩进包括首行缩进和悬挂缩进两种，选择好特殊格式，则可以在磅值下方文本区域输入缩进的数值。

单击段落功能组中的减少缩进量 、增大缩进量 按钮，也可以进行左缩进的设置。

2.3.6 段落间距

段落间距是指段落与段落之间的距离，包括段前间距和段后间距。行距是指行和行之间的距离，而行距一般系统默认是 1.0，也可以根据需求对行距进行调整。

1）可利用“段落”功能组→ 按钮进行设置，如图 2-51 所示。

2）利用“段落”对话框进行设置，如图 2-52 所示。

提示：单倍行距、1.5 倍行距及 2 倍行距可以直接选中，单击“确定”按钮即可。如果要设置成其他倍数的行距（如 3、4、5 倍等），可以选择多倍行距，然后在设置值中输入相应的值，单击“确定”按钮完成设置。最小值及固定值的设置方法与多倍行距类似。

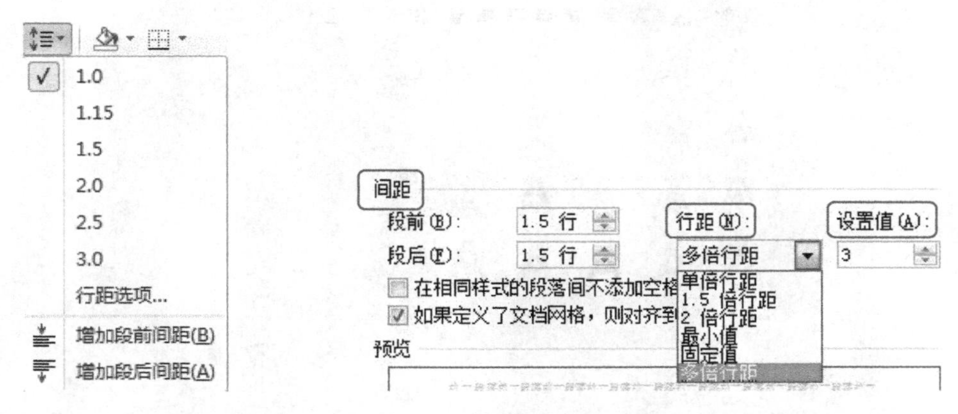

图 2-51 “行与段落间距”设置　　　图 2-52 段落间距和行间距设置

实例 2.5 段落格式设置

【操作要求】打开“学习周恩来精神 接续奋斗新时代”文档（见图 2-53），将标题段文字设置为三号阴影（预设：左下斜偏移），红色字体，居中、段后间距为 0.6 行；正文所有段落为左对齐，字体为小四号仿宋，左缩进 3 个字符，首行缩进两个字符，段前段后间距均为 0.5 行，行距为 18 磅。

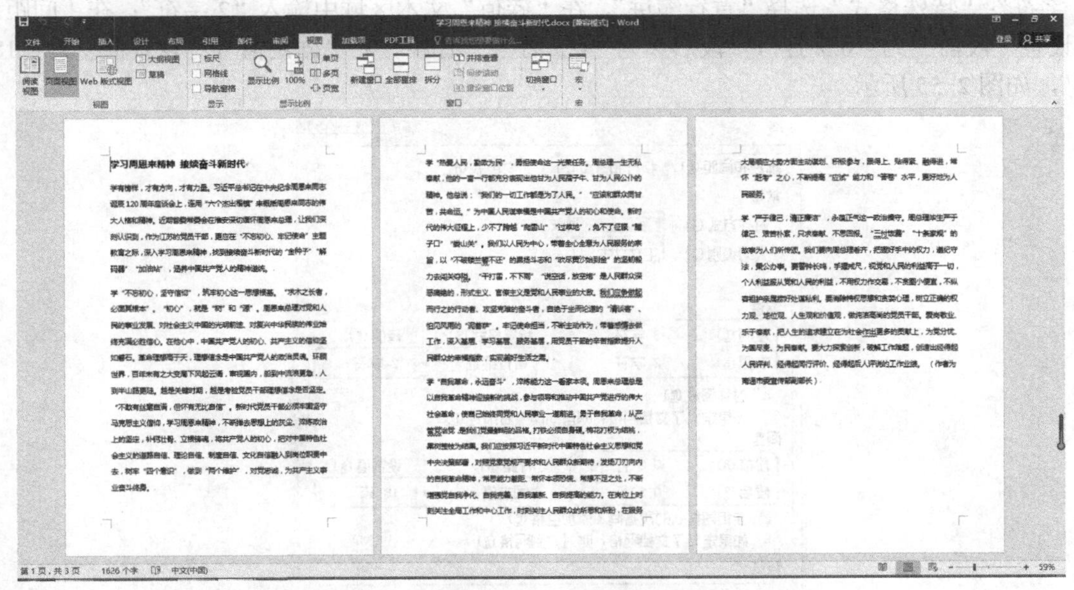

图 2-53 “学习周恩来精神 接续奋斗新时代”文档

【操作步骤】

1）打开文档，选择标题段文字“学习周恩来精神 接续奋斗新时代”，选择“开始”选项卡→“字体”功能组，将字体设置为“宋体”，字号设置为“三号”，红色字体。

2）单击“字体”功能组→“文本效果”按钮，在下拉列表中选择“阴影”选项，在弹出的所有阴影格式中选择“左下斜偏移”选项，如图 2-54 所示。

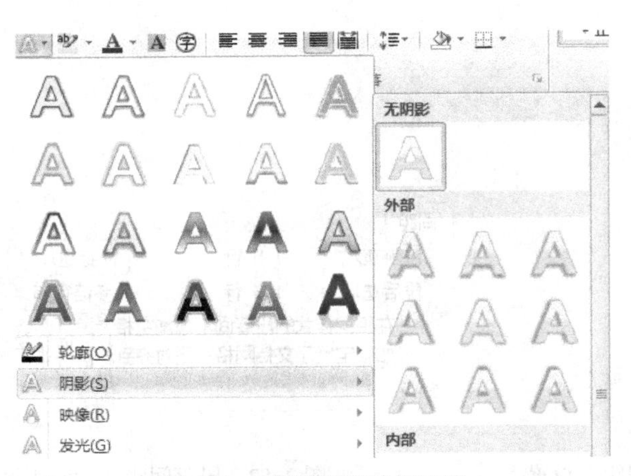

图 2-54　标题阴影效果设置

3）保持标题段文字选中，在“段落”功能组，将段落设置为居中，单击“段落”功能组右下角的展开按钮，在打开的“段落”对话框中设置段后间距为 0.6 行。

4）选择正文所有段落，在“开始”选项卡下面的“字体”功能组中，将字体设置为“仿宋”，字号设置为“小四号”。

5）单击“段落”功能组右下角的展开按钮，打开“段落”对话框。

6）在“常规”栏设置“对齐方式”为“左对齐”，在“缩进”栏选择“左侧”，设置值为“3 字符”；“特殊格式”选择“首行缩进”，在“磅值”文本区域中输入“2 字符”；在“间距”栏设置“段前”为“0.5 行”，“段后”为“0.5 行”；“行距”为“固定值”，“设置值”为“18 磅”，如图 2-55 所示。

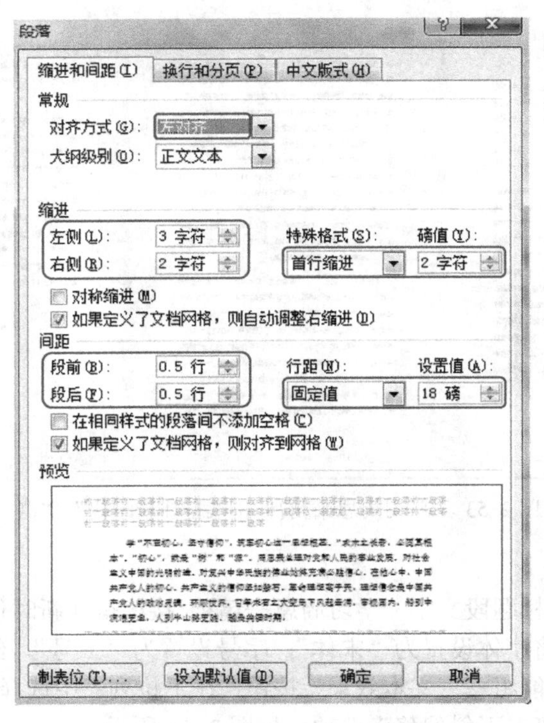

图 2-55　正文段落格式设置

7）单击“确定”按钮，关闭“段落”对话框，文本效果如图2-56所示。

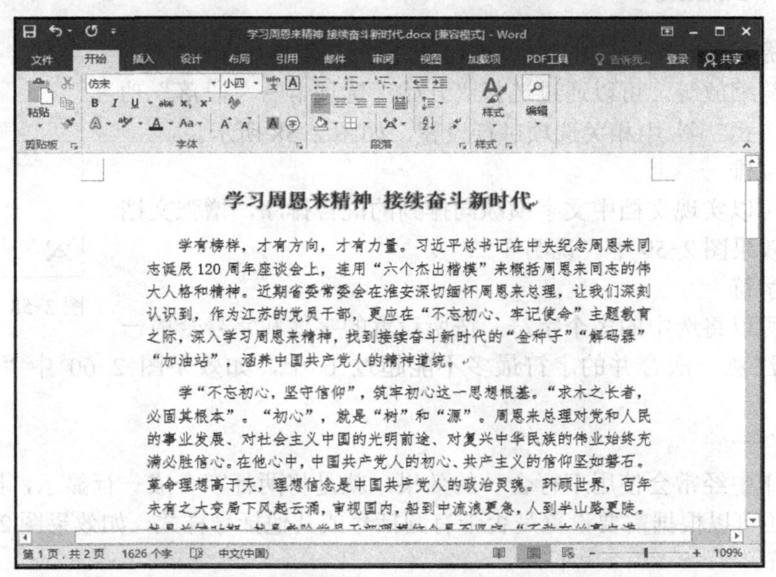

图2-56 “学习周恩来精神 接续奋斗新时代”文档格式设置效果

2.3.7 换行和分页

根据需要，可以设置段落之间在页面中的位置，如与下段同页、段中不分页、段前分页等，还可以对“格式设置例外项”进行设置，如对设置了行号的文本取消行号、取消断字等，如图2-57所示。

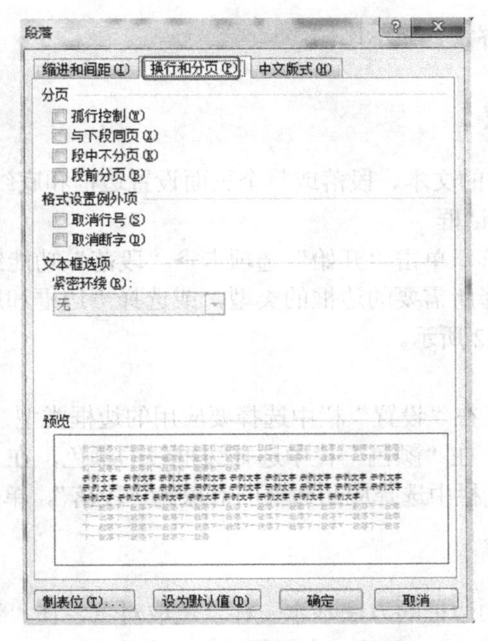

图2-57 “换行和分页”设置

2.3.8 中文版式

中文版式提供了几个比较特殊的功能，包括纵横混排、合并字符、双行合一和字符缩放等。可以通过选择“开始”选项卡→“段落”功能组→“中文版式”中相关选项进行设置，如图 2-58 所示。

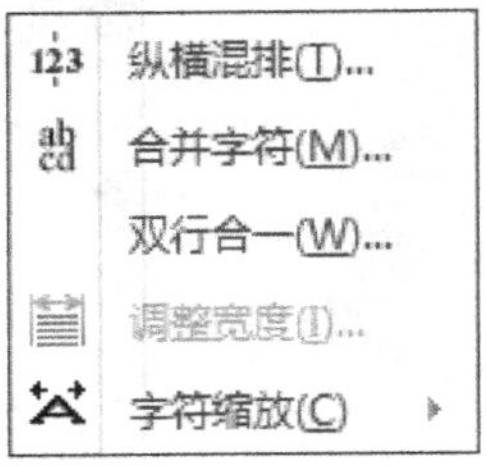

纵横混排(T)...
合并字符(M)...
双行合一(W)...
调整宽度(I)...
字符缩放(C)

图 2-58　中文版式设置

（1）纵横混排

纵横混排可以实现文档中文字横纵向排列的混合排序，增强文档的多样性。如效果图 2-59 中“说明”二字。

（2）合并字符

合并字符可以将选中的多个字符，按所设置的字体和字号合成一个字符整体，注意一次合并的字符最多不能超过 6 个，如效果图 2-60 中“简短说明”4 个字符。

（3）双行合一

在实际工作中经常会使用双行合一的效果，就是将两行字合成一行显示，比如一些联合出版署名等。还可以根据需要设置是否带有圆括号或其他括号样式，如效果图 2-61 中“简短说明”4 个字符。

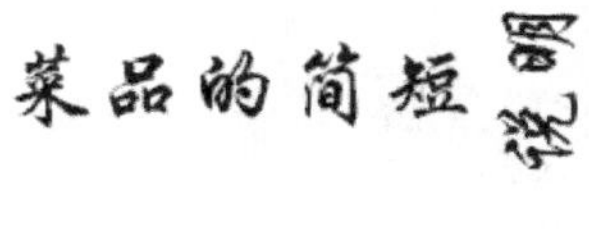

菜品的简短说明

图 2-59　纵横混排

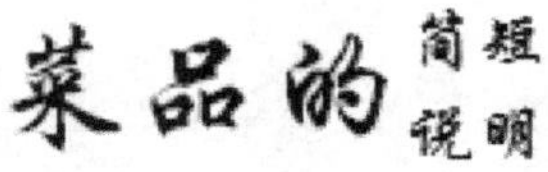

菜品的简短说明

图 2-60　合并字符

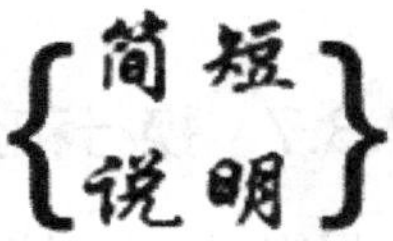

{简短说明}

图 2-61　双行合一

（4）字符缩放

可以对选定的文本内容设置显示比例。

2.3.9 边框和底纹

在 Word 中可以为选中的文本、段落或整个页面设置边框和底纹，以突出显示某个部分。

（1）“边框和底纹”对话框

选取要添加边框的段落，单击“开始”选项卡→“段落”功能组→“边框”按钮，在弹出的下拉列表中可以选择所需要的边框的类型，或选择“边框和底纹”选项，弹出的“边框和底纹”对话框如图 2-62 所示。

（2）设置边框

单击“边框”选项卡，在“设置”栏中选择要应用的边框类型（如“方框”），在“样式”列表中选择边框线的样式，在“颜色”栏中选择边框线的颜色，在“宽度”栏中选择边框线的粗细，最后在“应用于”栏中选择应用边框的对象为“段落”，单击“确定”按钮，添加边框后的效果如图 2-63 所示。

（3）设置底纹

添加底纹的方法与添加边框的方法基本一样，选取对象，在“边框和底纹”对话框中切换到“底纹”选项卡，如图 2-64 所示。选择需要的颜色即可完成底纹的设置。

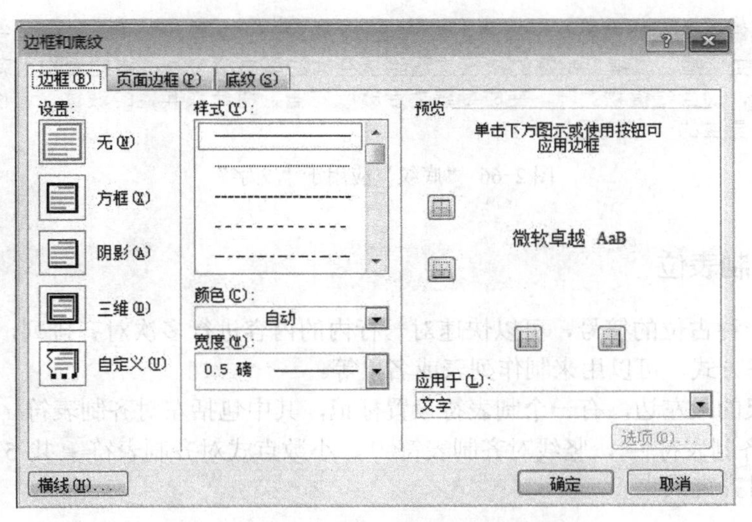

图 2-62 “边框和底纹”对话框

蝴蝶是昆虫界中完全变态的生物，因此它们的一生共经历了4 个阶段，分别是卵、幼虫、蛹、成蝶。蝴蝶的成长过程除了身体的型态改变外，吃的食物也有极大的改变，幼虫吃植物的叶，变成蝴蝶之后改吸花蜜、树汁或其他的液体，这也是完全变态昆虫的一大特征。

图 2-63 添加边框效果

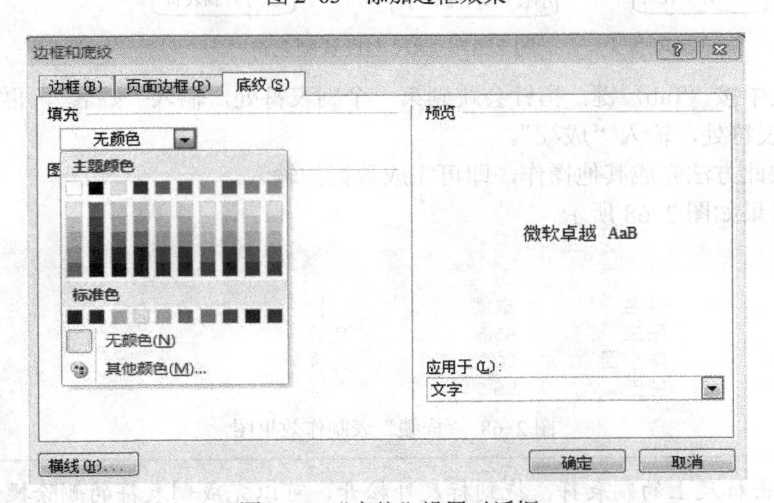

图 2-64 “底纹”设置对话框

提示：在设置边框和底纹时，选择“应用于”栏中选择应用底纹对象时，注意选择“文字”或“段落”，效果是不同的，如底纹设置，如图 2-65 和图 2-66 所示。

蝴蝶是昆虫界中完全变态的生物，因此它们的一生共经历了 4 个阶段，分别是卵、幼虫、蛹、成蝶。蝴蝶的成长过程除了身体的型态改变外，吃的食物也有极大的改变，幼虫吃植物的叶，变成蝴蝶之后改吸花蜜、树汁或其他的液体，这也是完全变态昆虫的一大特征。

图 2-65 “底纹”应用于“段落”

蝴蝶是昆虫界中完全变态的生物，因此它们的一生共经历了 4 个阶段，分别是卵、幼虫、蛹、成蝶。蝴蝶的成长过程除了身体的型态改变外，吃的食物也有极大的改变，幼虫吃植物的叶，变成蝴蝶之后改吸花蜜、树汁或其他的液体，这也是完全变态昆虫的一大特征。

图 2-66 “底纹”应用于“文字”

2.3.10 制表位

制表位是一种占位的符号，可以快速对一行内的内容进行多次对齐排列，以实现文本在垂直方向的对齐方式，可以用来制作列表或名单等。

在水平标尺的最左边，有一个制表符设置标记，其中包括左对齐制表符、居中对齐制表符、右对齐制表符，竖线对齐制表符、小数点式对齐制表符共 5 种制表符，用来指定文本的对齐方式。

1. 利用“标尺”设置制表位

1）打开文档，定位需要插入文档内容的位置。

2）单击左上角选择制表符切换，选择所需制表符并在标尺适当位置上单击添加，如图 2-67 所示，分别添加了左对齐、小数点式对齐和右对齐制表符。

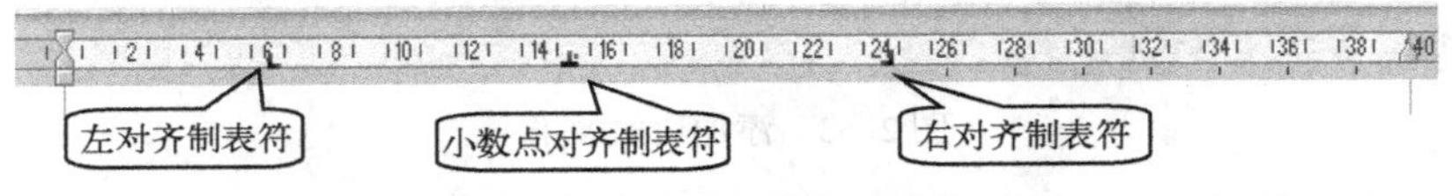

图 2-67 标尺上设置制表符

3）在正文中按〈Tab〉键，指针会跳到第一个制表符处，输入“姓名”，再按〈Tab〉键，跳到下一个制表符处，输入“成绩”。

4）依次按此方法完成其他操作，即可完成数据的输入。

5）最终效果如图 2-68 所示

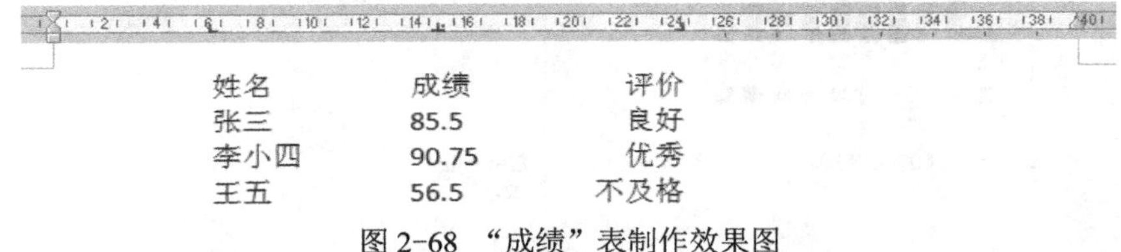

姓名	成绩	评价
张三	85.5	良好
李小四	90.75	优秀
王五	56.5	不及格

图 2-68 “成绩”表制作效果图

提示：单击标尺上的制表符，拖到标尺外松开，可以完成制表符的删除操作。

2. 利用“制表位”对话框进行设置

1）打开文档，单击“段落”对话框里的“制表位”按钮，如图 2-69 所示，打开“制表位”对话框。

2）在“制表位位置”编辑框中输入制表位的位置数值，设置制表位间隔，设置制表位的位置、对齐方式、前导符符号，单击“设置”按钮，完成制表位的添加，如图 2-70 所示。

3）单击“确定”按钮，即在标尺上相应的位置添加了制表符。

4）按〈Tab〉键，完成内容输入。

图 2-69 “制表位”命令

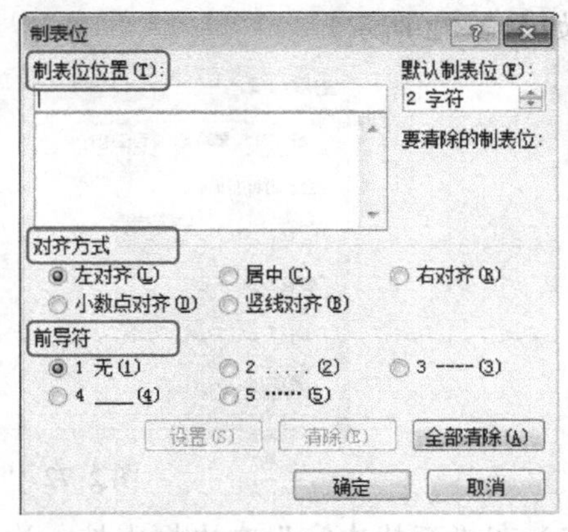

图 2-70 “制表位”对话框

提示：要想设置制表位的前导字符，只有通过“制表位”对话框才能实现。

实例 2.6　制表位设置

【操作要求】打开“莱特健康饮食”文档（见图 2-71），要求将所有产品项目的“全角空格”替换为“制表位”，并设置 4 个定位点：26 字符、对齐方式为“右对齐”“前导符”为第 2 种样式； 30 字符、对齐方式为“竖线对齐”；34 字符、对齐方式为“左对齐”无“前导符”；60 字符、对齐方式为“右对齐”“前导符”为第 2 种样式。

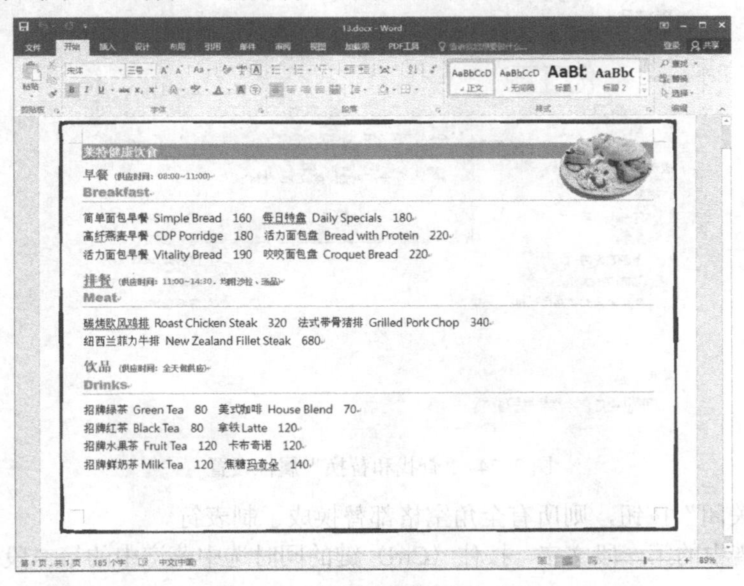

图 2-71 “莱特健康饮食”文档

（注：本例涉及“查找和替换”内容，只需按步骤操作即可，详细内容在 2.5 节中进行讲解。）

【操作步骤】

1）单击“开始”选项卡→“编辑”功能组→“替换”按钮，会弹出“查找和替换”对话框，如图 2-72 所示。

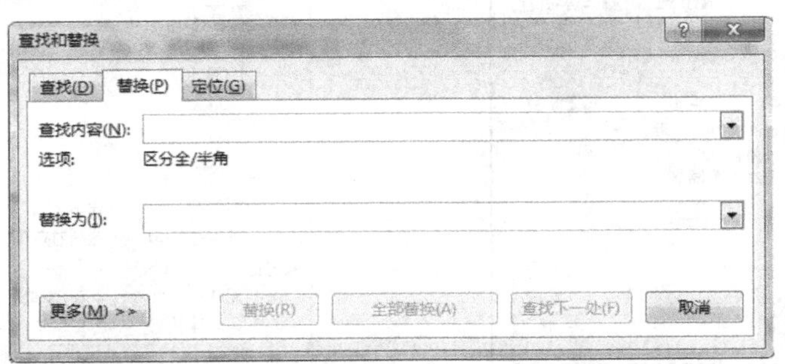

图 2-72 “查找和替换”对话框

2）在“查找内容”文本框中按一次空格键，即在文本框中输入了一个全角空格，显示为空白字符。注意在英文输入法设置全角状态，如图 2-73 所示。

图 2-73 “全角空格”对话框

3）指针定位到“替换为”文本框中，单击“更多”按钮，展开折叠窗口。

4）单击“特殊格式”右侧下拉按钮，在打开的格式列表中选择“制表符”，则在文本框中会显示制表符“^t”符号，单击“全部替换”，在弹出的提示信息对话框中单击“确定”按钮，如图 2-74 所示。

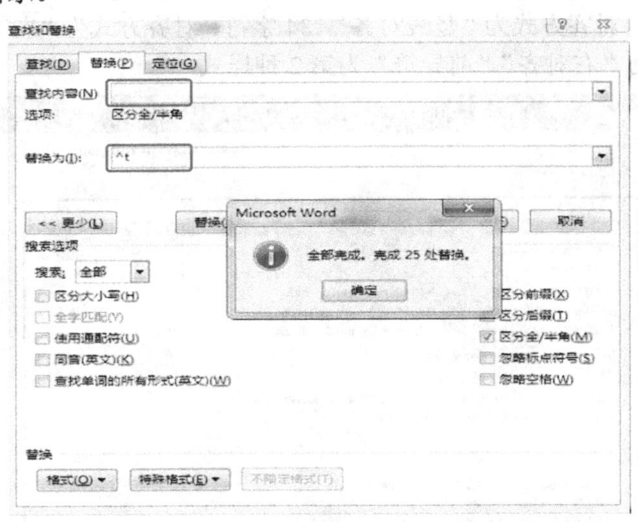

图 2-74 “查找和替换”属性设置

5）单击“关闭”按钮，则所有全角空格都替换成了制表符。

6）选中菜谱中的第一段文字，按住〈Ctrl〉键的同时选中菜谱中的第二段、第三段文字，如图 2-75 所示。

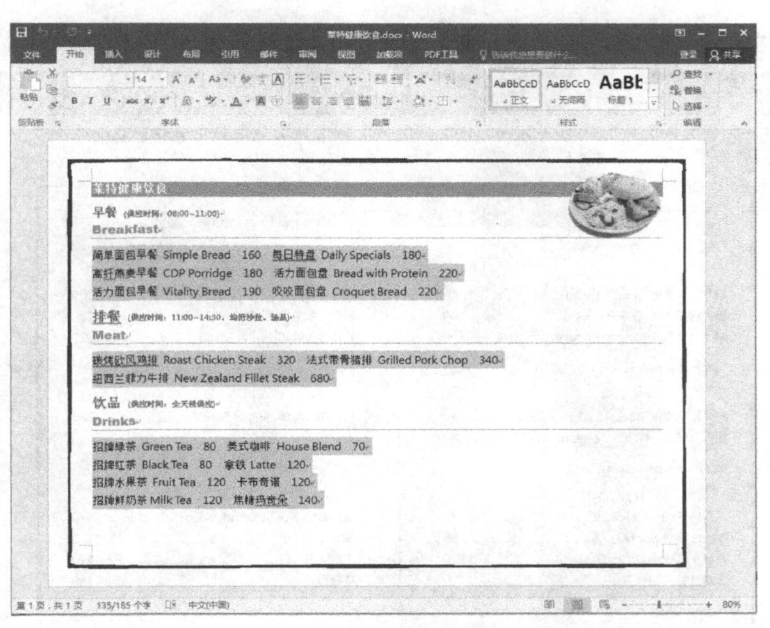

图 2-75　选中不连续的文本

7）单击“段落”功能组下方的段落设置按钮，打开“段落”对话框，单击“段落”对话框里的“制表位”按钮，打开“制表位”对话框。

8）输入制表位位置为“26 字符”，对齐方式为“右对齐”，单击前导符中第 2 种样式前导符，单击“设置”按钮，完成第一个制表符位的设置，如图 2-76 所示。

9）同样的方法，输入制表位位置为“30 字符”，对齐方式为“竖线对齐”，前导符选择“无”，单击“设置”按钮，完成第二个制表位的设置。

10）输入制表位位置为“34 字符”，对齐方式为“左对齐”，前导符选择“无”，单击“设置”按钮，完成第三个制表位的设置。

11）输入制表位位置为“60 字符”，对齐方式为“右对齐”，前导符选择第 2 种样式单击“设置”按钮，完成第四个制表位的设置，设置效果如图 2-77 所示。

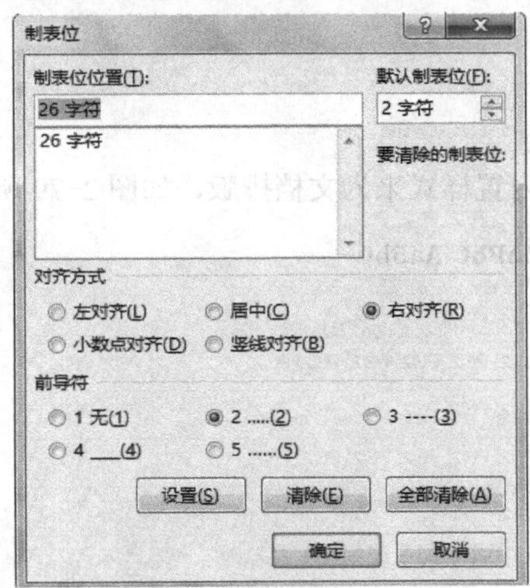

图 2-76　第一个“制表位”值设置

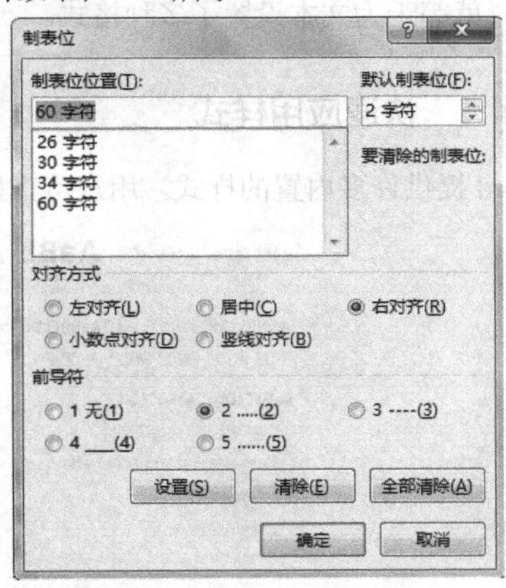

图 2-77　所有“制表位”的设置

12）单击“确定”按钮，关闭对话框，文档应用设置效果如图 2-78 所示。

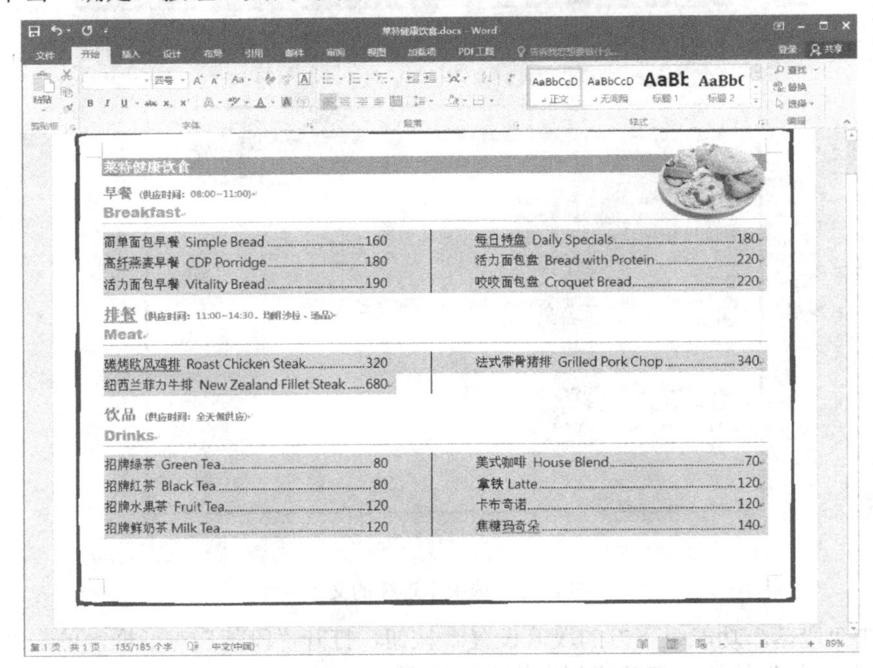

图 2-78 “莱特健康饮食”制表位应用效果

2.4 样式

在编辑长文档或者要求具有统一格式风格的文档时，可以使用样式对多个段落设置相同的文本格式，这样能减少工作量，提高工作效率。

样式是多种格式的集合，一个样式中可包括字体、段落等多种格式效果，为文本应用了样式后，就等于为文本设置了多种格式。

2.4.1 快速应用样式

Word 提供许多内置的样式，用户可直接使用内置样式来为文档排版，如图 2-79 所示。

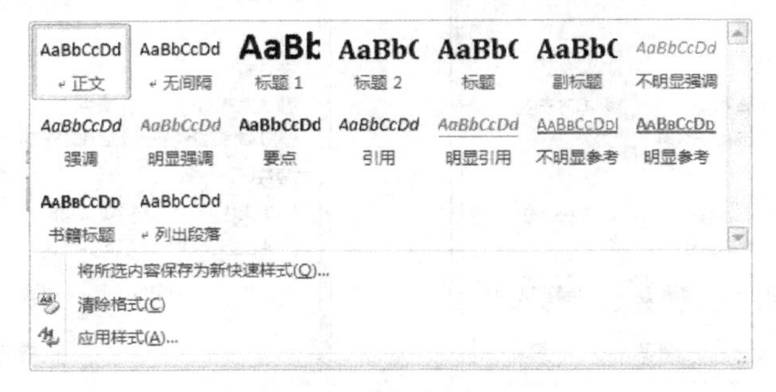

图 2-79 内置样式列表

快速应用样式步骤如下。

1）选择需要自动套用样式的文本。

2）在“样式”功能组中的“样式”列表框中选择所需样式名称，如“正文”样式，即可自动套用“正文”样式。

3）可以对所有应用样式文档进行统一设置，如“级别”设置。

实例 2.7　样式快速应用

【操作要求】打开“围棋文化”文档（见图 2-80），指定所有“绿色”样式段落为“1 级”，“橙色”样式段落为“2 级”。

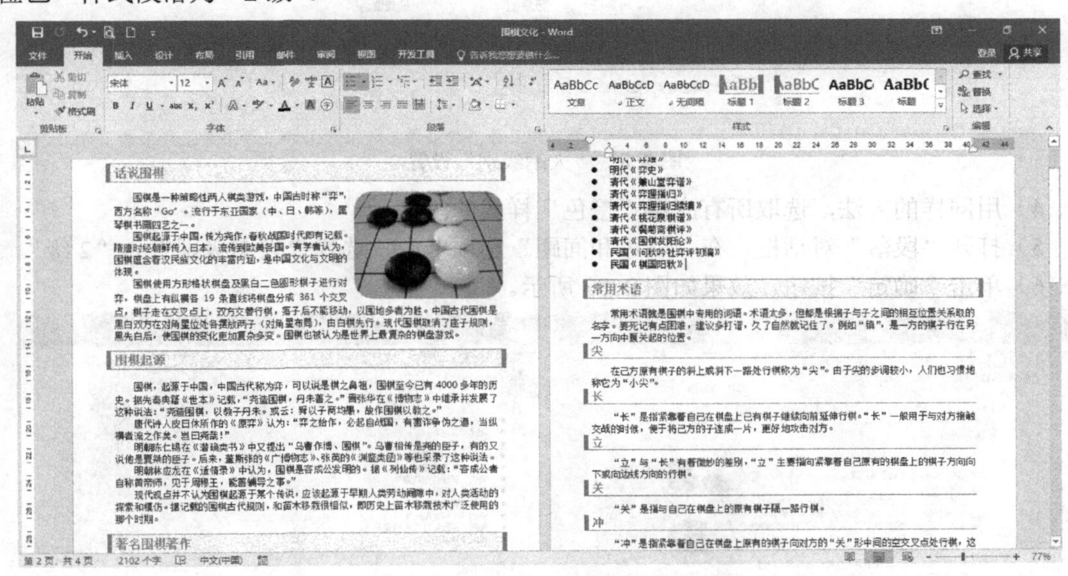

图 2-80　“围棋文化”文档

【操作步骤】

1）右击“开始”选项卡→“样式”功能组中的“绿色”选项，在弹出的快捷菜单中选择“全选：(无数据)”命令，选取所有应用“绿色”样式的段落，如图 2-81 所示。

图 2-81　“绿色”样式快捷菜单

2）单击“开始”选项卡→“段落”功能组中的↘按钮，弹出“段落”对话框。

3）在“缩进和间距”选项卡中，选择“大纲级别”为“1 级”，其他选项为默认值，如图 2-82 所示。

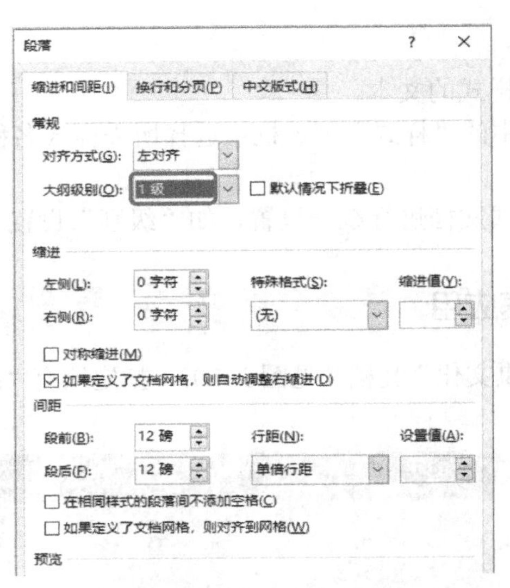

图 2-82 “大纲级别”设置

4）用同样的方法，选取所有应用“橙色”样式的段落。

5）打开“段落”对话框，在“缩进和间距”选项卡中，选择“大纲级别”为“2 级”。

6）单击“确定”按钮，效果如图 2-83 所示。

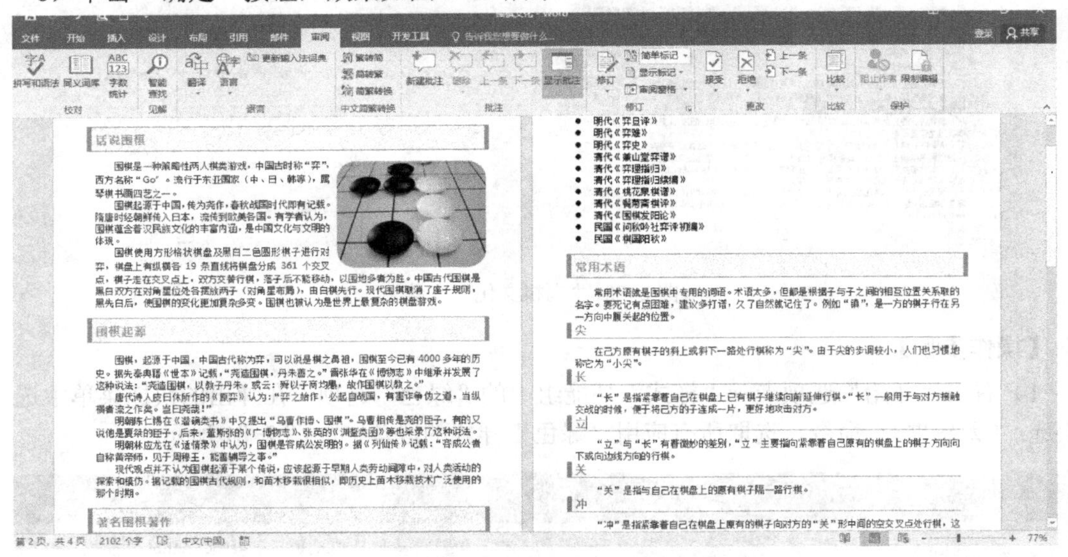

图 2-83　样式应用效果

2.4.2　更改样式

根据需求，可以对内置样式进行更改，主要有以下三种方法。

1．直接修改样式

1）在样式下拉列表中，右击需要更改的样式名称，如选择“标题 1”样式。

2）在弹出的快捷菜单中选择“修改”选项，打开“修改样式”对话框。

3）对样式的属性和格式进行修改设置，如更改字体、字号、字体形状等设置，如图 2-84 所示。

4）还可以单击对话框的下方“格式”按钮，在弹出的菜单里对样式的段落、制表位、边框等多种格式进行修改，如图 2-85 所示。

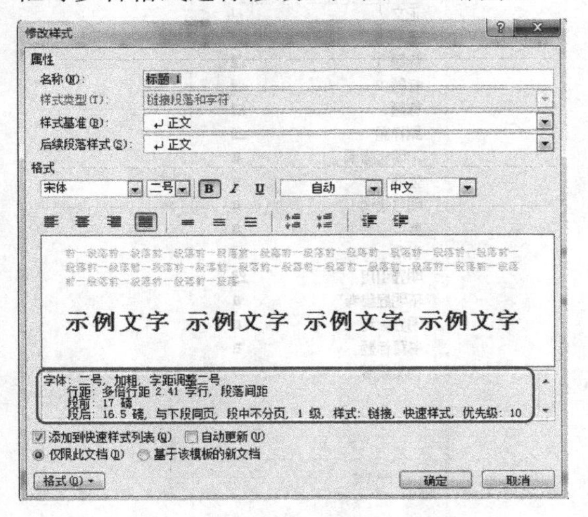

图 2-84 “修改样式”对话框

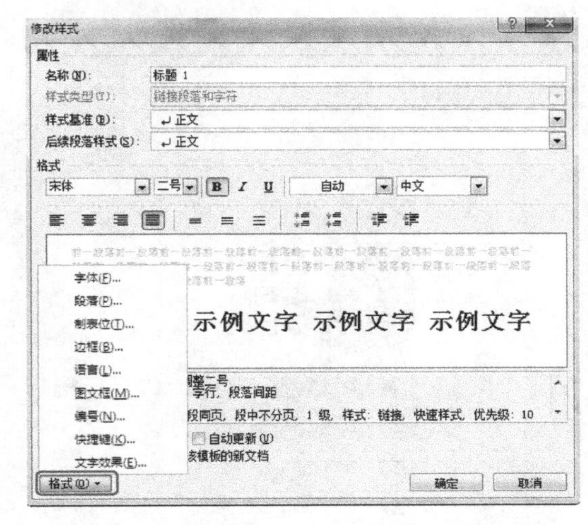

图 2-85 用“格式”命令修改样式

5）选中“自动更新”复选项，则更改样式后，文档中所有应用了该样式的文本都将会进行相应的更改。

2. 快捷修改样式

1）先对应用样式文本进行格式修改，如应用“标题 1”样式的文本。

2）右击“标题 1”样式名称，弹出快捷菜单。

3）选择“更新标题 1 以匹配所选内容”命令，则所有应用了“标题 1”样式的段落就会瞬间更新。

3. “更改样式”命令

1）选择“样式”功能组中的“更改样式”下拉列表，可以对样式集风格、内置颜色、内置字体、段落间距进行更改，如图 2-86 所示。

注意： 在默认的 Word 2016 中，“更改样式”不在功能组中，可以选择“文件”选项卡→“选项”→“快速访问工具栏”选项，在列表中添加“更改样式”按钮，然后单击“更改样式”按钮，即可更改样式。

2）单击“样式”功能组右下角的↘按钮，可以打开“样式”列表，如图 2-87 所示。

3）选择需要修改的样式名称，右击或单击右侧向下按钮，在弹出的菜单中选择“修改”选项进行设置，即可以完成样式修改操作。

实例 2.8　更改样式应用 1

2-7
更改样式应用

【操作要求】打开“中国国家森林公园简介”文档（见图 2-88），

要求以第 1 页中"塔里木胡杨林国家森林公园"段落样式更新所有"标题 1"段落样式，再修改"标题 1"样式，使得所有"标题 1" 段落样式"段前分页"。

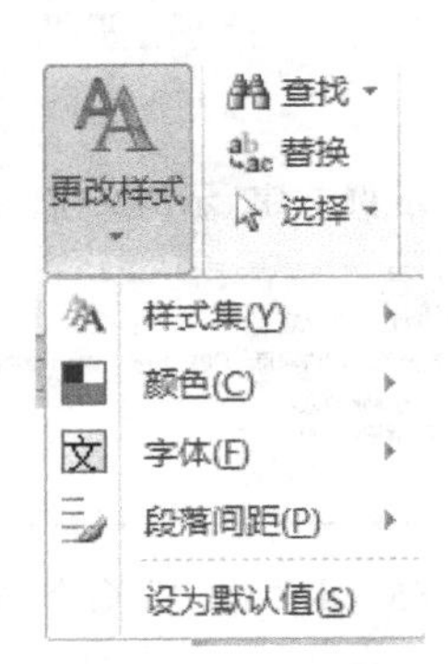

图 2-86 "更改样式"下拉列表

图 2-87 "样式"工作窗口

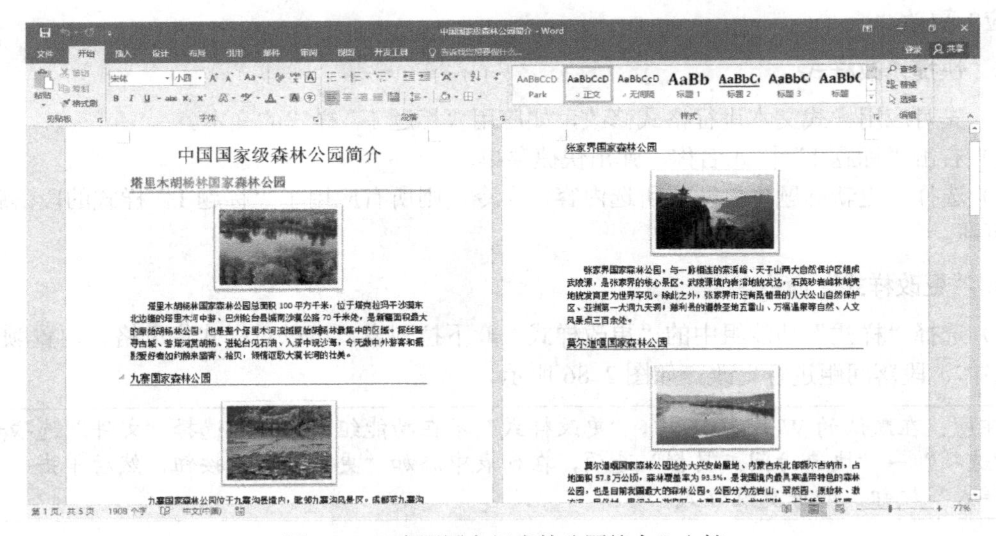

图 2-88 "中国国家级森林公园简介"文档

【操作步骤】

1）打开"中国国家森林公园简介"文档，选中第 1 页中的"塔里木胡杨林国家森林公园"文本。

2）右击"开始"选项卡→"样式"功能组→"标题 1"样式，如图 2-89 所示。

3）在弹出的快捷菜单里选择"更新标题 1 以匹配所有内容"命令，则所有标题 1 样式都应用了与"塔里木胡杨林国家森林公园"样式相同的段落样式，如图 2-90 所示。

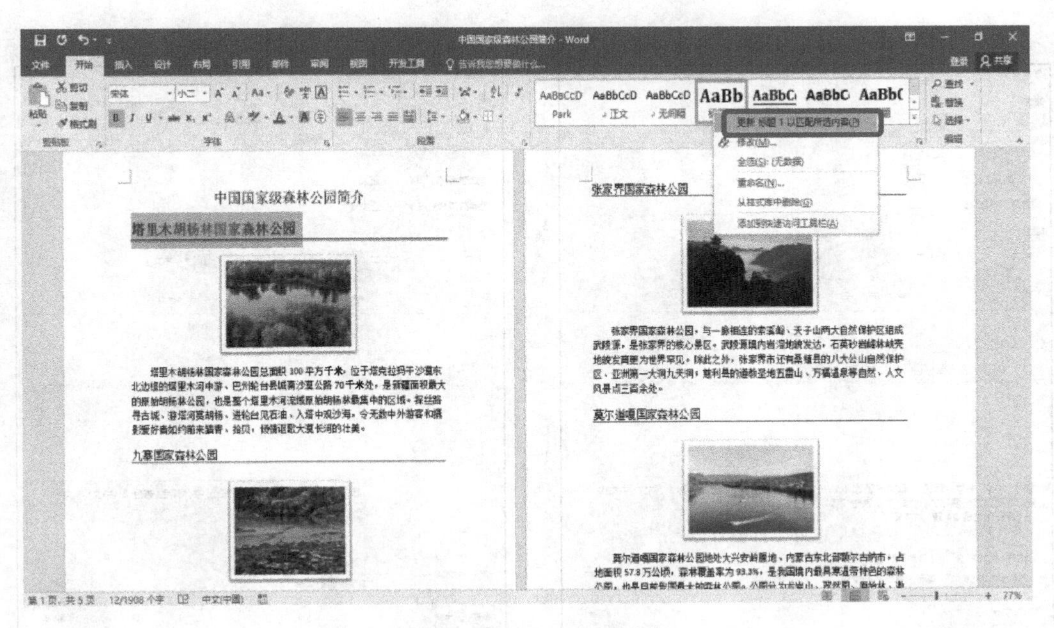

图 2-89 “标题 1”样式修改

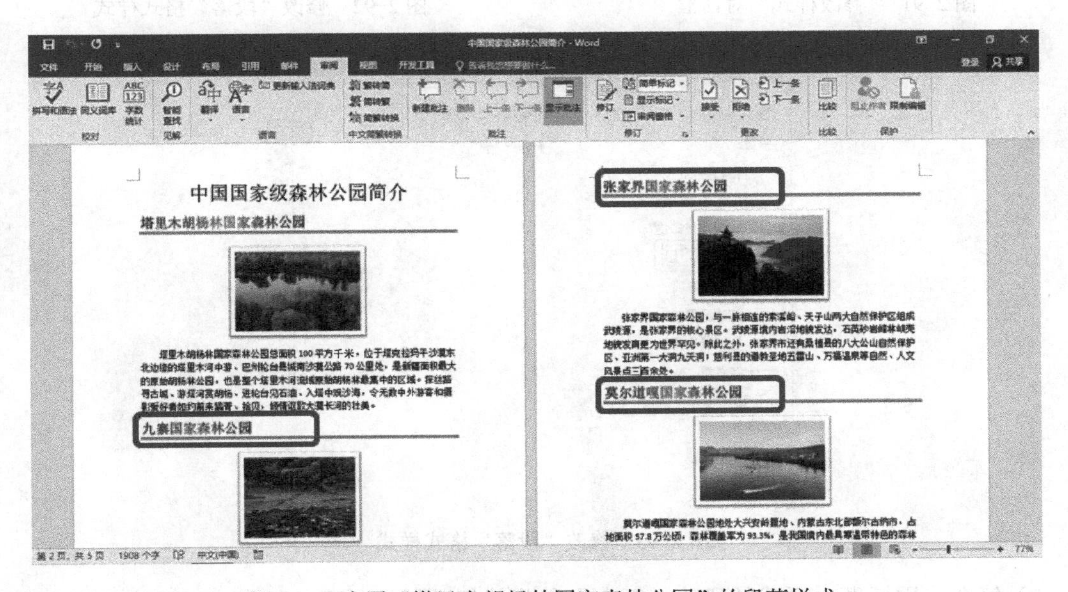

图 2-90 应用“塔里木胡杨林国家森林公园”的段落样式

4）再次右击“标题 1”样式，选择“修改…”选项，打开“修改样式”对话框，如图 2-91 所示。

5）在“修改样式”对话框中，单击“格式”按钮，在弹出的命令列表中选择“段落…”选项，如图 2-92 所示，打开“段落”对话框。

6）在“段落”对话框中，选择“换行和分页”选项卡，在分页组中勾选“段前分页”复选框，如图 2-93 所示，单击“确定”按钮，关闭“段落”对话框。

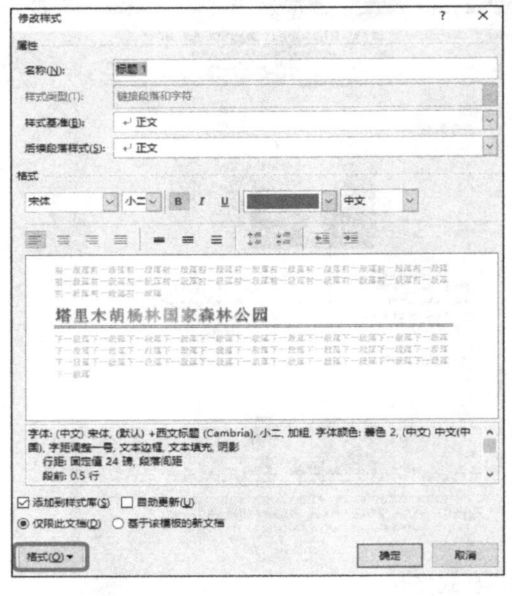

图 2-91 “修改样式”对话框

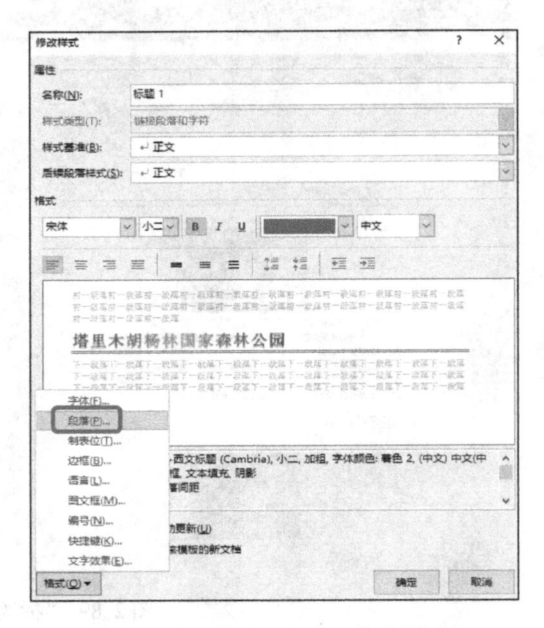

图 2-92 修改“段落”格式样式

图 2-93 修改“段落”格式样式

7）每个应用标题 1 样式的段落，都会在段落前都进行了分页，即在下一页显示下一个公园的文本内容，设置效果如图 2-94 所示。

实例 2.9 更改样式应用 2

【操作要求】打开“果品中的营养成分”文档（见图 2-95），修改“介绍”样式，使用果品.png 图片文件作为项目符号，项目符号大小为 20pt。将段落样式设为“与下段同页”，垂直居中对齐文字，且都设置“蓝色”段落底纹，“白色，背景 1”字体颜色。

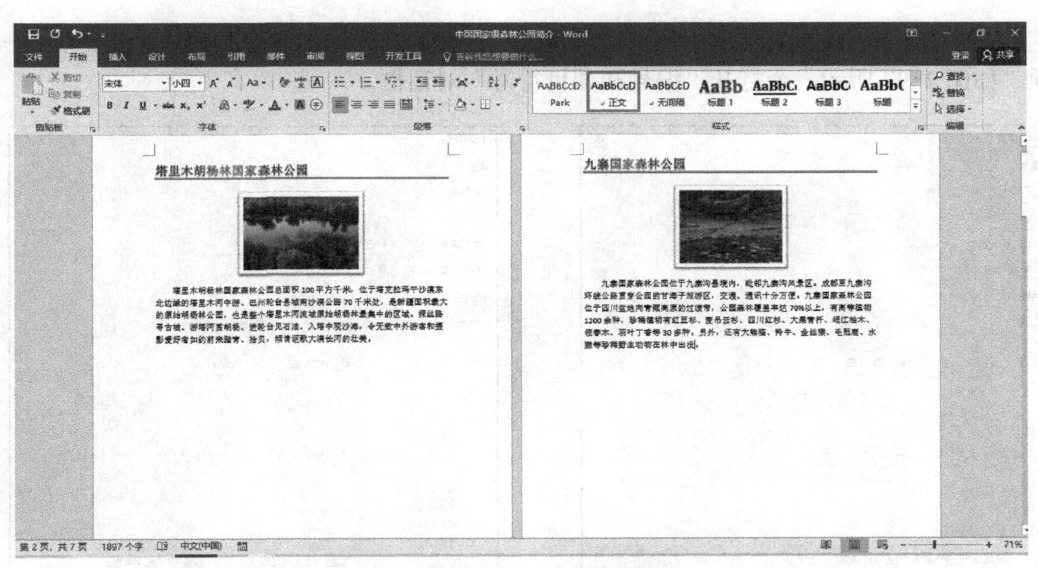

图 2-94　应用新样式效果图

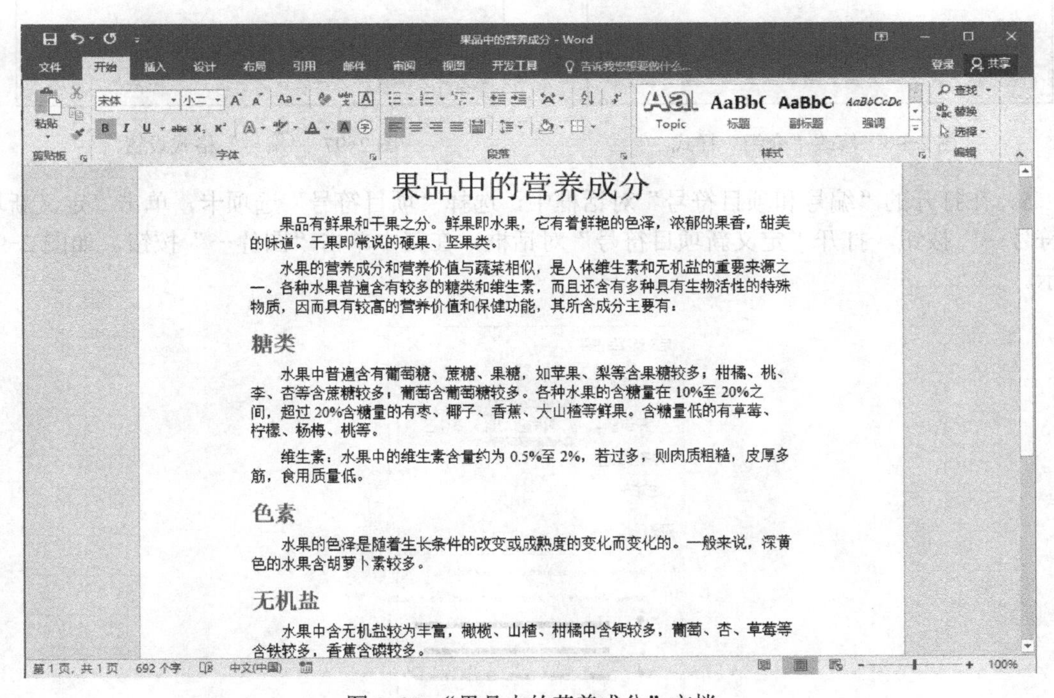

图 2-95 “果品中的营养成分”文档

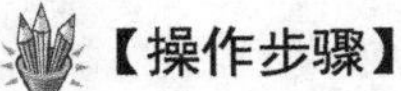【操作步骤】

1）打开“果品中的营养成分”文档。

2）右击“开始”选项卡→“样式”功能组→“介绍”样式。

3）在弹出的快捷菜单中选择“修改…”选项，打开“修改样式”对话框，如图 2-96 所示。

4）在“修改样式”对话框中，单击“格式”按钮，在弹出的命令列表中选择“编号…”选项，如图 2-97 所示，会打开“编号和项目符号”对话框。

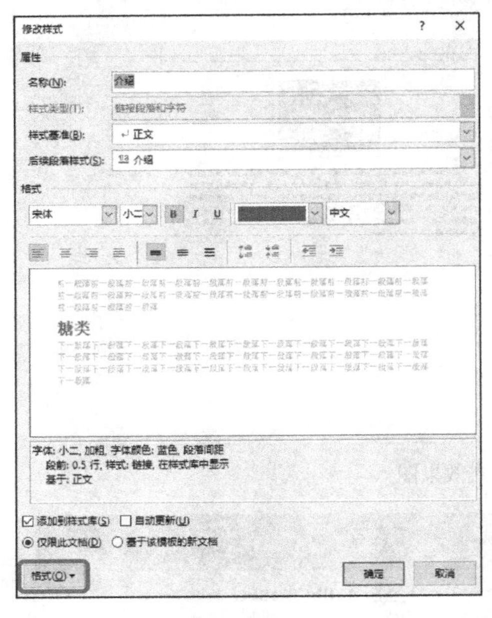

图 2-96　修改“介绍”样式

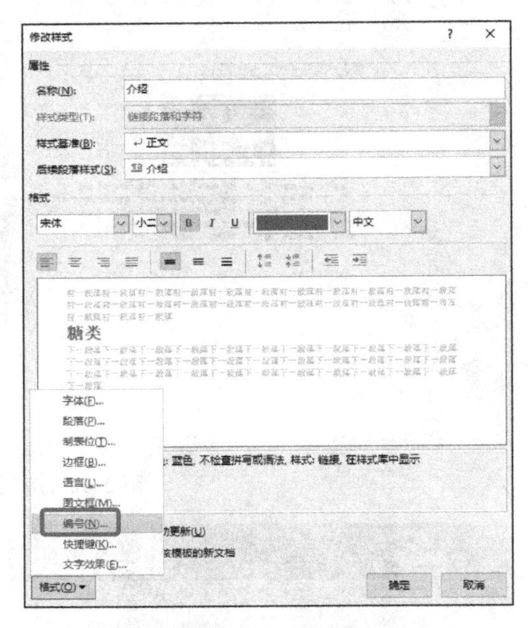

图 2-97　“编号”格式设置

5）在打开的“编号和项目符号”对话框中，选择“项目符号”选项卡，单击“定义新项目符号…”按钮，打开“定义新项目符号”对话框，在其中单击“图片…”按钮，如图 2-98 所示。

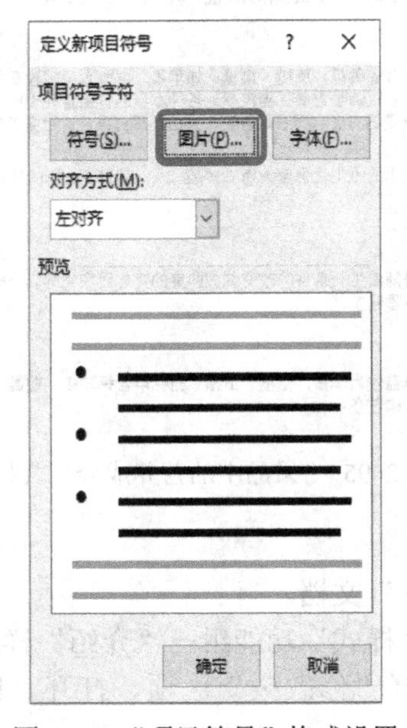

图 2-98　“项目符号”格式设置

6）在弹出的“插入图片”对话框中选择“从文件”选项，如图2-99所示，找到“果品.png”图片所在位置，选中图片，单击“插入”按钮，即完成项目符号的设置。

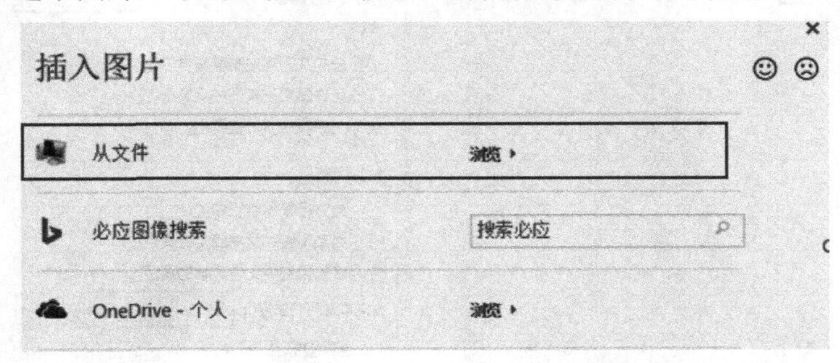

图2-99　“插入图片”对话框

7）选择任一项目符号图片，设置字体大小为“20pt”，则所有的项目符号自动都变成20 pt，设置效果如图2-100所示。

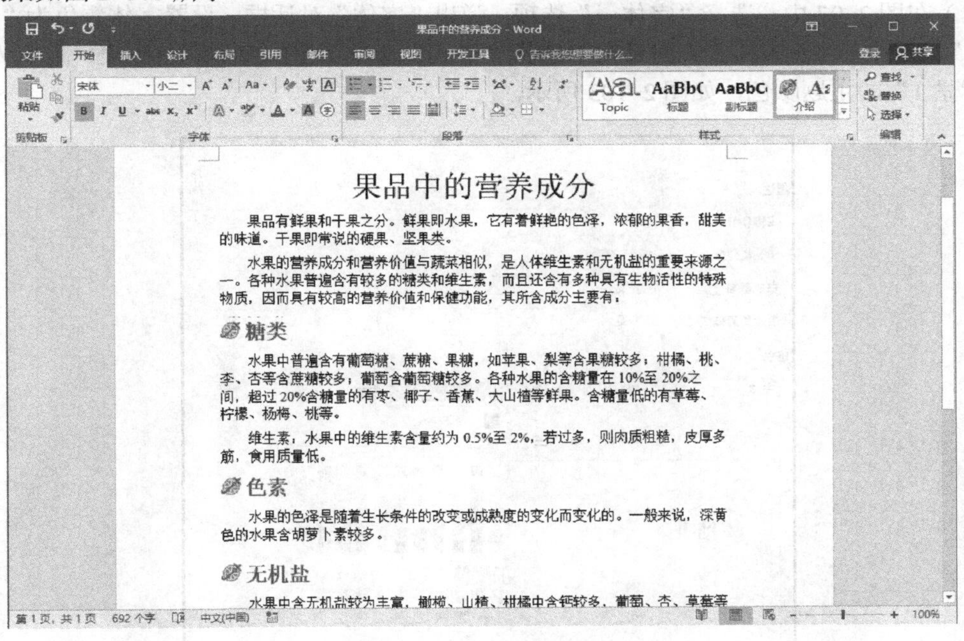

图2-100　编号添加效果图

8）在图2-97中，选择“段落…”选项，弹出“段落”对话框，在“段落”对话框中选择“换行和分页”选项卡，在“分页”栏勾选“与下段同页”复选框，如图2-101所示。

9）在“段落”对话框中选择“中文版式”选项卡，在“文本对齐方式”下拉列表中选择“居中”选项，单击“确定”按钮，如图2-102所示。

10）在图2-97中，选择“边框…”选项，弹出“边框和底纹”对话框，在“边框和底纹”对话框中选择“底纹”选项卡，在填充文本框里选择标准色中的“蓝色”，应用对象“段落”。

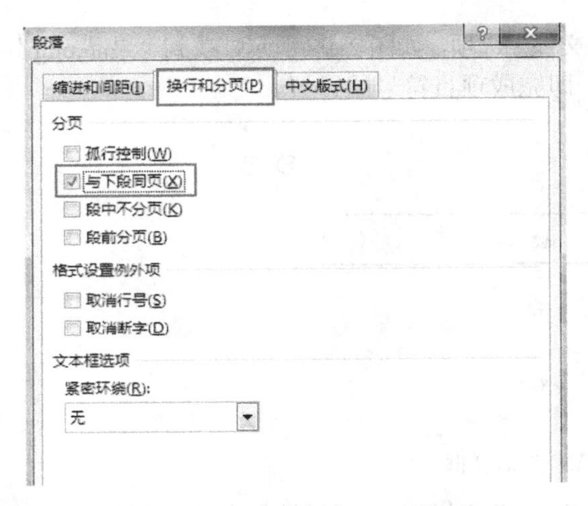

图 2-101　更改样式应用效果图

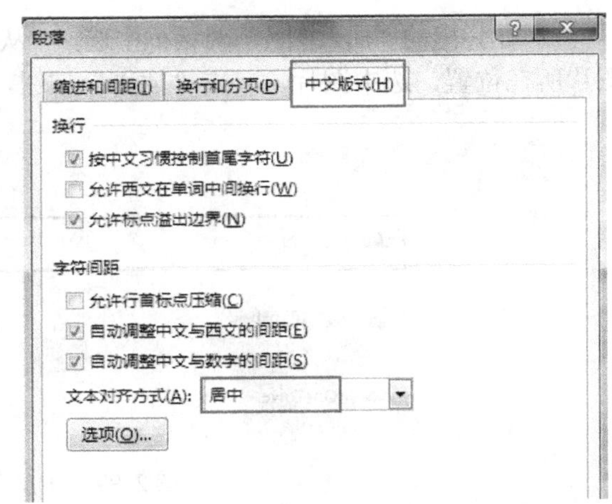

图 2-102　更改样式应用效果图

11）在图 2-97 中，选择“字体…”选项，弹出“字体”对话框，设置字体颜色为“白色，背景 1”。或者在“修改样式”对话框中选择“格式”选项组中的字体颜色列表，设置为“白色，背景 1”的主题颜色，如图 2-103 所示。

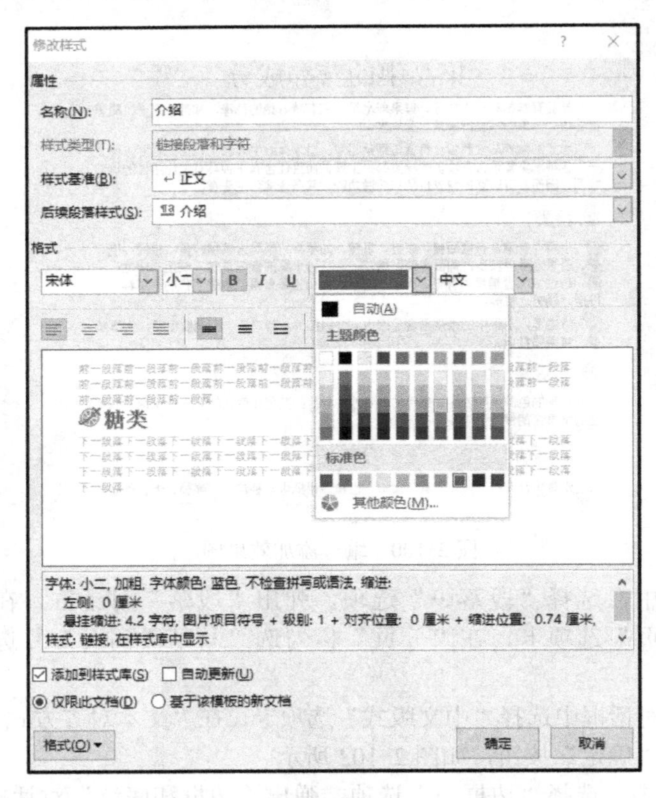

图 2-103　“修改样式”对话框中“字体颜色”的设置

12）所有样式修改设置如图 2-104 所示。

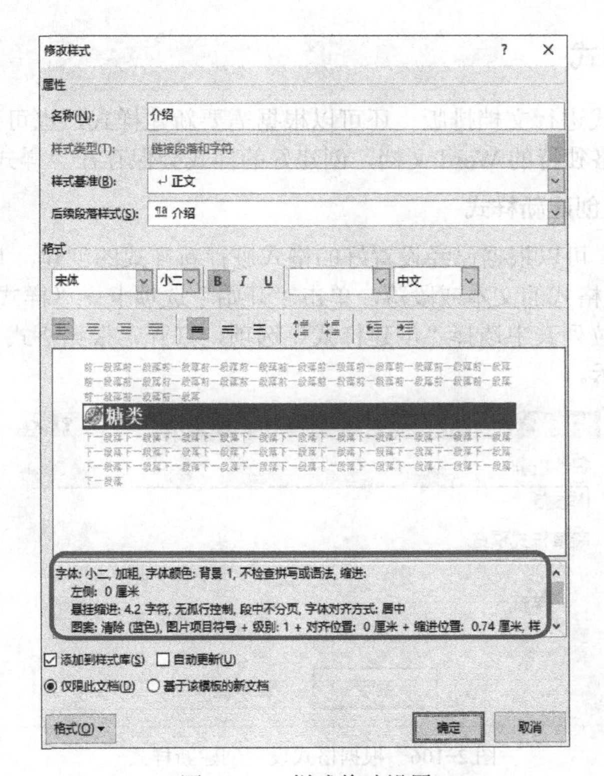

图 2-104　样式修改设置

13）样式应用效果图如 2-105 所示。

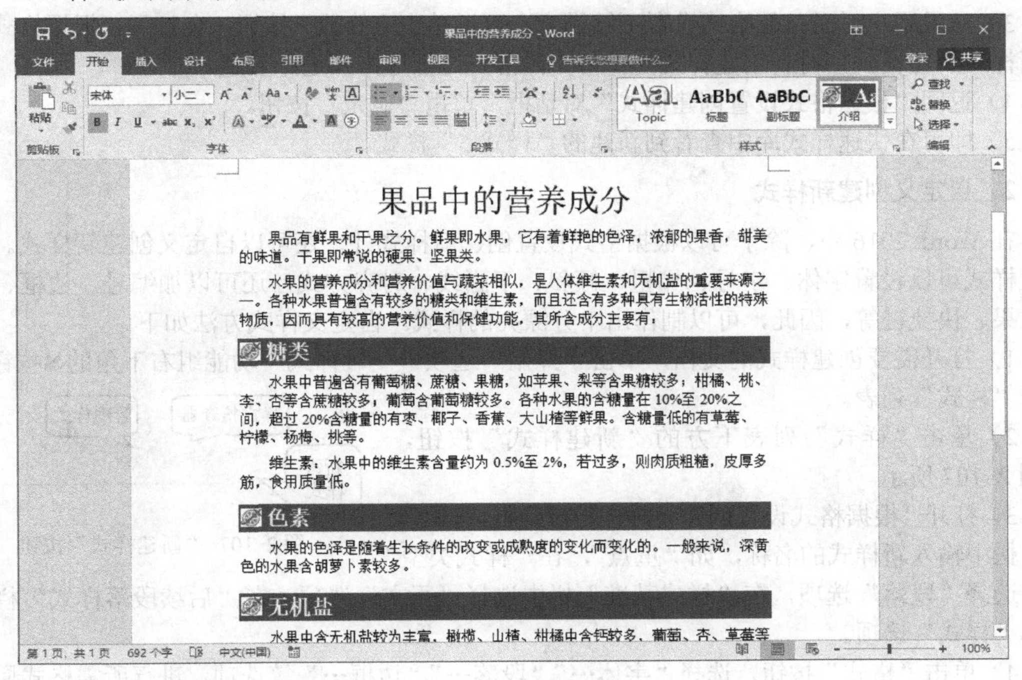

图 2-105　最终效果图

2.4.3 新建样式

除了使用内置样式进行文档排版，还可以根据需要新建样式，也可以基于现有样式设计新样式，以便制作风格独特的 Word 文档，创建好的样式会保存在“样式”列表中。

1. 根据格式设置创建新样式

在 Word 2016 中，可以根据已经设置好的格式进行新样式的创建，具体操作步骤如下。

1）选中已创建好格式的文本或段落，单击“开始”选项卡→“样式”功能组→“其他”按钮，并在打开的下拉列表中选择“创建样式”选项，打开“根据格式设置创建新样式”对话框，如图 2-106 所示。

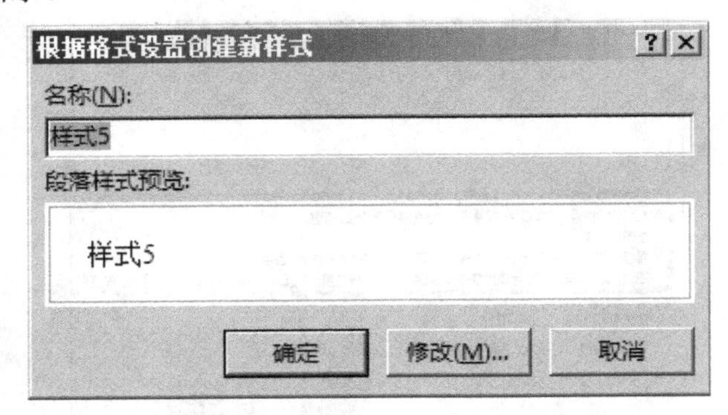

图 2-106　根据格式设置创建新样式

2）在对话框的名称编辑框中输入新样式的名称，如“样式 5”，单击“确定”按钮，设置好的格式创建了新样式，并将该样式保存到快速样式列表库。

3）如果用户对当前的格式设置不够满意，可以单击“修改”按钮，会打开“根据格式创建新样式”对话框，对新创建样式的字体、段落、边框等格式进行设置。

4）返回“根据格式设置创建样式”对话框，单击“确定”按钮。

5）即可在快速样式库中查看到新建的“样式 5”样式。

2. 自定义创建新样式

在 Word 2016 中，除了可以根据格式设置创建新样式外，还可以自定义创建新样式。自定义样式可以设置字体、字号、加粗、倾斜、下画线、对齐方式，还可以加编号、边框、文字效果、快捷键等，因此，可以制作出十分漂亮的样式。自定义样式方法如下。

1）打开需要创建样式的文档，单击“开始”选项卡→“样式”功能组右下角的↘按钮，打开“样式”列表。

2）单击“样式”列表下方的“新建样式”按钮，如图 2-107 所示。

图 2-107　“新建样式”按钮

3）打开“根据格式设置创建新样式”对话框，在“名称”栏中输入新样式的名称，如“重点”，在“样式类型”栏中选择“段落”选项，在“样式基准”栏中选择“正文”选项，在“后续段落样式”栏中选择“样式”选项。

4）单击“格式”按钮，选择“字体…”“段落…”“边框…”等选项，进行所需格式属性的设置，完成新样式的创建。

5）返回“根据格式设置创建样式”对话框，单击“确定”按钮。

6）即可在快速样式库中查看到新建的“重点”样式。

案例 2.10　新建样式

【操作要求】打开“牛顿运动定律”文档（见图 2-108），建立“特色”样式替换所有“标题 2”的文字，格式需具备“底纹：橙色、强调文字颜色 2、字体颜色：白色，背景 1、行距：固定值 20 磅”（注意：接受其他所有默认设置）。

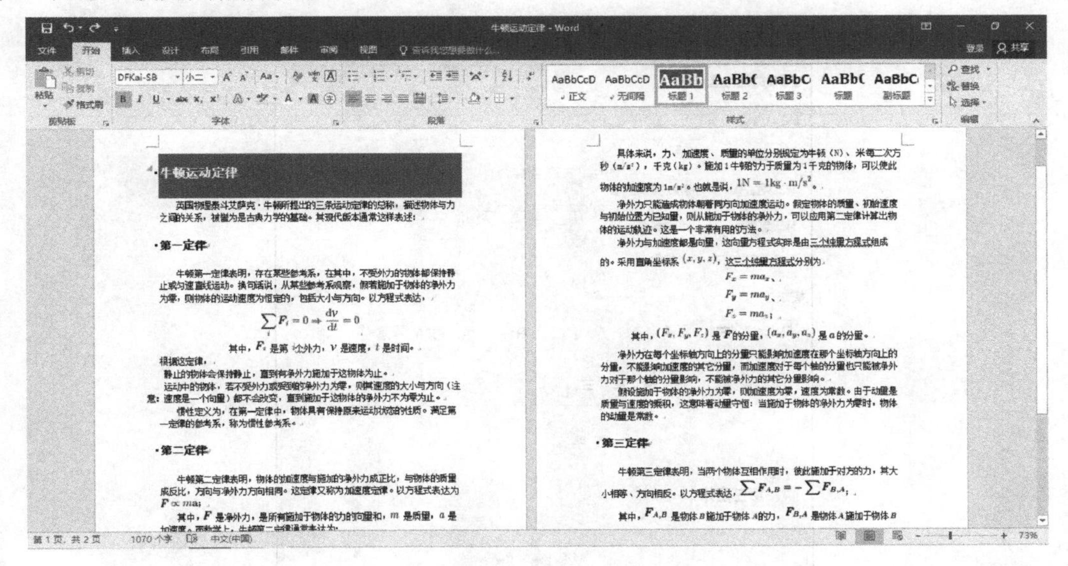

图 2-108　“牛顿运动定律”文档

【操作步骤】

1）右击“开始”选项卡→“样式”功能组→“标题 2”选项。

2）选择“全选：无数据”选项，选中所有应用了“标题 2”样式的段落。

3）单击“开始”选项卡→“样式”功能组右侧下拉按钮，在下拉菜单中选择“创建样式”选项，如图 2-109 所示。

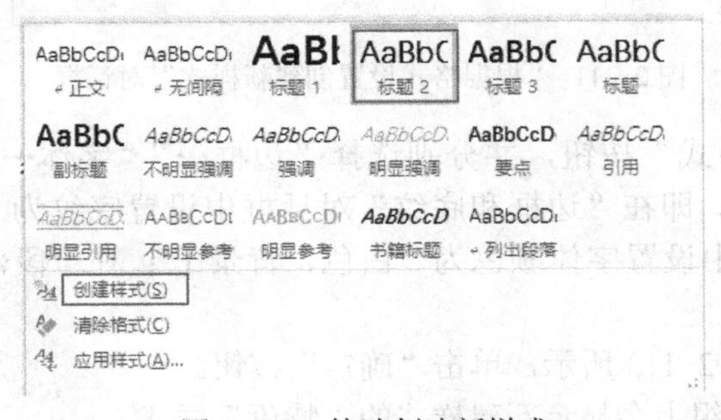

图 2-109　快速创建新样式

4）弹出“根据格式设置创建新样式”对话框，输入名称为“特色”，单击“修改”按钮，如图 2-110 所示。

图 2-110　修改样式

5）弹出“根据格式设置创建新样式”对话框，如图 2-111 所示，单击“格式”按钮。

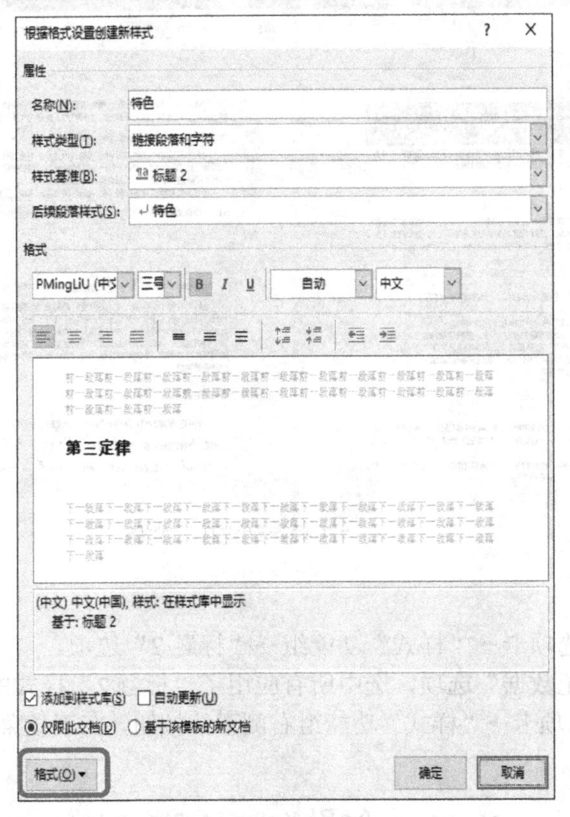

图 2-111　“根据格式设置创建新样式”对话框

6）单击下方的“格式”按钮，并分别选择“边框…”“字体…”“段落…”选项进行设置，如图 2-112 所示。即在“边框和底纹”对话框中设置底纹为“橙色、强调文字颜色 2”；在“字体”对话框中设置字体颜色为“白色，背景 1”；在“段落”对话框中设置行距为“固定值 20 磅”。

7）设置格式值如图 2-113 所示，单击“确定”按钮。

8）在“样式”功能组上会显示新建样式的“特色”样式。

9）“特色”样式应用效果如图 2-114 所示。

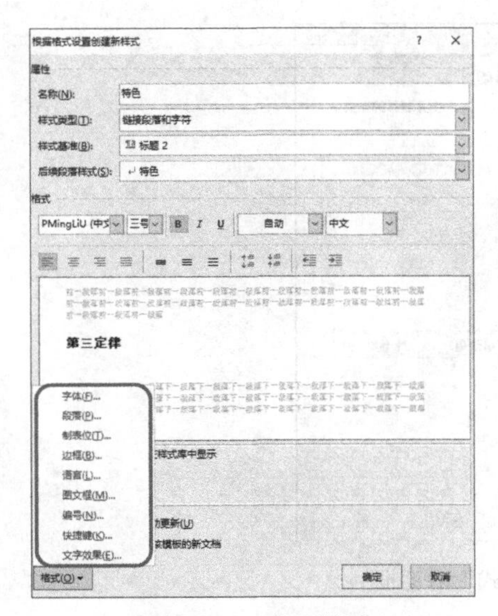

图 2-112　设置格式

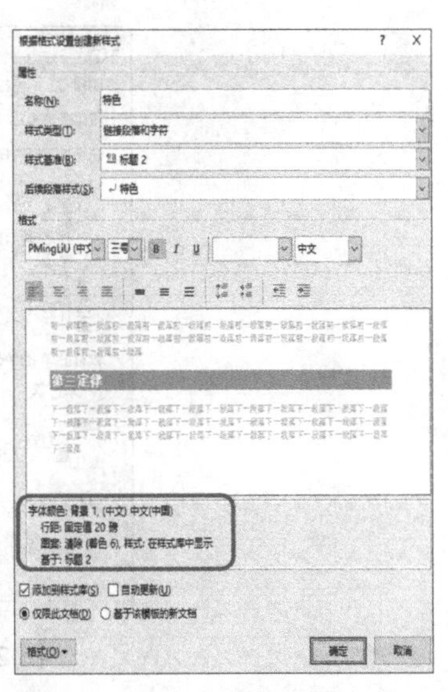

图 2-113　设置格式属性值

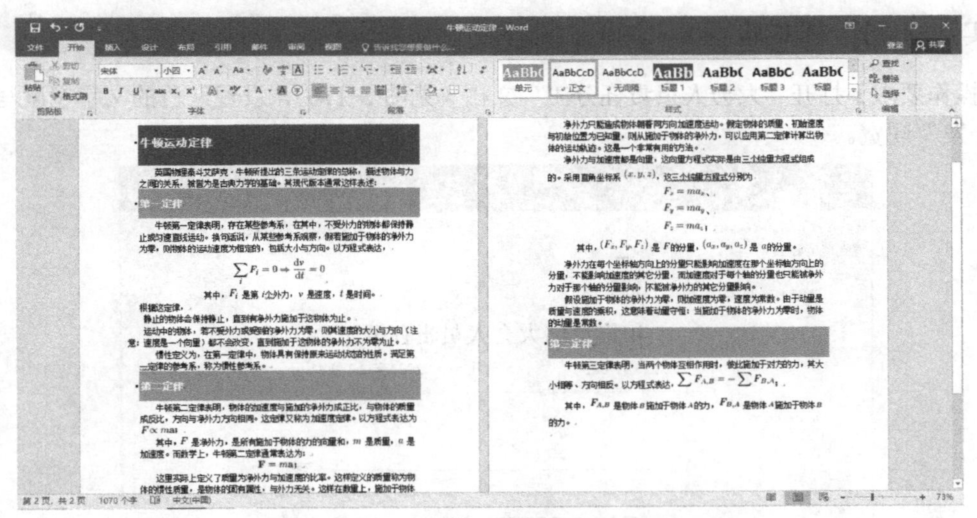

图 2-114　新样式应用效果图

2.4.4　删除样式

不需要的样式可以进行删除操作。一种方法是在“样式”列表中，右击需要删除的样式名，在弹出的快捷菜单中选择“从快速样式库中删除”选项；另一种方法是利用“管理样式”对话框。

2.4.5　管理样式

Word 2016 提供了一个全面管理样式的界面，即“管理样式”对话框，用户可以在里面进行新建样式、修改样式和删除样式等样式管理操作。

单击“样式”列表下方的“管理样式”按钮，如图 2-107 所示，打开“管理样式”对话框，以对样式进行管理设置，如图 2-115 所示。

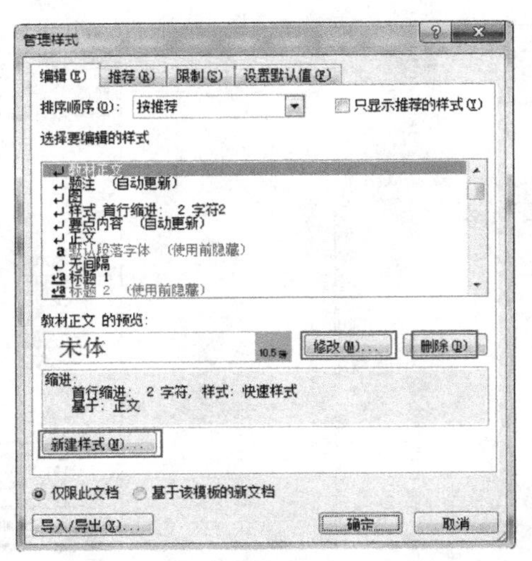

图2-115 “管理样式”对话框

实例2.11 样式应用

【操作要求】打开“大会人员责任分工”文档（见图2-116），设置红色的文字宽度与“宣传品分发”同宽。

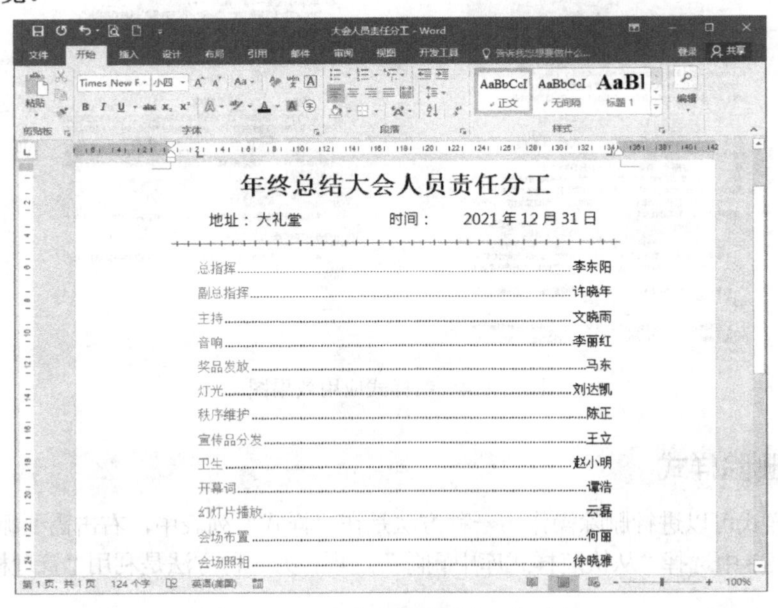

图2-116 “大会人员责任分工”文档

【操作步骤】

1）在文档中选中任一红色文字，选择“编辑”下拉列表中的“选择”选项，打开下拉列表。

2）选择“选择格式相似的文本”选项，选定文本对象，如图2-117所示。

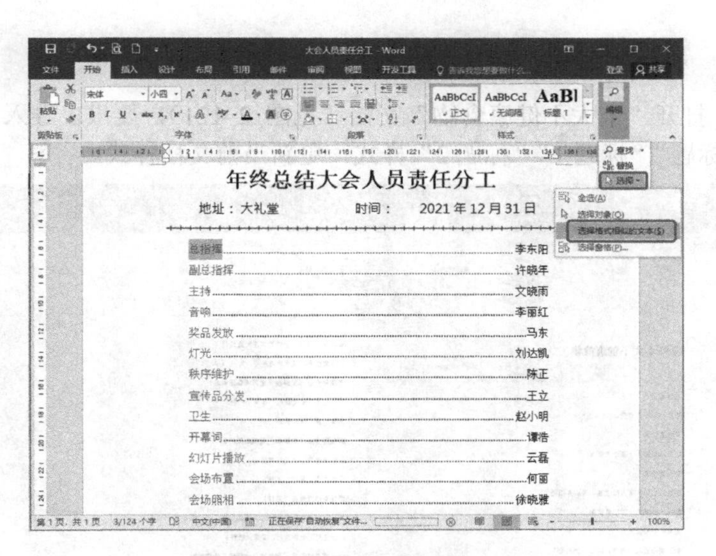

图 2-117　选择格式相似的文本

3）选择“开始”选项卡→“段落”功能组→“中文版式”按钮。

4）选择“调整宽度”选项，弹出“调整宽度”对话框，在“新文字宽度”文本框中输入“5 字符”，单击“确定”按钮，如图 2-118 和图 2-119 所示。

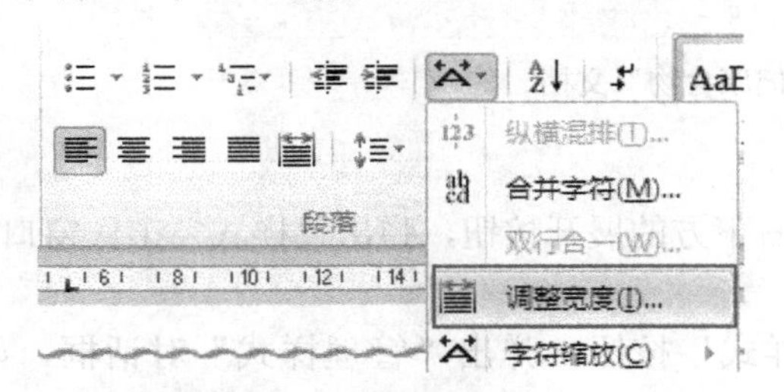

图 2-118　文本宽度设置命令

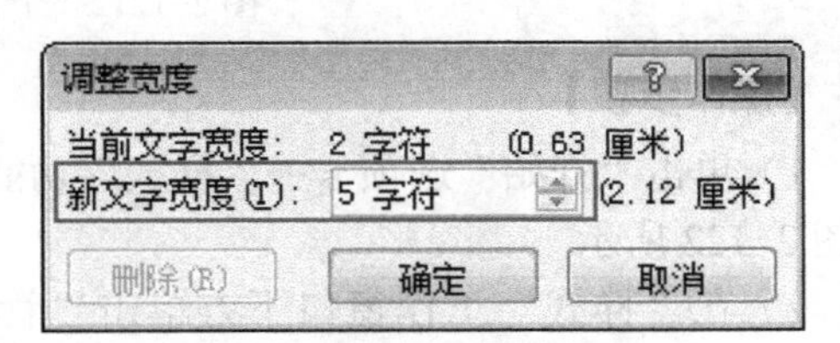

图 2-119　文本宽度值设置

5）红色文字宽度设置效果如图 2-120 所示。

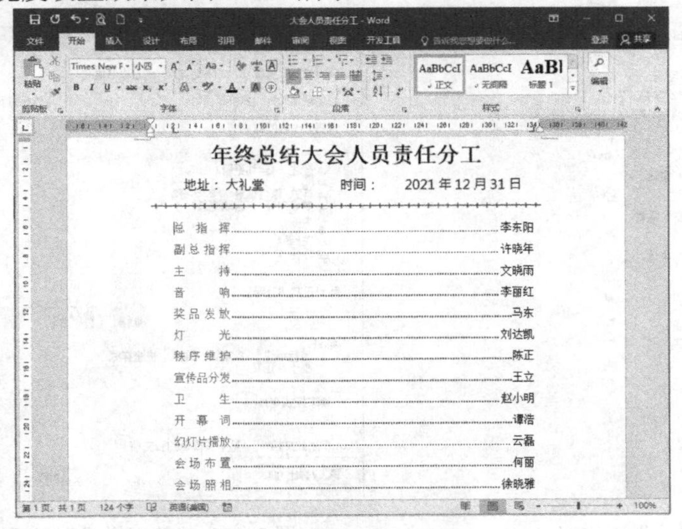

图 2-120　最终效果图

实例 2.12　管理样式

【操作要求】打开“十大不健康食物”文档（见图 2-121），要求仅导入“新样式.dotx”模板文件中的“标题”“标题 1”“标题 2”样式，更新当前文档样式。

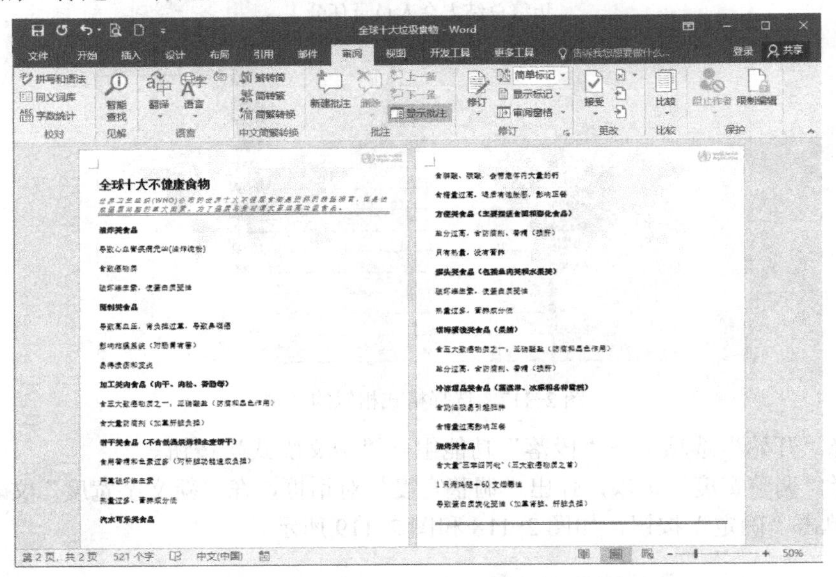

图 2-121　“十大不健康食物”文档

【操作步骤】

1）单击“开始”选项卡→“样式”功能组右下方的展开按钮，弹出“样式”工作窗口，如图 2-122 所示。

2）在“样式”工作窗口下方单击“管理样式”按钮，弹出“管理样式”对话框，如图 2-123 所示。

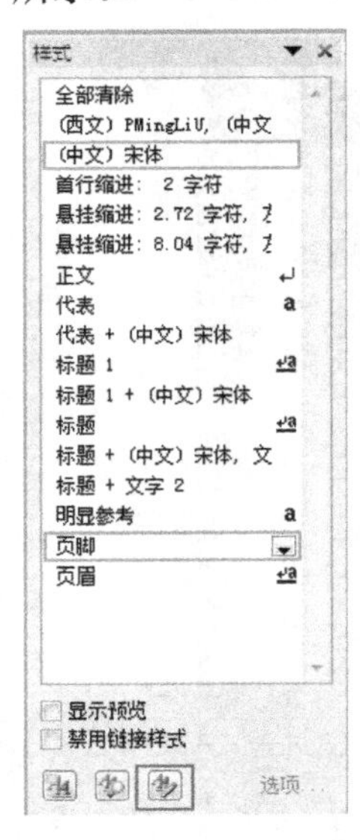

图 2-122　“样式”工作窗口

图 2-123　“管理样式”对话框

3）单击对话框左下方的“导入/导出”按钮，弹出“管理器”对话框，如图2-124所示。

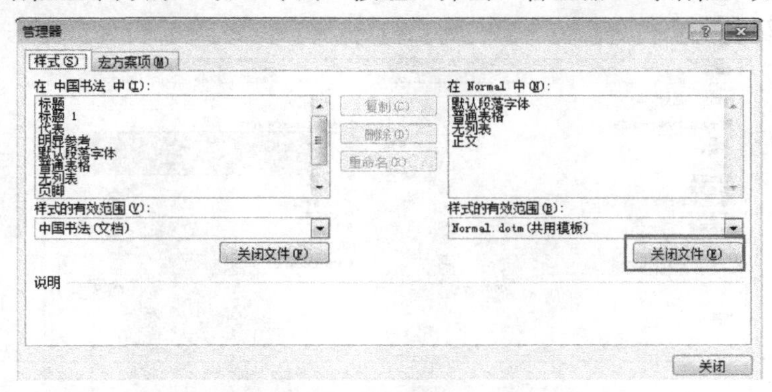

图2-124　“管理器”对话框

4）在“管理器”对话框中，单击右方“关闭文件”按钮，关闭“Noraml.dotm”，此时按钮名称变成“打开文件”，如图2-125所示。

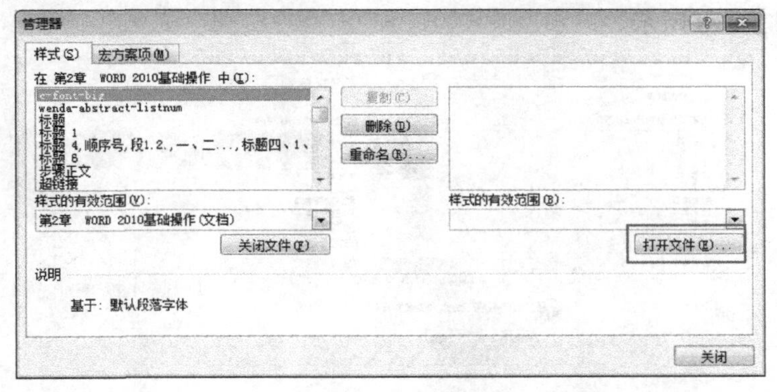

图2-125　“打开文件”按钮

5）单击“打开文件”按钮，开启“文档”文件夹，双击文件“新的样式.dotx”，如图2-126所示。

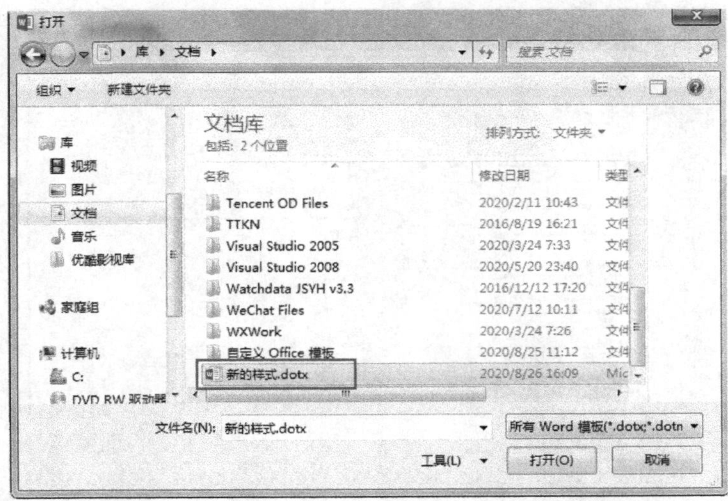

图2-126　选择“新的样式.dotx”文件

6）选择“新的样式.dotx”列表中的“标题”“标题 1”“标题 2”三个样式，单击“复制”按钮，如图 2-127 所示。

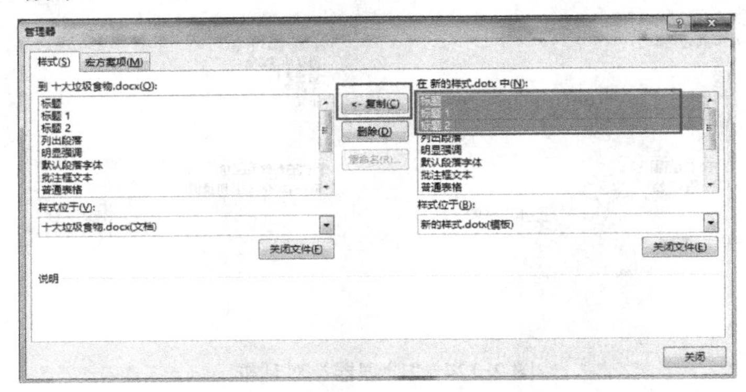

图 2-127 “标题”样式应用

7）在提示对话框中单击“是”按钮，将选中的样式复制到“十大不健康食物.docx”中既有的样式，如图 2-128 所示。

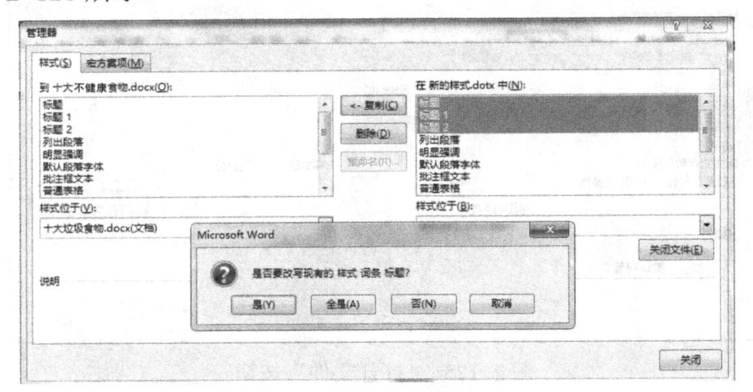

图 2-128 应用“标题”样式

8）单击“关闭”按钮，完成样式模板复制，文本应用效果如图 2-129 所示。

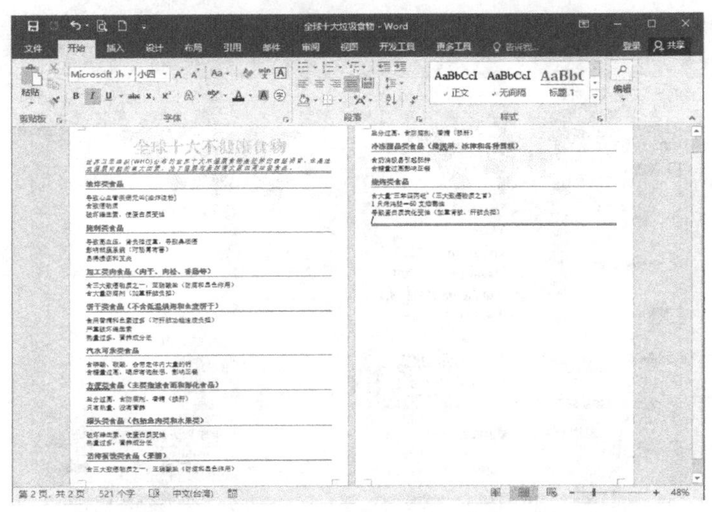

图 2-129 “样式集”模板应用效果图

2.5 编辑

在编辑文档特别是长文档时，经常要查找某个文本或者要更改文档中多次出现的某个文本，此时可以使用查找和替换功能快速达到目的。

2.5.1 查找与替换

1. 文本的查找

要在一份长篇的文章中查找需要的文字，利用 Word 提供的查找功能，将会事半功倍。比如要在“产品质量法”文档中查找“质量法”这个词，可以通过以下操作来实现。

1）把指针定位在文档中任意一个位置，单击“开始”选项卡→“编辑”功能组→“查找”按钮，弹出如图 2-130 所示对话框，选择“查找”选项。

2）在左侧“导航”栏中输入“质量法”文本，如图 2-131 所示，文档中匹配的文本内容即已查找选中，如图 2-132 所示。

图 2-130　“查找”下拉命令　　　　图 2-131　查找内容输入

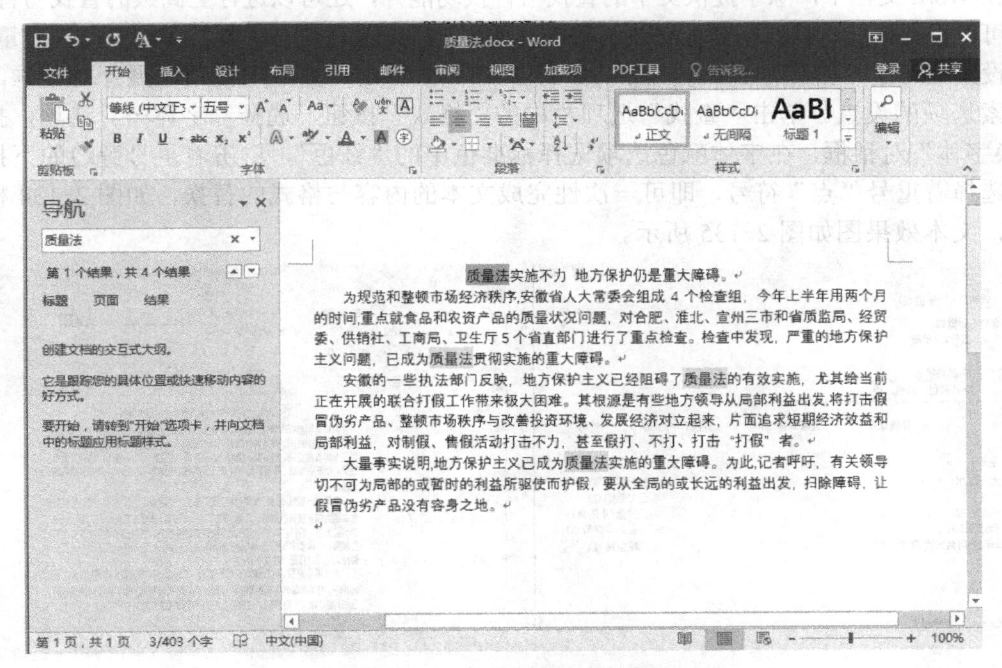

图 2-132　查找到的文本效果

2. 文本的替换

如果想把“产品质量法”文档中所有出现的“质量法”文本替换成“产品质量法”，可以采用替换功能一次性完成任务，其操作步骤如下。

1）选择“开始”选项卡→“查找”下拉列表中“高级查找”选项或直接单击“替换命令”按钮，弹出“查找和替换”对话框。

2）在“查找内容”文本框中输入“质量法”，在“替换为”文本框中输入“产品质量法”，如图 2-133 所示。

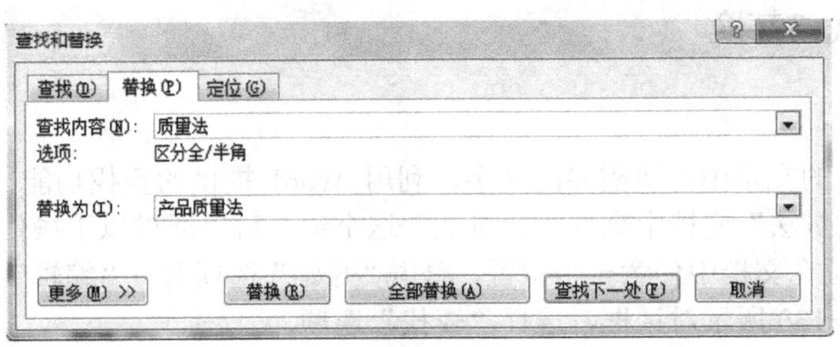

图 2-133 “替换”选项卡

3）单击“替换”按钮，系统将会查找到第一个符合条件的文本，如果想替换，再次单击“替换”按钮，查找到的文本即被替换，然后会继续往下找。如果不想替换，单击 “查找下一处”按钮，则将跳过本次查找到的文本，继续查找下一处符合条件的文本。单击“全部替换”按钮即可将文档中所有查找到的内容替换掉。

3. 高级查找与替换

在 Word 文档中，除了提供文字的查找与替换功能外，还可以进行更高级的查找与替换，比如可以进行格式、特殊格式的查找与替换。如想把“产品质量法”文档中的“产品质量法”文本设置成红色并加上着重号，则可以在图 2-134 中单击“更多”按钮，展开对话框，进行搜索选项的设置。单击“查找”选项栏中的“格式”按钮，选择“字体…”选项，打开“替换字体”对话框，在字体颜色选项选择标准色中的“红色”，单击着重号旁边的下拉按钮，选择着重号“点”符号，即可一次性完成文本的内容与格式的替换，如图 2-134 格式所示，文本效果图如图 2-135 所示。

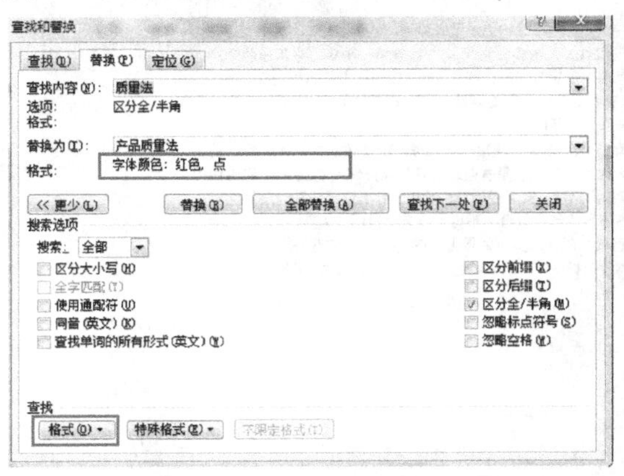

图 2-134 “替换”格式设置

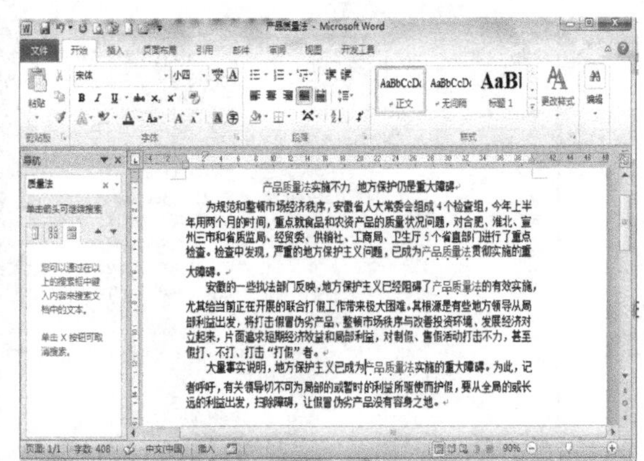

图 2-135 格式替换效果

实例 2.13 高级查找

【操作要求】打开“兰花”文档（见图 2-136），使用高级查找功能，查找并删除文件中所有黄色突出显示的文字。

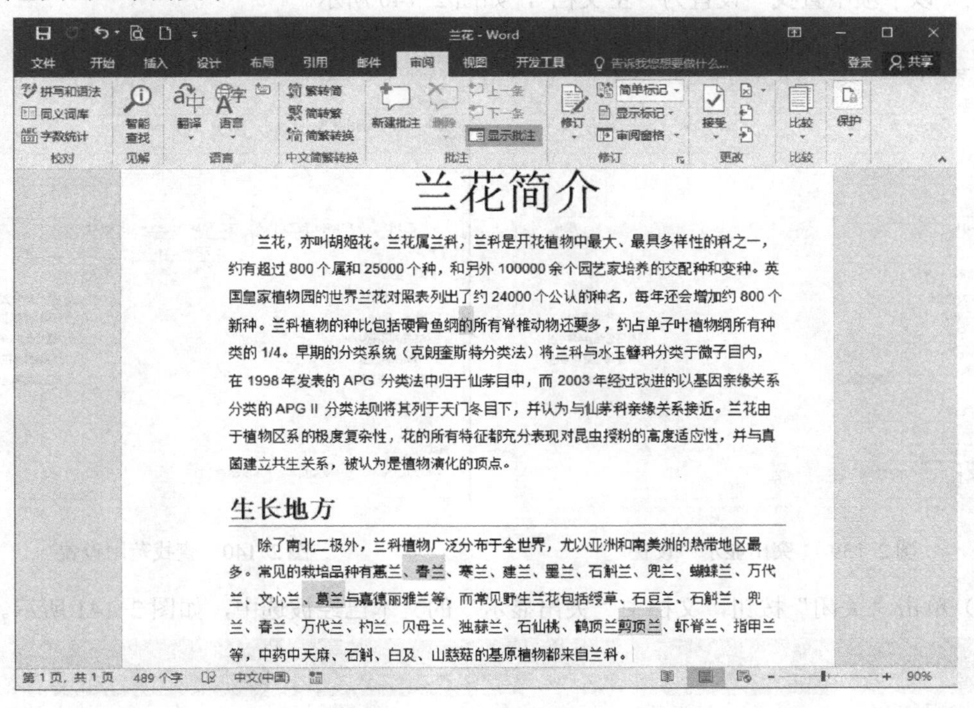

图 2-136 “兰花”文档

【操作步骤】

1）把指针定位在文档中任意一个位置，单击“开始”选项卡→“编辑”功能组→“查找”按钮，打开下拉列表，如图 2-137 所示。

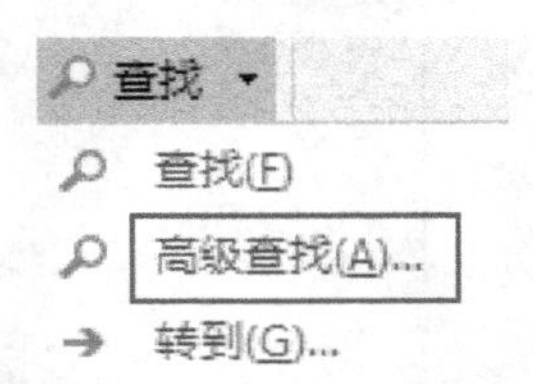

图 2-137 “查找”下拉命令

2）在打开的下拉列表中选择“高级查找”选项，弹出“查找和替换”对话框，如图 2-138 所示。

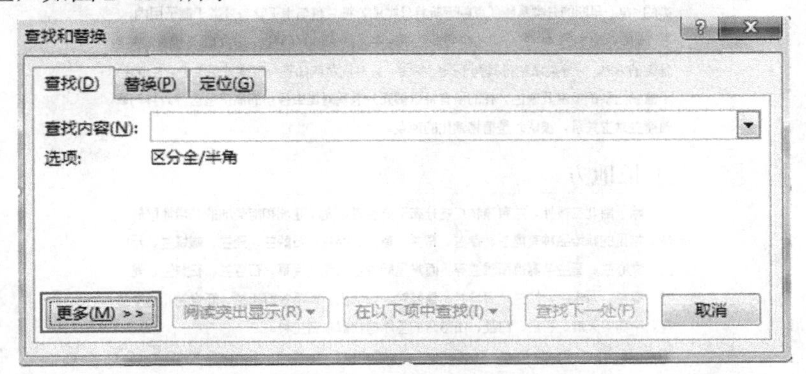

图 2-138 “查找和替换”对话框

3）在“查找和替换”对话框中，单击“更多”按钮，展开对话框，并单击“格式”下拉按钮，选择“突出显示”选项，如图 2-139 所示。

4）在对话框中“查找内容”下面的“格式”属性后面显示为“突出显示”，将查找范围属性在“以下项中查找”设置为“主文档”，如图 2-140 所示。

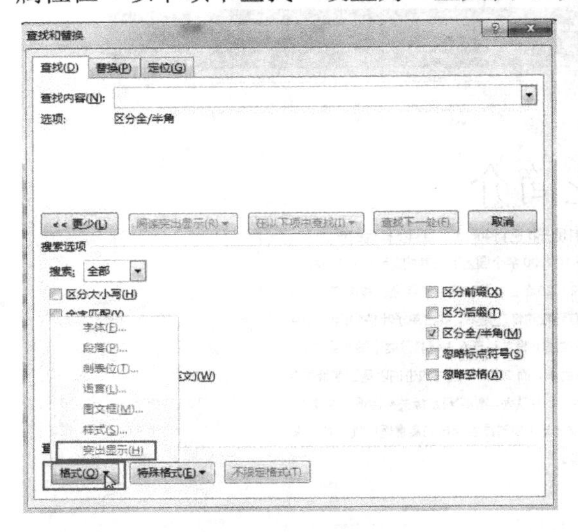

图 2-139 “突出显示”设置

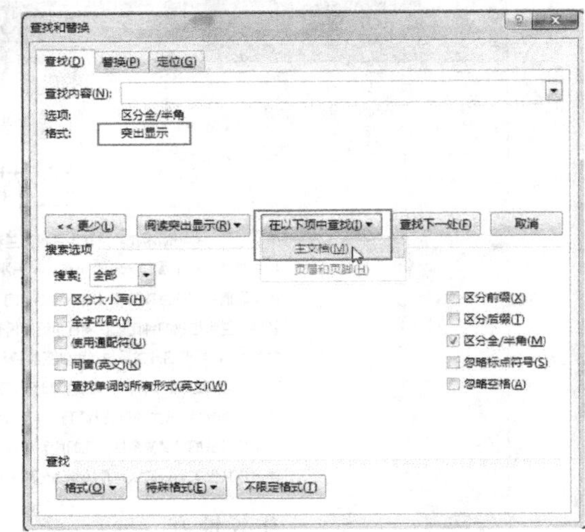

图 2-140 查找范围设置

5）单击“关闭”按钮，文档中“突出显示”的文本已经被选中，如图 2-141 所示。

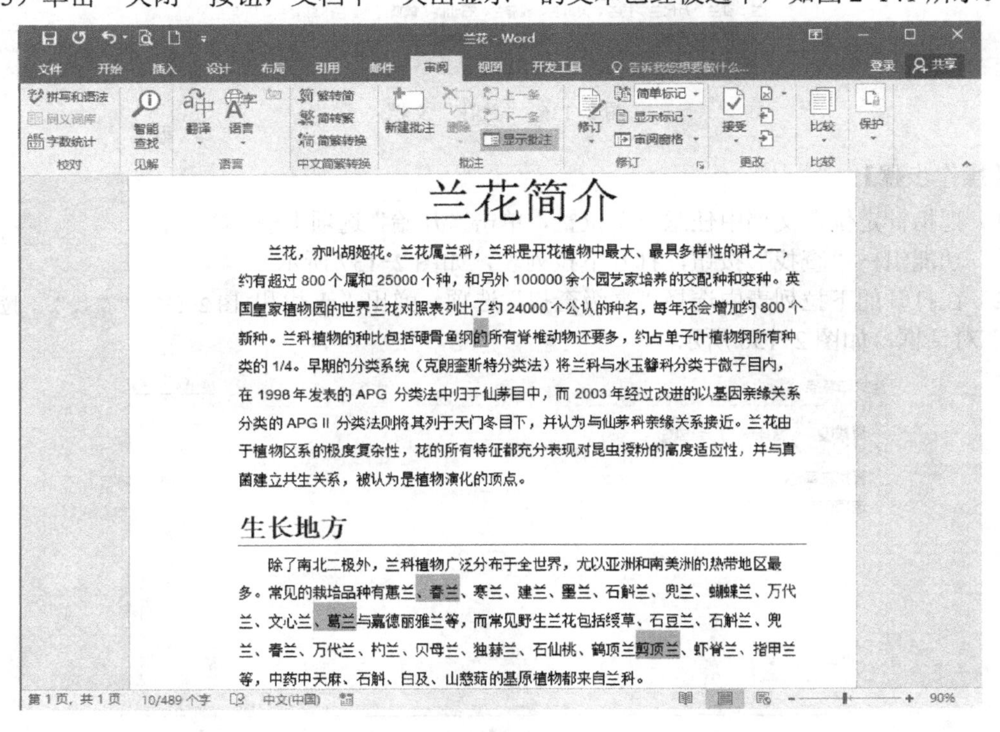

图 2-141 所有“突出显示”文本被选中

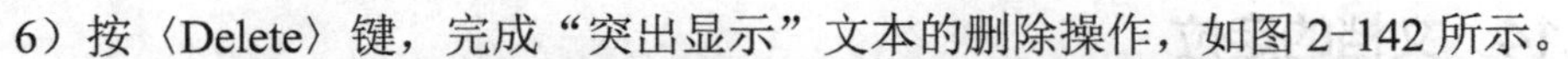

6）按〈Delete〉键，完成“突出显示”文本的删除操作，如图 2-142 所示。

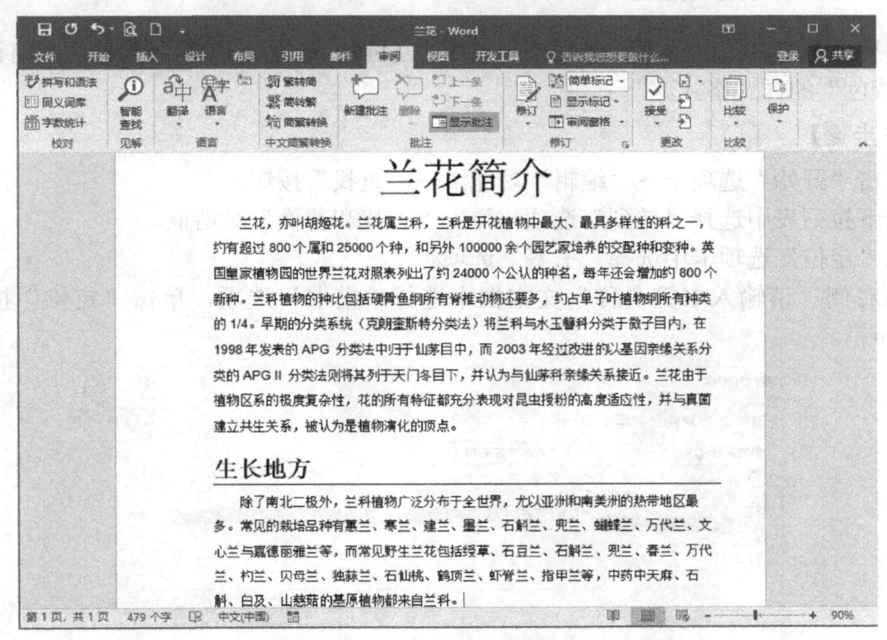

图 2-142　设置效果图

4．文档定位

在编辑文档尤其是长文档时，如果要快速定位到需要编辑的位置，可以选择“开始”选项卡→“编辑”功能组→“查找”下拉列表中的“转到”选项或者直接单击“替换”按钮，在打开的“查找和替换”对话框中选择“定位”选项卡。

在“定位目标”选项中，如图 2-143 所示，根据需要选择页、节、行、书签、表格、公式、图形等不同类型，在右侧文本框中输入定位的页号、节号、行号等，进行快速而精确的定位。

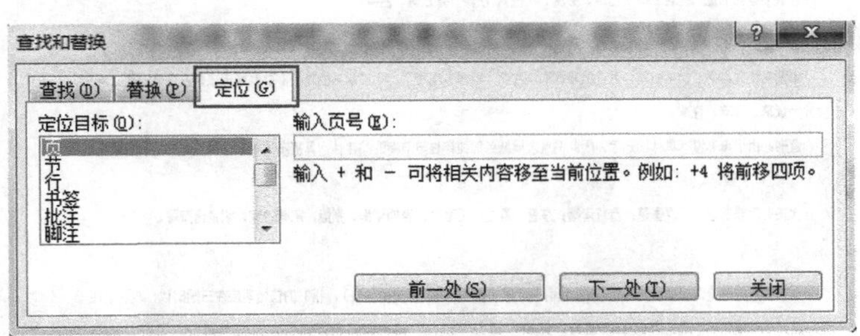

图 2-143　“定位目标”选项

也可以勾选“视图”选项卡→“显示”功能组中→“导航窗格”复选框，打开导航窗格，然后单击相应的标题，实现快速定位。

提示：打开 Word 文档后，可以使用快捷键进行定位，如按〈Shift+F5〉组合键，可以快速定位到上一次编辑的位置；按〈Ctrl+End〉组合键，可以快速定位到文档结尾；按〈Ctrl+Home〉组合键可以快速定位到文档开头。

实例 2.14 文档的定位

【操作要求】打开“中国书法”文档（见图 2-144），定位至书签“楷书”，并将该段落套用名为“特色”的样式格式。

【操作步骤】

1）单击“开始”选项卡→“编辑”功能组→“查找”按钮。

2）在下拉列表中选择“转到”选项，弹出“查找和替换”对话框。

3）在“定位”选项卡中选择“书签”选项。

4）在右侧“请输入书签名称”文本框中选择“楷书”选项，单击“定位”按钮，如图 2-144 所示。

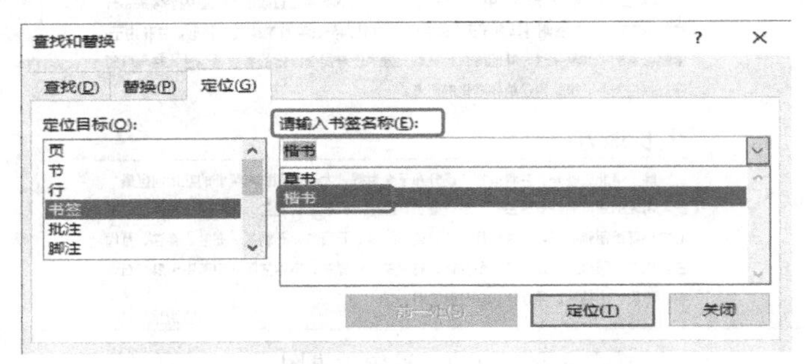

图 2-144 定位设置

5）单击“关闭”按钮，关闭对话框，此时指针定位在“楷书”前。

6）单击“样式”功能组中的“特色”样式，完成套用“特色”样式。

7）效果如图 2-145 所示。

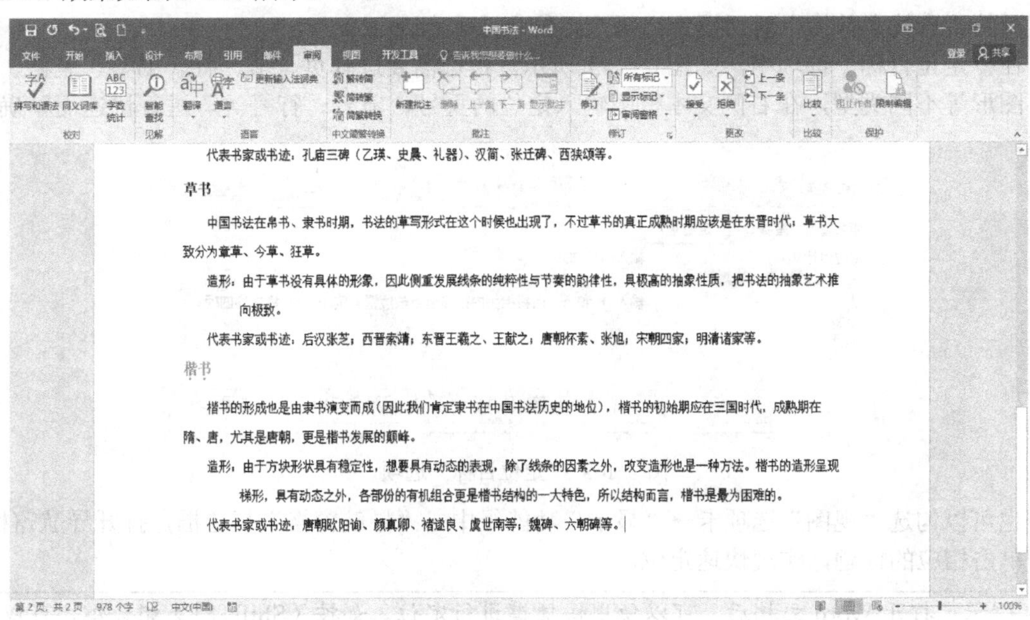

图 2-145 定位效果图

2.5.2 选择

单击“编辑”功能组→“选择”按钮，如图2-146所示，在其下拉列表中可以进行文档所有内容的选择、对象的选择、格式相似的文本选择和窗格对象的选择与可见性等操作。

查找
替换
选择
更改样式
全选(A)
选择对象(O)
选择格式相似的文本(S)
选择窗格(P)...

图2-146 “选择”下拉列表

实例2.15 窗格对象的选择与可见性设置

【操作要求】打开“中国茶文化”文档（见图2-147），隐藏名为“河”的图片。

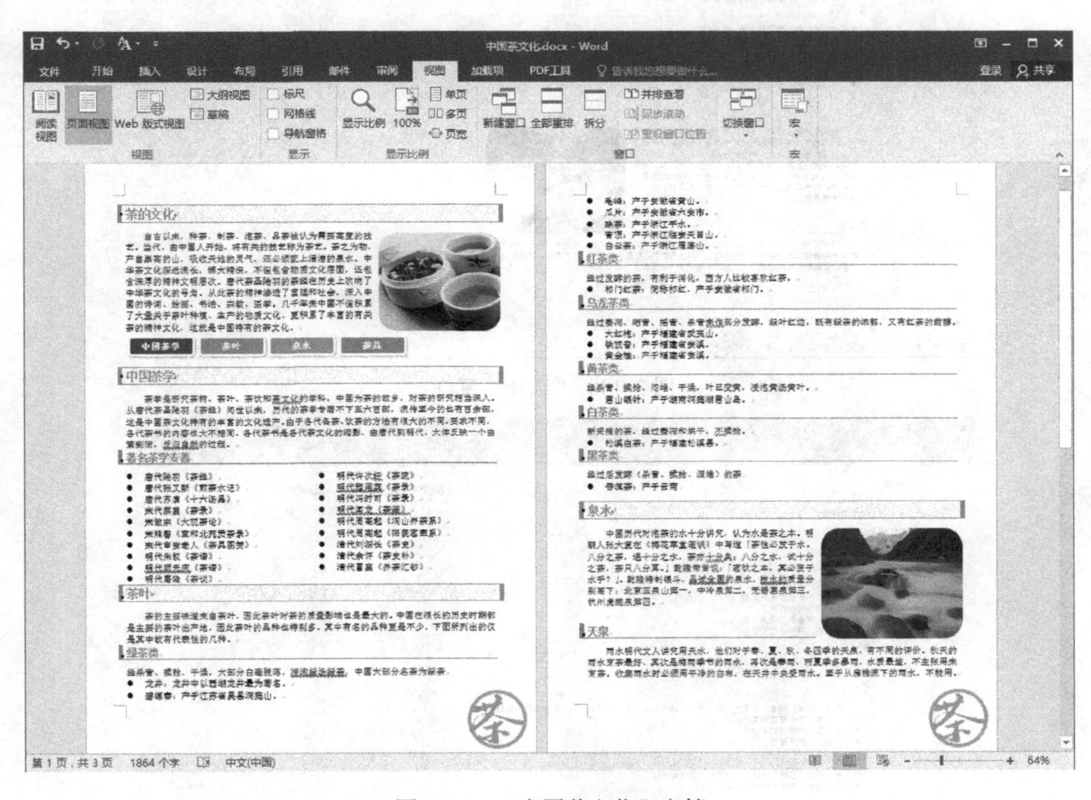

图2-147 “中国茶文化”文档

【操作步骤】

1）打开“中国茶文化”文档。

2）指针定位“河”图片所在页面，即文档的第二页。

3）单击“开始”选项卡→“编辑”功能组→“选择”按钮，打开下拉列表。

4）在下拉列表中选择“选择窗格”选项，弹出“选择”工作窗口，如图2-148所示。

5）在此工作窗口中查看到页面中包含名称为“河”的图片。

6）单击“河”图片右方的“可视性”按钮，变成灰色即完成隐藏图片的设置，如图2-149所示。

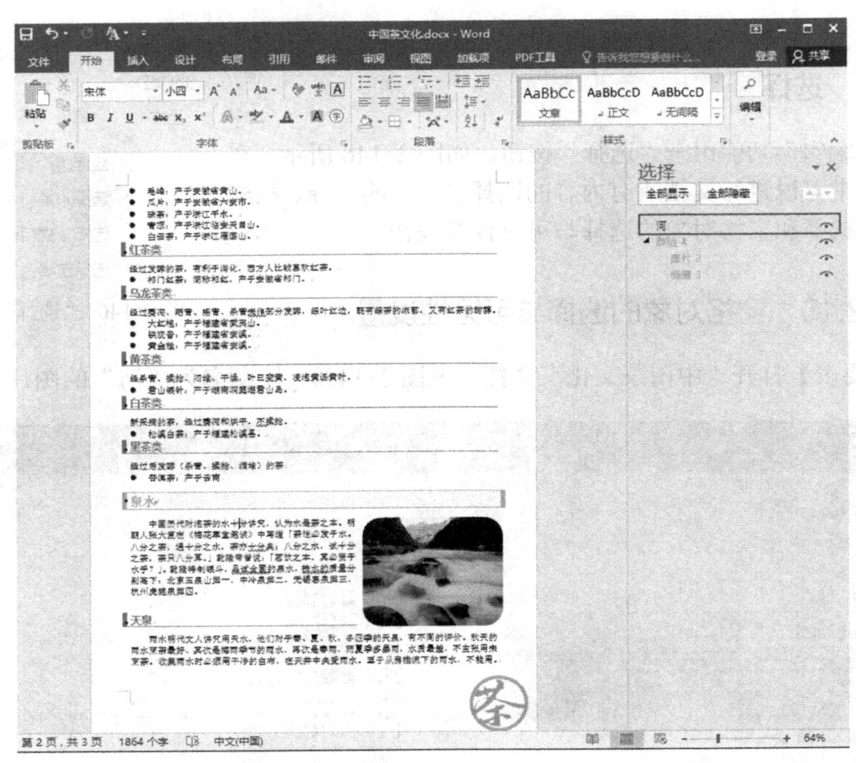

图 2-148 “选择”窗口

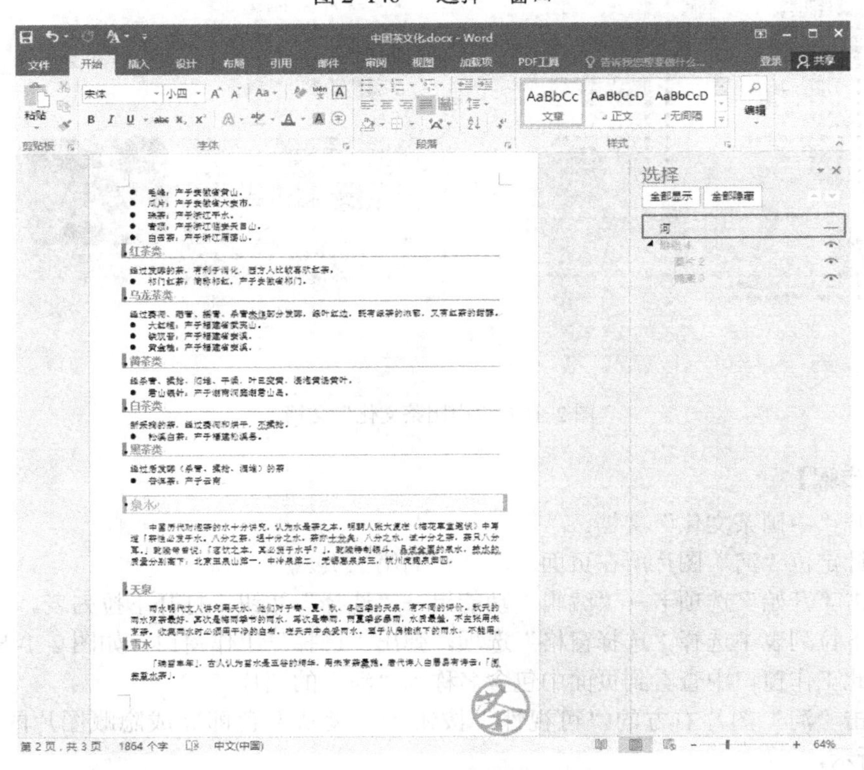

图 2-149 隐藏图片效果图

2.6 综合案例

打开“‘抗疫精神’：中国精神的生动展现”文档（见图 2-150），按照要求完成下列练习并以该文件名保存文档。

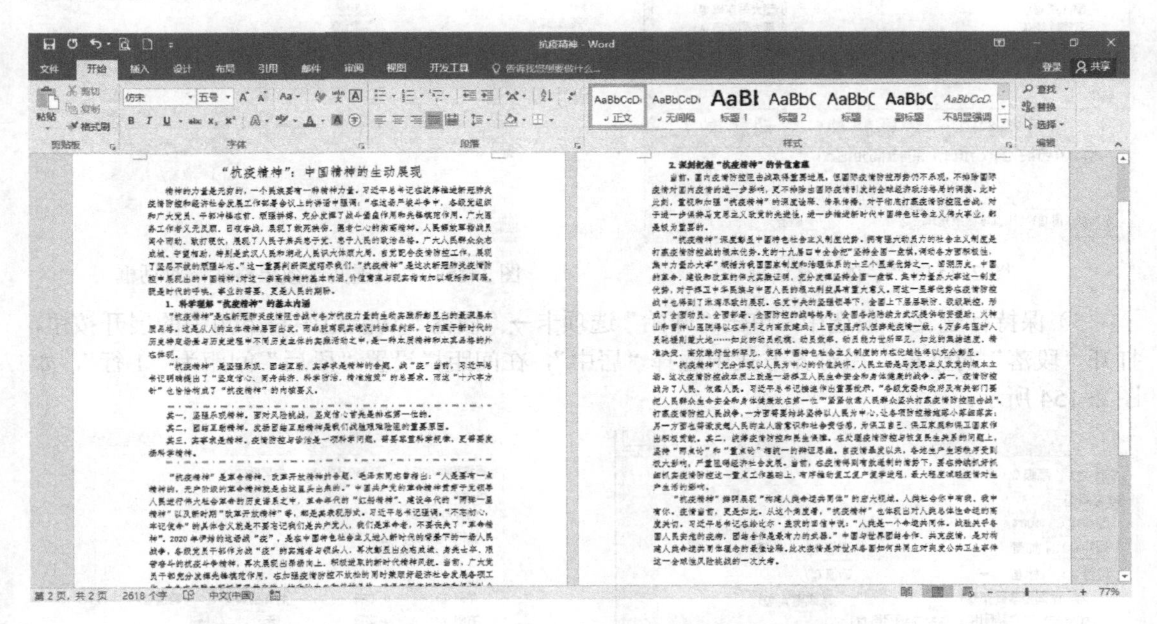

图 2-150　“‘抗疫精神’：中国精神的生动展现”文档

练习 1　将标题段文字（“抗疫精神”：中国精神的生动展现）设置为三号、黑体、红色、加粗、居中。文字效果格式设置为渐变线边框：预设颜色为中等渐变一个性色 2，类型为线性、方向为线性向右；段后间距设置为 1 行；字符加宽 2 磅。

【操作步骤】

1）选中标题文字（“抗疫精神：中国精神的生动展现”），单击“开始”选项卡→“字体”功能组右下角展开按钮，打开“字体”对话框。

2）在“字体”对话框中将字体设置为“黑体”、字号为“三号”、字体颜色为标准色中的“红色”、在字形列表中选择“加粗”，如图 2-151 所示。

3）单击图 2-151 中的“文字效果…”按钮，打开“设置文本效果格式”对话框，在“文本边框”选项卡中选中“渐变线”单选按钮，设置“预设颜色”为“中等渐变一个性色 2”，类型为“线性”，方向为 “线性向右”，如图 2-152 所示，依次单击“关闭”按钮和“确定”按钮，关闭对话框。

4）在图 2-152 中单击“高级”选项卡，打开“高级”选项设置对话框，在“字符间距”栏设置“间距”为“加宽”，并在后面的“磅值”中输入“2 磅”，单击“确定”按钮，如图 2-153 所示。

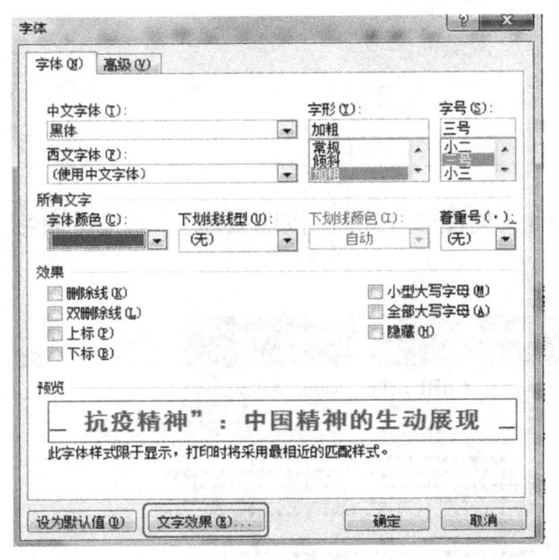

图 2-151 “字体”对话框

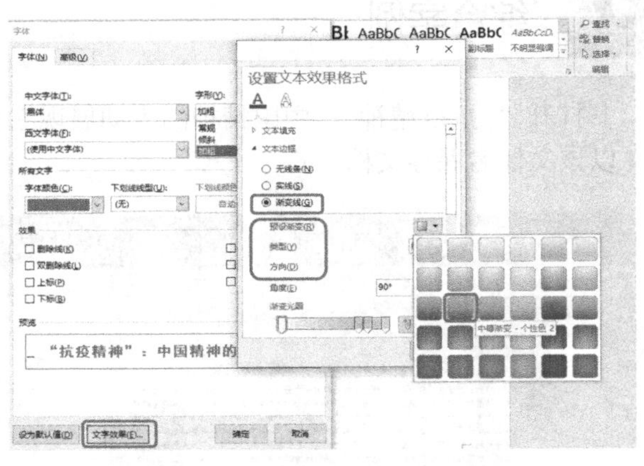

图 2-152 “设置文本效果格式”对话框

5）保持标题文字被选中，单击“开始”选项卡→“段落”功能组中右下角中的展开按钮，打开“段落”对话框，在对齐方式中选择“居中”，在间距栏设置“段后”间距为“1 行”，如图 2-154 所示。

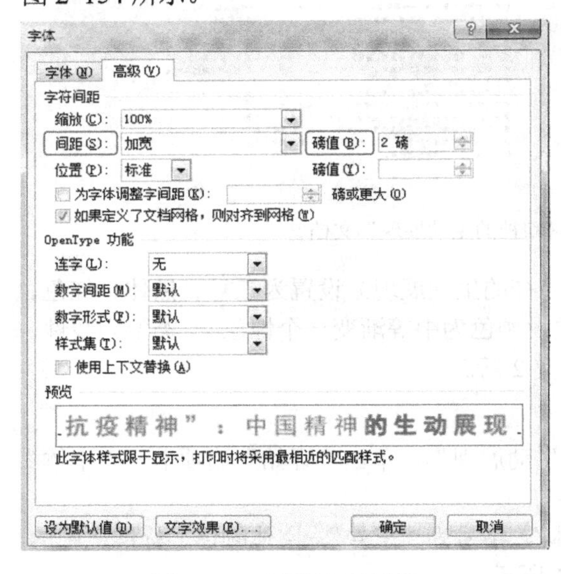

图 2-153 “高级”对话框

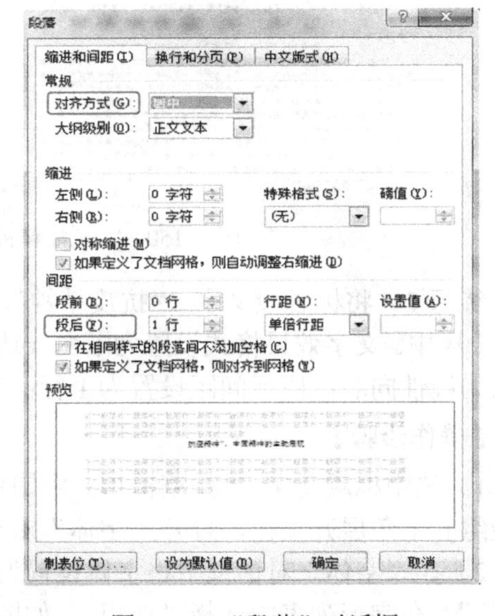

图 2-154 “段落”对话框

练习 2 将正文各段文字(“精神的力量是无穷的……这一全球性风险挑战的一次大考。”)设置为五号宋体，首行缩进 2 字符，行距为 1.2 倍行距，各段落左右各缩进 1.5 字符。

【操作步骤】

1）选中正文各段落文字（“精神的力量是无穷的……这一全球性风险挑战的一次大考。”），在“开始”选项卡→“字体”功能组中将字体设置为四号，仿宋。

2）保持正文各段文字被选中，单击“段落”功能组中右下角的展开按钮，在打开的“段落”对话框中设置特殊格式为“首行缩进”“2 字符”，行距选项为“多倍行距”，在设置值里输入倍值为“1.2”，在缩进栏左侧、右侧中输入“1.5 字符”，如图 2-155 所示。

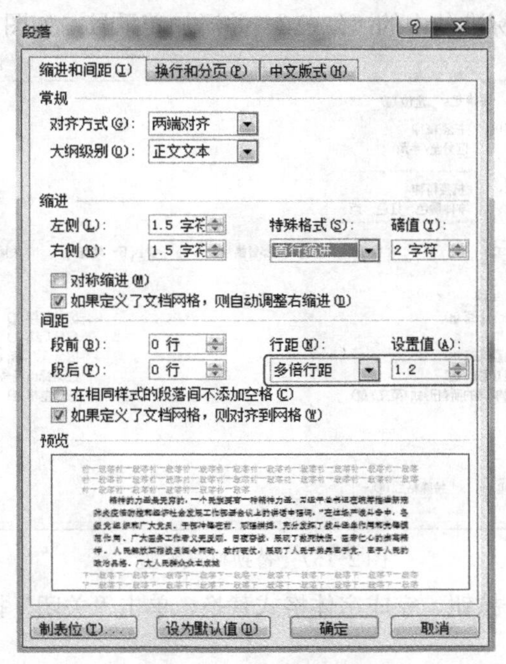

图 2-155　正文段落格式设置

练习 3　将文中所有 “抗疫精神” 一词的字体颜色设置为标准色中的“红色”，并添加“着重号”。

【操作步骤】

1）单击“开始”选项卡→“编辑”功能组→“替换”按钮，打开“查找和替换”对话框，单击“替换”选项卡。

2）在“查找内容”文本框中输入“抗疫精神”，在“替换为”文本框中输入“抗疫精神”。

3）单击“更多(M)…”按钮，展开“查找和替换”对话框，如图 2-156 所示。

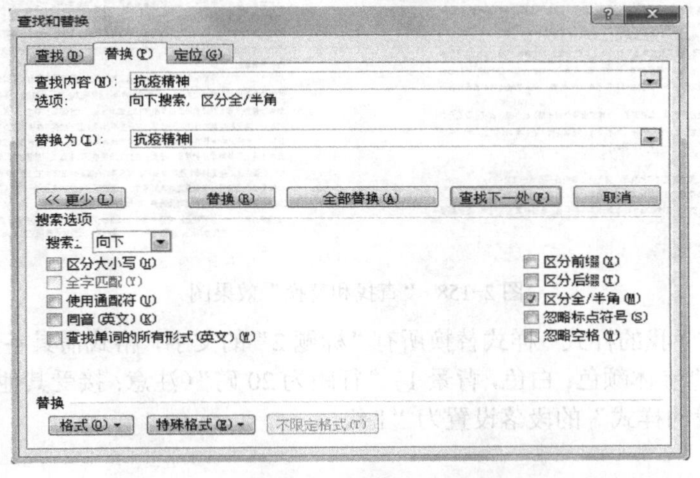

图 2-156 “查找和替换”对话框

4）单击对话框中的“格式”按钮，在弹出的下拉列表中选择“字体”选项，打开“字体”对话框，设置字体颜色为标准色中的“红色”，并添加着重号，如图 2-157 所示。

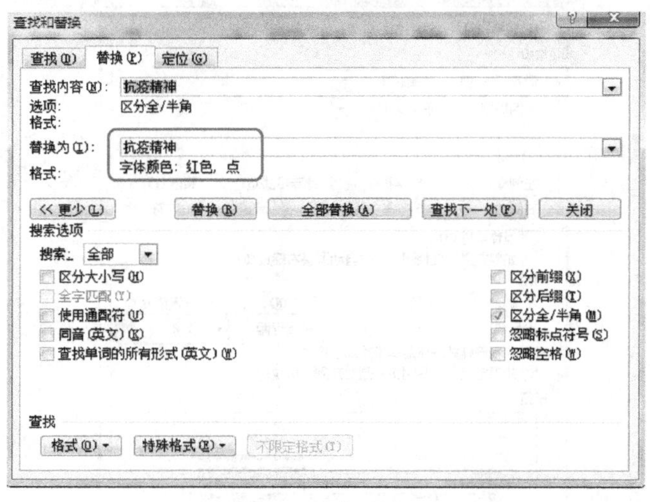

图 2-157　替换格式设置

5）单击“全部替换”按钮，完成字体格式替换，单击“关闭”按钮，关闭对话框。设置效果如图 2-158 所示。

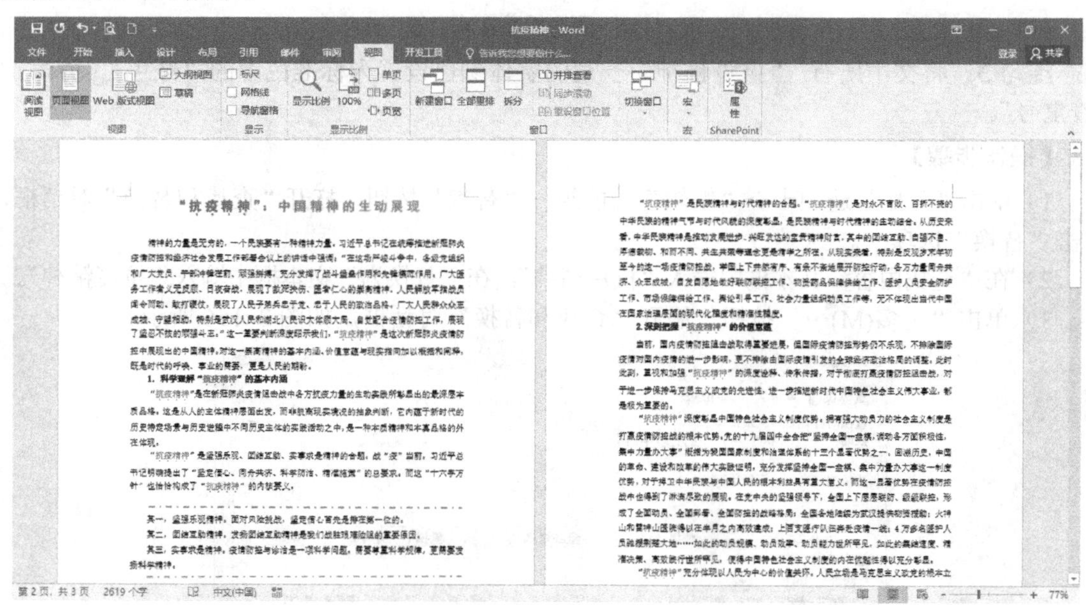

图 2-158　“查找和替换”效果图

练习 4　建立“我的样式”样式替换所有“标题 2”的文字，格式需具备“底纹：水绿色、强调文字颜色 5”“字体颜色：白色，背景 1”“行距为 20 磅”（注意：接受其他所有默认设置）。并将所有应用“我的样式”的段落设置为“1 级”。

【操作步骤】

1）右击“开始”选项卡→“样式”功能组→“标题 2”，打开下拉列表。

2）在下拉列表中选择“全选：无数据”命令。

3）单击“开始”选项卡→“样式”下拉按钮，选择“将所选内容保存为新快速样式”选项，如图2-159所示。

4）在弹出的“根据格式设置创建新样式”对话框中输入名称为“我的样式”，单击“修改”按钮，如图2-160所示。

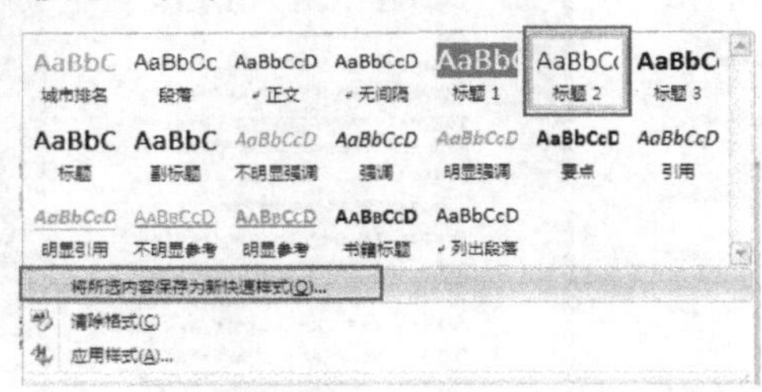

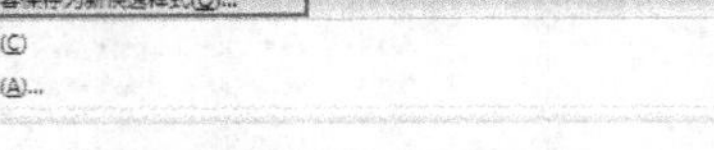

图2-159　快速创建新样式

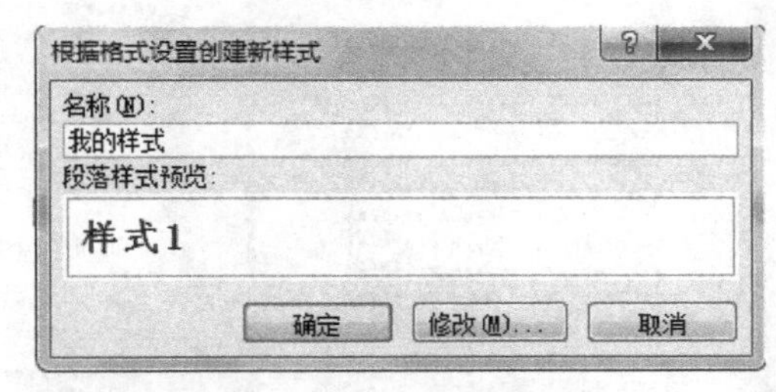

图2-160　根据格式设置创建新样式

5）弹出“根据格式设置创建新样式”对话框，单击“格式”按钮，分别选择“边框…”“字体…”，“段落…”选项，打开“边框和底纹”“字体”“段落”对话框。

6）在“边框和底纹”对话框里单击“底纹”选项卡，设置底纹为“底纹：水绿色、强调文字颜色5”；在“字体”对话框里的“字体”选项卡里设置字体颜色为“白色，背景1”；在“段落”对话框里设置行距为“固定值20磅”，设置格式效果如图2-161所示。

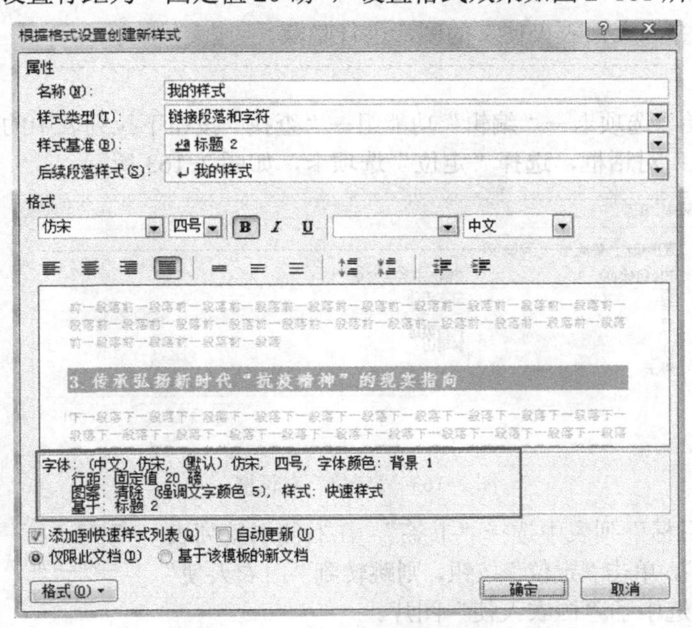

图2-161　“我的样式”格式设置

7）在“段落”对话框中，在“大纲级别”选项中设置为“1级”。

8）单击“确定”按钮。

9）在“样式”功能组则显示新建的“我的样式”样式名称。

10）选择“我的样式”选项，完成样式应用。“我的样式”样式应用效果如图2-162所示。

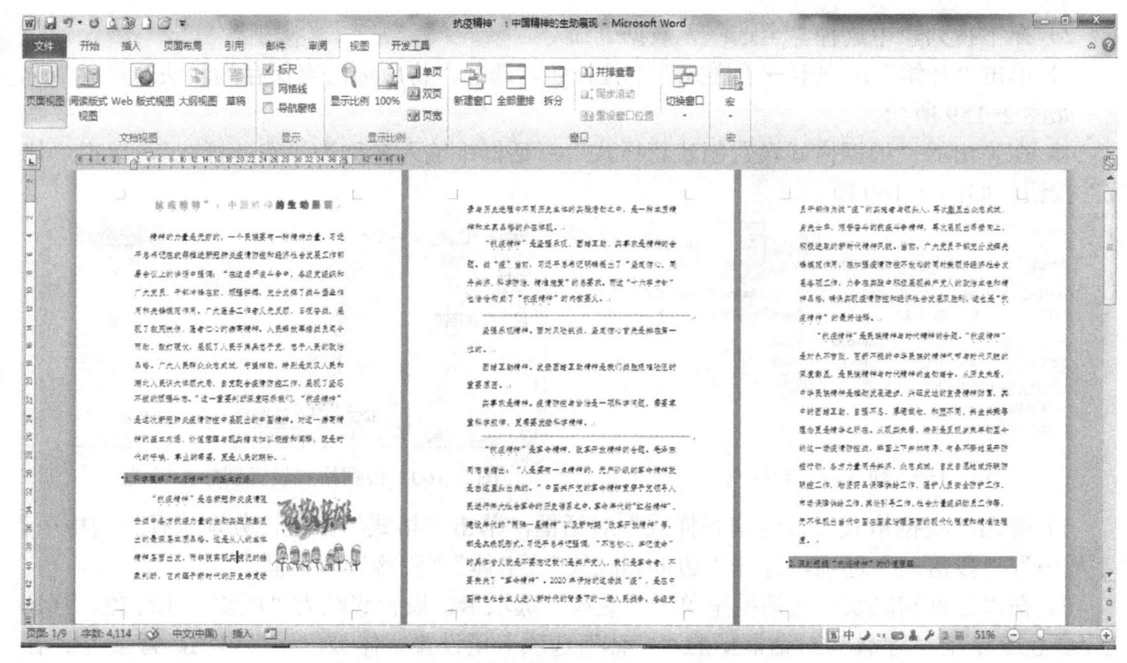

图 2-162 “我的样式”应用效果图

练习 5 将书签为“白衣天使”的图片进行隐藏。

【操作步骤】

1）选择“开始”选项卡→“编辑”功能组→“查找”按钮下拉列表中的“转到…”选项，打开“查找和替换”对话框，选择“定位”选项卡，如图 2-163 所示。

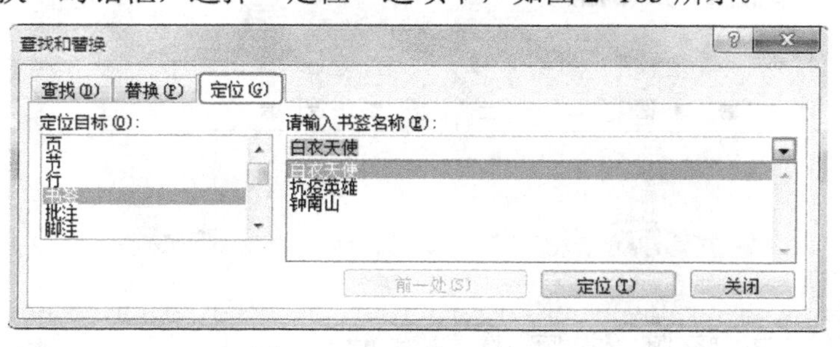

图 2-163 “定位”对话框

2）在“定位目标”列表中选择“书签”，在右侧书签列表中选择“白衣天使”，单击“定位”按钮，则跳转到“白衣天使”书签所在页面，并选中了“白衣天使”图片。

3）选择“开始”选项卡→“编辑”功能组→“选择”按钮下拉列表中的“选择窗格”选项，打开“选择和可见性”窗口。

选择和可见性
此页上的形状
白衣天使

图 2-164 “选择和可见性”窗口

4）在此工作窗口中查看到页面中包含名称为“白衣天使”的图片，如图 2-164 所示。

5）单击“白衣天使”图片右方的“可视性”按钮，变成灰色即完成隐藏图片的设置。

练习 6 将第 2 页两条横线之间的段落添加项目符号，项目符号自选，大小为 20 磅，文本对齐方式为居中对齐。

【操作步骤】

1）选中文档第 2 页中两条水平线之间需要设置项目符号的三个段落。

2）单击“开始”选项卡→“段落”功能组中→“项目符号”按钮的下拉按钮。

3）选择“定义新项目符号”选项，弹出“定义新项目符号”对话框。

4）单击“图片”按钮，弹出“图片项目符号”对话框，如图 2-165 所示。

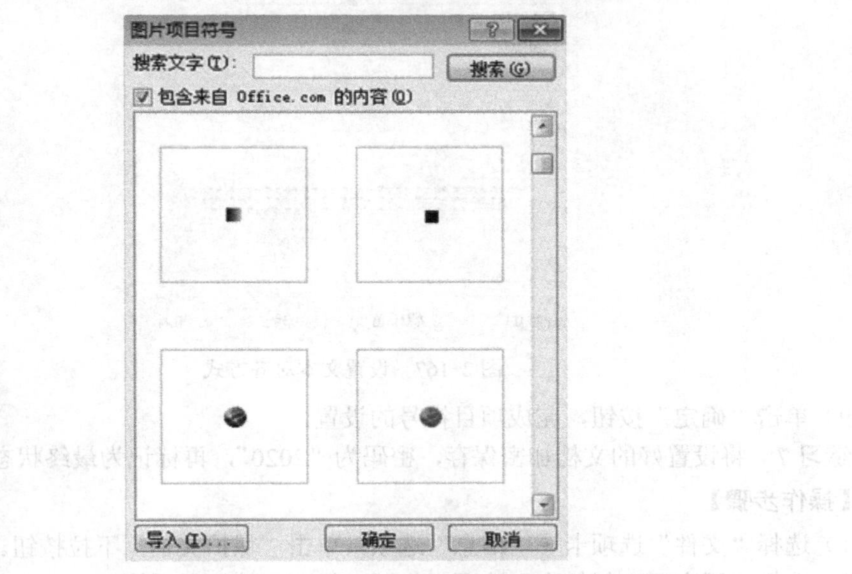

图 2-165　新建“图片项目符号”

5）在图片列表中选择合适的项目符号，完成项目符号的应用。

6）单击任一项目符号图片，则会选中所有的项目符号图片，设定字体大小为 20 磅，如图 2-166 所示。

坚强乐观精神。面对风险挑战，坚定信心首先是排在第一位的。

团结互助精神。发扬团结互助精神是我们战胜艰难险阻的重要原因。

实事求是精神。疫情防控与诊治是一项科学问题，需要尊重科学规律，更需要发扬科学精神。

图 2-166　更改项目符号大小

7）再次全选两条水平线之间的项目符号段落，单击“段落”功能组中右下方的展开按钮，弹出“段落”对话框。

8）在“中文版式”选项卡中选择“文本对齐方式”为“居中”，如图 2-167 所示。

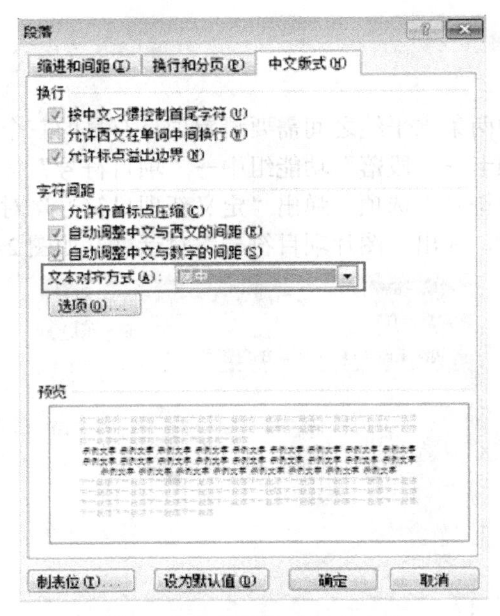

图 2-167　设置文本对齐方式

9）单击“确定”按钮，完成项目符号的设置。

练习 7　将设置好的文档加密保存，密码为“2020”，再标记为最终状态。

【操作步骤】

1）选择“文件”选项卡→“信息”选项，单击“保护文档”下拉按钮。

2）选择“用密码进行加密”选项，打开“加密文档”对话框。

3）输入密码，如“2020”，再次输入相同的密码，单击“确定”按钮，即完成文档密码加密的设置。

4）选择“保护文档”下拉列表中的“标记为最终状态”选项，则状态属性被设置为“最终状态”，并禁止输入、编辑命令和校对标记等操作。

第3章 插入对象

本章主要学习使用“插入”选项卡下面的各个功能组，在文档中插入页面、表格、插图、页眉页脚、文本、符号等多种元素，实现文档的图文混排。

本章要点：

- 封面的插入及设置
- 表格的插入及设置
- 插图的插入及设置
- 链接的插入及设置
- 页眉和页脚的插入及设置
- 文本对象的插入及设置
- 符号的插入及设置

本章难点：

- 封面的插入及设置
- 表格的综合处理
- 图表的插入及设置
- 页眉和页脚的插入及设置
- 文档部件的插入及设置

Word 2016 中，通过“插入”选项卡可以插入页面、表格、插图、页眉页脚、文本、符号等多种元素。其中插入表格、页眉页脚、文本是常用操作，在参加全国计算机等级考试和各种竞赛时是必考的知识点。

3.1 插入页面

在编辑文档时，有时需要在指定位置插入空白页或进行分页设置，编辑好一篇文档后，需要添加一个漂亮醒目的封面，均需用到插入功能来实现。

3.1.1 封面的插入与删除

人们经常使用 Word 文档编辑文字内容，处理文章信息，为了让编辑的 Word 文档更美观，经常会给它设置一个封面。那么如何在 Word 文档中添加封面呢？操作步骤如下。

1）打开 Word 文档，单击“插入”选项卡→“页面”功能组→“封面”按钮，如图 3-1 所示。

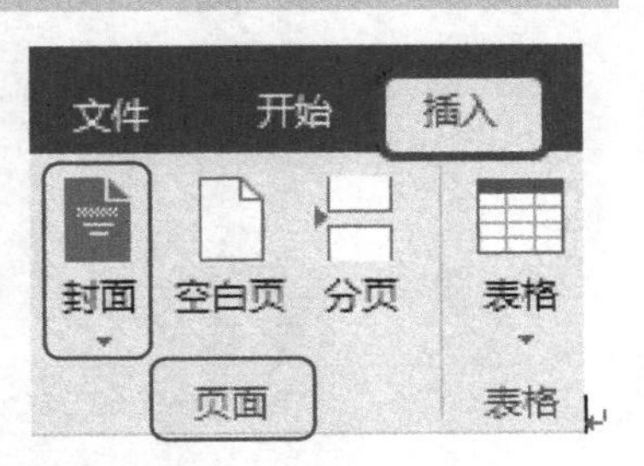

图 3-1 插入封面

2）在打开的内置封面中，单击选中自己喜欢的封面类型即可，如选中“运动型”，如图 3-2 所示，则“运动型”封面成功插入文档首页。插入后可对封面进行进一步的编辑。

图 3-2 选中某一类型内置封面

3）如果对当前选中的封面不满意，可以选择“插入”选项卡→“页面”功能组→“封面”下拉列表中的“删除当前封面”选项，如图 3-3 所示，然后重新选择封面即可。

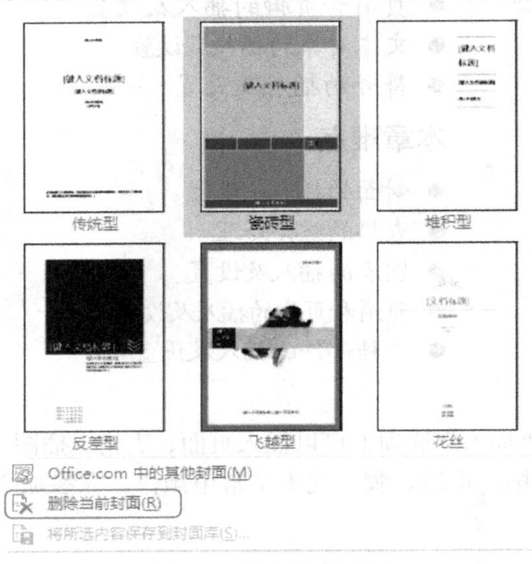

图 3-3 删除当前封面

实例 3.1 插入封面

3-1
插入封面

【操作要求】为文档（见图 3-4）插入“细条纹”封面，文件标题为“中国茶文化”，并删除文件副标题。

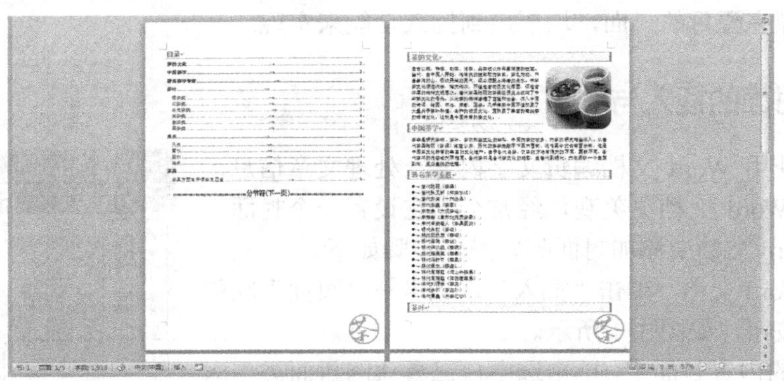

图 3-4 插入封面文档素材

【操作步骤】

1）单击“插入”选项卡→“页面”功能组→“封面”按钮，在下拉列表中选择“细条纹”，则在首页出现如图 3-5 所示的封面。

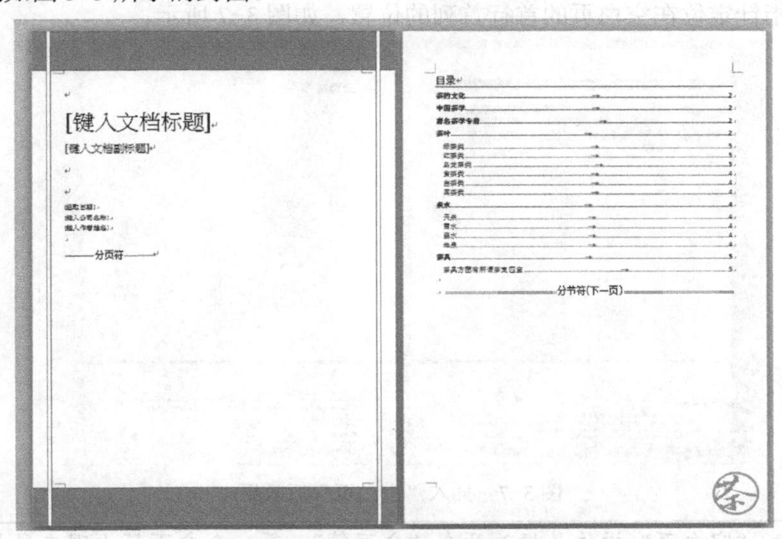

图 3-5　插入的“细条纹”封面

2）单击“键入文档标题”，输入标题“中国茶文化”。

3）右击“键入文件副标题”，从快捷菜单中选择“剪切”选项，即可将该副标题删除。完成操作后的封面如图 3-6 所示。

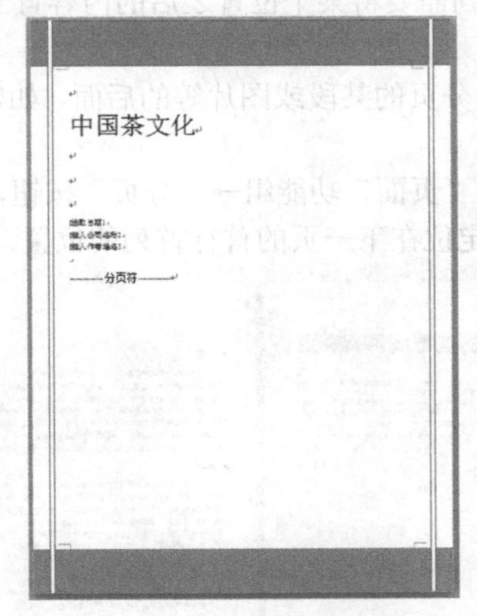

图 3-6　编辑后的封面

3.1.2　插入空白页

有时需要在某个段落或图片等的前面或后面插入空白页，以作他用，可以通过“插入”选项卡→“空白页”按钮来进行操作。

1）将指针定位在需要插入空白页的某段或图片等的后面，如定位在第4段“创新科技和畜牧业。”的后面。

2）选择“插入”选项卡→“页面”功能组→“空白页”按钮，则在当前页的下一页出现空白页，并且指针定位在空白页的首行首列的位置，如图3-7所示。

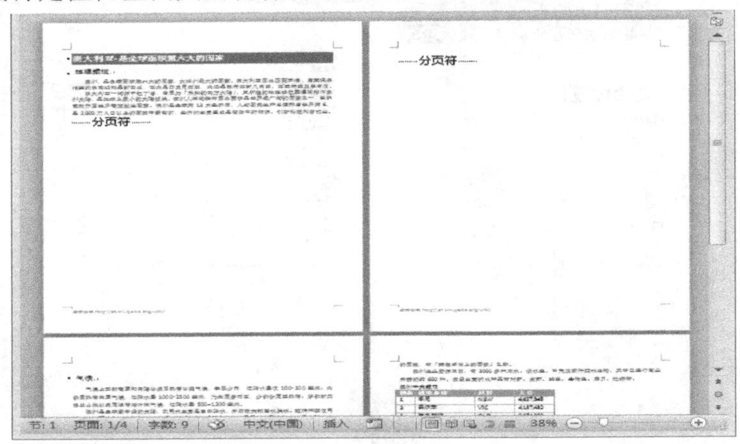

图3-7　插入“空白页”后效果

注意：插入“空白页”操作是插入两个“分页符”，第一个分页符出现在鼠标定位的位置后面，第二个分页符出现在“空白页”上。

3.1.3　插入分页

在编辑文档时，经常会遇到需要将某个位置之后的内容置于下一页的操作，此时利用插入“分页”操作更快捷。

1）将指针定位在需要插入分页的某段或图片等的后面，如定位在第4段“创新科技和畜牧业。”的后面。

2）单击“插入”选项卡→“页面”功能组→“分页”按钮，则将指针所处的位置之后的内容排版到下一页，并且指针定位在下一页的首行首列的位置，如图3-8所示。

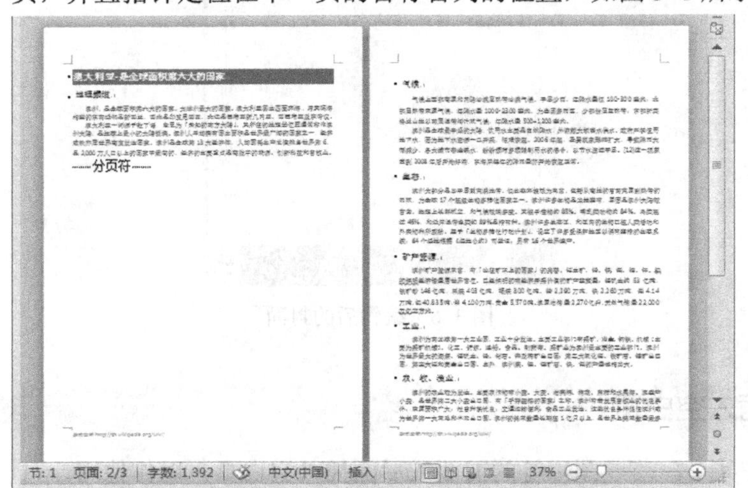

图3-8　插入“分页”后效果

3.2 插入表格

本节详细介绍 Word 2016 中的表格处理，主要包括创建表格、编辑表格、设置表格格式、文本和表格的转换、表格中公式和函数的使用及数据的排序等内容。

3.2.1 创建表格

1. 用“插入表格”命令创建表格

1）单击“插入”选项卡→“表格”功能组→“表格”按钮，在下拉列表中选择“插入表格”选项，如图 3-9 所示。

图 3-9 使用“插入”命令插入表格

2）弹出如图 3-10 所示的“插入表格”对话框，在此对话框中输入相应的表格行数和列数，在“‘自动调整，操作”栏中选择“固定列宽”，即可创建相应列数和行数的表格。

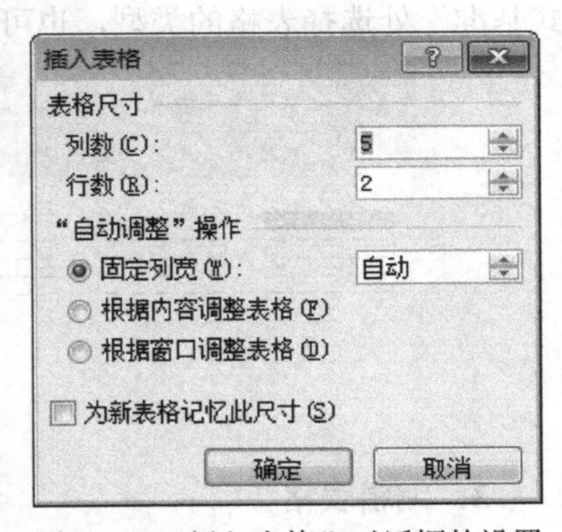

图 3-10 “插入表格”对话框的设置

2. 通过“绘制表格”命令新建表格

1）单击“插入”选项卡→“表格”功能组→“表格”按钮，在下拉列表中选择“绘制表格”选项。

2）这时把鼠标移至编辑区，鼠标指针将会变成铅笔的形状，按住鼠标左键不放，在文档的空白处进行拖动就可以绘制出整个表格的外边框。

3）按住鼠标左键不放，从起点到终点以水平方向拖动鼠标，在表格中绘制出横线。

3.2.2 表格格式化操作

新建表格后，需要对表格进行进一步操作，如套用表格样式、设置边框和底纹、调整行高和列宽等。

1. 套用表格样式

1）选中表格，单击“表格工具”选项卡→“设计”选项卡→“表格样式”功能组中的某一样式，可以自动套用 Word 2016 内置的表格样式。如套用“网格表 4-着色 6”样式，效果如图 3-11 所示。

2008 年北京奥运会奖牌榜

国家/地区	金牌	银牌	铜牌
中国	51	21	28
美国	36	38	36
俄罗斯	23	21	28
英国	19	13	15
德国	16	10	15

图 3-11 套用“网格表 4-着色 6”样式效果

2）套用表格样式后，可以选择不同的“表格样式选项”对表格进行进一步的设置，如要求表格包含“汇总行”，则将“表格样式选项”功能组中的“汇总行”前的复选框选中即可，如图 3-12 所示。

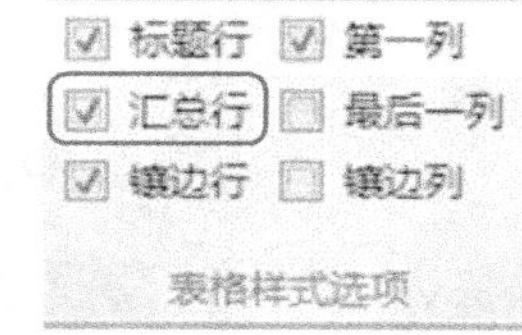

图 3-12 为表格添加“汇总行”

2. 修改表样式

对于已经创建好的表格样式，如果需要修改，在 Word 2016 中的主要步骤如下。

1）选中表格，然后单击“设计”选项卡→“表格样式”功能组中的下拉按钮，如图 3-13 所示。

2）在下拉列表中选择“修改表格样式”选项，出现如图 3-14 所示的对话框，可以在“样式基准”处选择表格的类型，也可以在下面的列表框中修改字体、字号等信息。

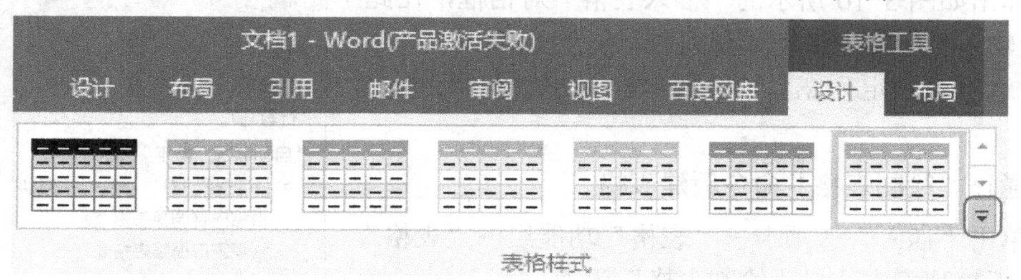

图 3-13 表格样式

3. 编辑表格

（1）数据录入

表格中行和列交叉处的方格称为单元格。将指针定位在单元格中，就可以在此单元格输入内容。

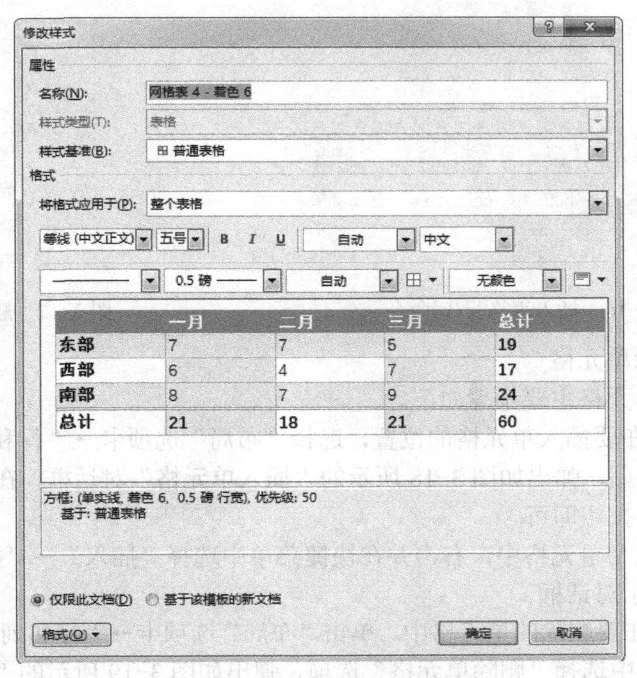

图 3-14　修改表格样式对话框

（2）行、列、单元格和表格的选择

1）通过鼠标实现。

- 选定一行：将指针移到一行的最左边，鼠标变成指向右上角的箭头时，单击鼠标左键。
- 选定一列：将指针移到一列的最上边，鼠标变成向下的黑色小箭头时，单击鼠标左键。
- 选定单元格：将指针移到一个单元格的最左边，鼠标变成指向右上角的黑色小箭头时，单击鼠标左键。
- 选定整个表格：鼠标指向表格，单击表格左上角的标记。

2）通过菜单实现。

把指针停在表格的一个单元格内，单击“布局”选项卡→“表”功能组→“选择”按钮，在出现的下拉列表中进行相应的选择单元格、选择列、选择行、选择整个表格操作，如图 3-15 所示。

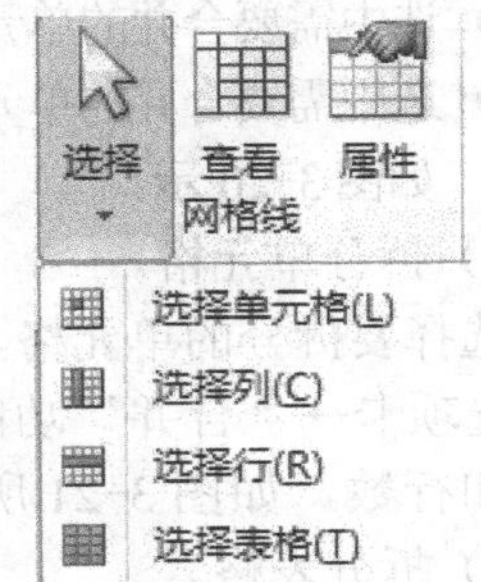

图 3-15　表格的“选择”菜单操作

（3）插入和删除行/列

1）将指针定位在某一行的任意单元格中，单击“布局”选项卡→“行和列”功能组中的按钮，如单击“在上方插入”“在下方插入”“在左侧插入”“在右侧插入”按钮，即可在相应的位置插入新的一行/列，如图 3-16 所示。

2）将指针定位在要删除的行的任一单元格中，在“布局”选项卡→“删除”功能组中选择对应的按钮，在其下拉列表中选择“删除行”/“删除列”选项。即可将指定的行/列删除，如图 3-17 所示。

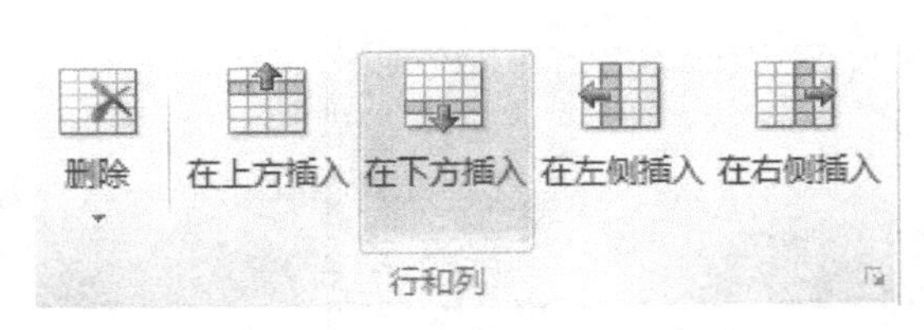

图 3-16　插入表格行/列命令

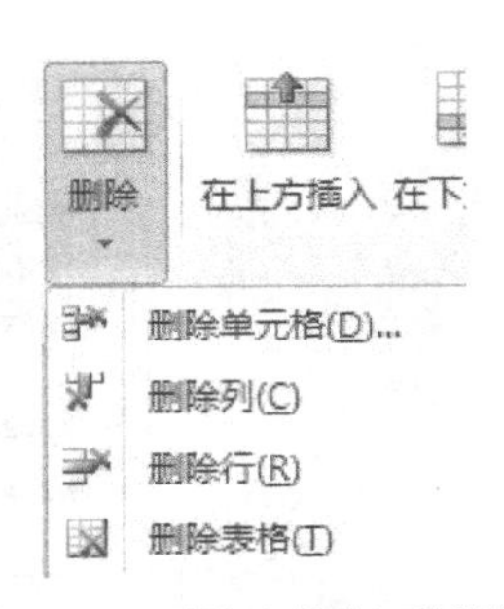

图 3-17　删除表格行/列菜单

（4）插入和删除单元格

插入和删除的单元格主要步骤如下。

1）将指针定位在要插入单元格的位置，选择“布局”选项卡→“行和列”功能组右下角的展开按钮，弹出如图 3-18 所示的“插入单元格”对话框，在其中选择某种插入方式，单击“确定”按钮即可。

将指针定位在某个单元格中，右击并在快捷菜单中选择“插入”→“插入单元格”，同样可以弹出图 3-18 所示对话框。

2）将指针定位在要删除的单元格中，单击“布局”选项卡→“行和列”功能组→“删除”按钮，在其下拉列表中选择“删除单元格”选项，弹出如图 3-19 所示的“删除单元格”对话框，在其中选择某种删除方式，单击“确定”按钮即可。

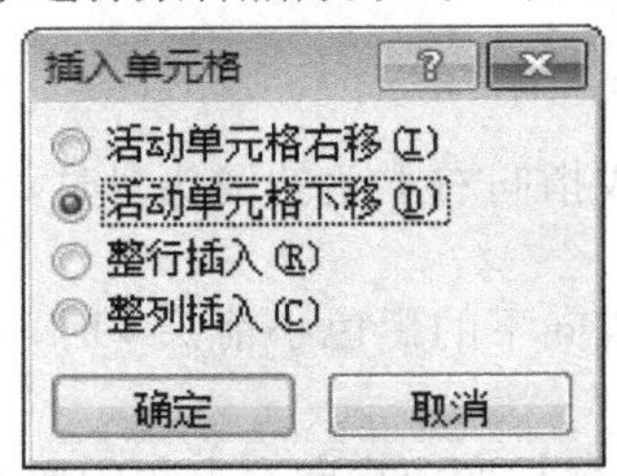

图 3-18　“插入单元格”对话框

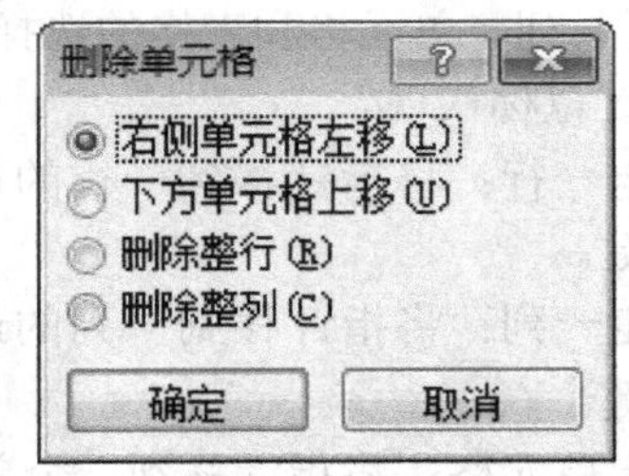

图 3-19　“删除单元格”对话框

同样，将指针定位在某个单元格中，右击也可以打开“删除单元格”对话框。

（5）合并和拆分单元格

1）合并单元格。

- 选中需要合并的单元格，右击并在快捷菜单中选择“合并单元格”选项。
- 选中需要合并的单元格，单击“布局”选项卡→“合并”功能组→“合并单元格”按钮，如图 3-20 示。

2）拆分单元格。

选择要拆分的单元格，右击并在快捷菜单中选择“拆分单元格”选项，或直接单击“布局”选项卡→“合并”功能组→“拆分单元格”按钮，在出现的对话框中输入需要拆分的列数和行数，如图 3-21 所示。

3）拆分表格。

将指针定位在表格中需要拆分的行中，单击“布局”选项卡→“合并”功能组→“拆分表格”按钮可以将一个表格拆分成两个表格，效果如图 3-22 所示。

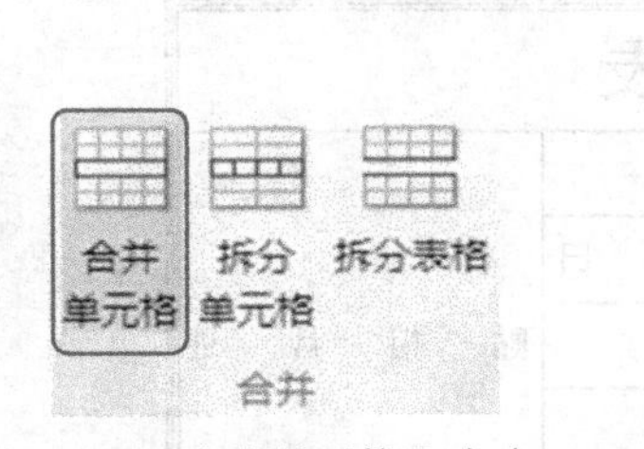

图 3-20 “合并单元格”命令

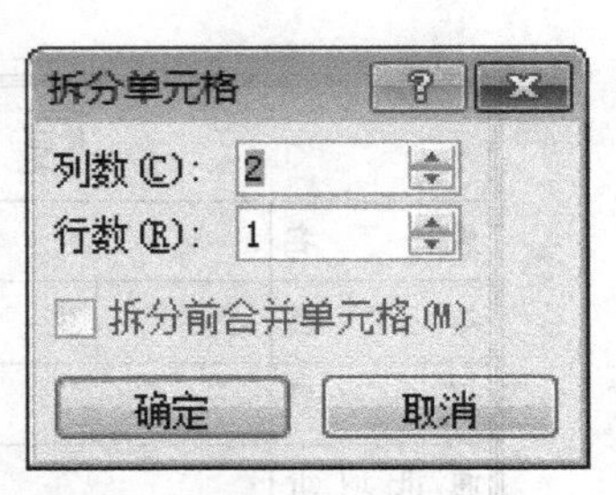

图 3-21 “拆分单元格”对话框

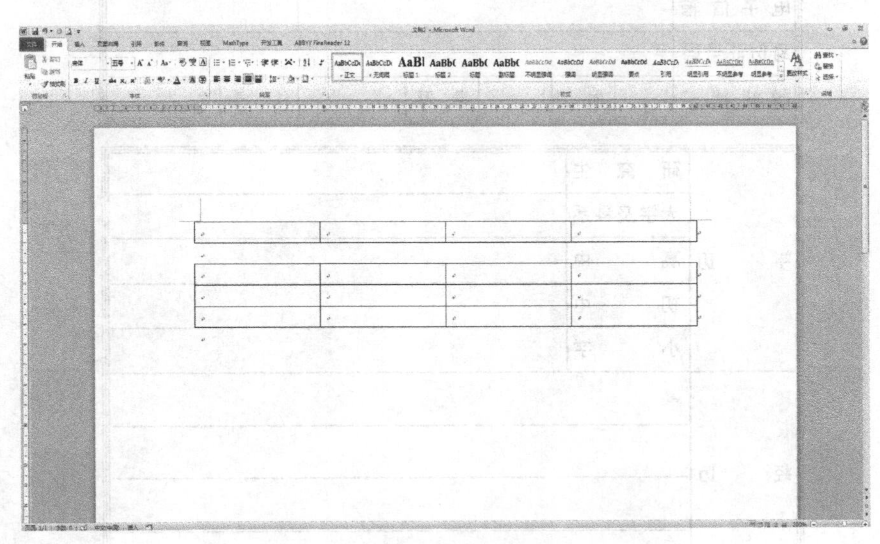

图 3-22 拆分表格

4）合并表格。

只要将两个表格之间的空行删除即可实现表格的合并，如将图 3-23 中的两个表格进行合并，具体操作步骤如下。

学号	姓名	性别	籍贯

图 3-23 表格合并素材

将指针定位在两个表格之间的空行上，即回车符号前，按〈Delete〉键将该空行删除，即可实现表格的合并操作。

实例 3.2 拆分单元格

【操作要求】如图 3-24 所示，将“身份证号码”右方单元格拆分为 18 列，并合并上下表格。

履历表							
姓　名			性　别			贴相片处	
年　龄		生　日	年　月　日				
籍　贯			电　话				
通讯地址							
电子信箱							
身份证号码							
婚姻状况		血　型		身　高		体　重	

学　历	研　究　生	
	大学及科系	
	高　中	
	初　中	
	小　学	
经　历		

图 3-24　履历表

【操作步骤】

1）将指针定位在“身份证号码”后的单元格中，右击并在快捷菜单中选择“拆分单元格”选项，打开“拆分单元格”对话框，在“列数”后输入“18”，“行数”后输入“1”，如图 3-25 所示，单击“确定”按钮，完成单元格拆分操作。

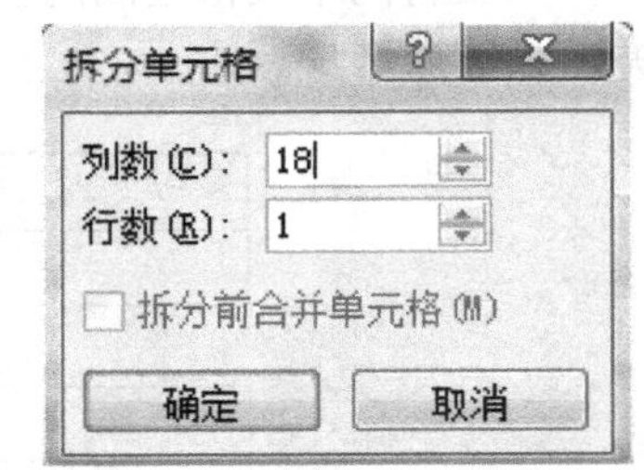

图 3-25　拆分单元格设置

2）将指针定位在两个表格之间的空行上，按〈Delete〉键（向后删除键），删除空行，即可实现两个表格的合并。完成后的表格如图 3-26 所示。

4．设置表格格式

（1）调整表格的列宽

把指针定位在要调整的单元格中，单击“布局”选项卡→“表”功能组→“属性”按钮，在弹出的“表格属性”对话框中，切换到“列”选项卡，在“指定宽度”栏中输入要调整的尺寸，如图 3-27 所示，单击“确定”按钮即可。或者选中需要设置列宽的列，在“布局”选项卡→“单元格大小”功能组中的 文本框中输入数值。

<table>
<tr><th colspan="8">履 历 表</th></tr>
<tr><td>姓 名</td><td colspan="2"></td><td>性 别</td><td></td><td colspan="3" rowspan="5">贴 相 片 处</td></tr>
<tr><td>年 龄</td><td></td><td>生 日</td><td colspan="2">年 月 日</td></tr>
<tr><td>籍 贯</td><td colspan="2"></td><td>电 话</td><td></td></tr>
<tr><td>通 讯 地 址</td><td colspan="4"></td></tr>
<tr><td>电 子 信 箱</td><td colspan="4"></td></tr>
<tr><td>身份证号码</td><td colspan="7"></td></tr>
<tr><td>婚 姻 状 况</td><td></td><td>血 型</td><td></td><td>身 高</td><td></td><td>体 重</td><td></td></tr>
<tr><td rowspan="5">学 历</td><td>研 究 生</td><td colspan="6"></td></tr>
<tr><td>大学及科系</td><td colspan="6"></td></tr>
<tr><td>高 中</td><td colspan="6"></td></tr>
<tr><td>初 中</td><td colspan="6"></td></tr>
<tr><td>小 学</td><td colspan="6"></td></tr>
<tr><td rowspan="4">经 历</td><td colspan="7"></td></tr>
<tr><td colspan="7"></td></tr>
<tr><td colspan="7"></td></tr>
<tr><td colspan="7"></td></tr>
</table>

图 3-26 完成操作后的履历表

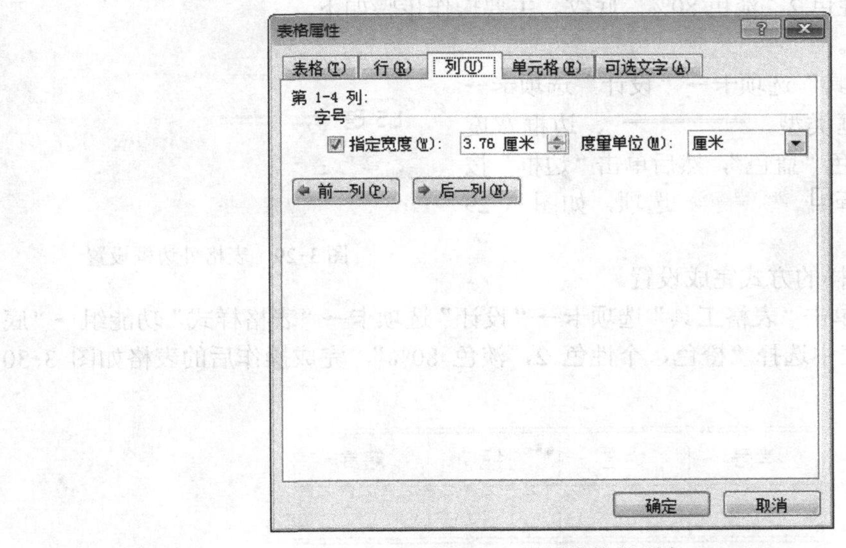

图 3-27 设置表格的列宽

另外，通过鼠标也可以改变表格的列宽。方法是：将指针定位到要调整列的边线，使指针变成✥形状，拖动鼠标就可以调整列宽。

（2）调整表格的行高

将指针定位在要调整的单元格中，用同样的方法打开“表格属性”对话框，切换到“行”选项卡。在“指定高度”栏中输入要调整的尺寸，单击“确定”按钮即可。或者选中需要设置行高的行，在“布局”选项卡→“单元格大小”功能组中的 0.59 厘米 文本框中输入数值。

和调整列宽的方法相似，使用鼠标调整行高的方法如下。把指针定位在要调整行的边线，使指针变成÷形状，拖动鼠标就可以自由地调整行高。

（3）调整表格的大小、位置

1）调整表格的大小：首先鼠标放在表格右下角的小正方形上，按住鼠标左键并拖动，就可以改变整个表格的大小，如图 3-28 所示。也可以单击“表格工具”选项卡→“布局”选项卡→“单元格大小”功能组→“自动调整”按钮 自动调整 ，在下拉列表中选择 根据内容自动调整表格(C) 、根据窗口自动调整表格(W) 自动进行表格大小的调整。

图 3-28　调整表格大小的正方形位置

2）调整表格的位置：单击表格左上角的“⊞”图标，拖动到需要的放置位置，松开鼠标即可。

（4）设置表格的边框和底纹

除了使用 Word 2016 内置的表格样式外，用户还可以自己进行边框和底纹的设置。如将一个 4 行 4 列的表格的外框线设置为 1.5 磅蓝色双实线、内框线设置为 0.75 磅红色单实线，首行填充“橙色，个性色 2，淡色 80%”底纹。主要操作步骤如下。

1）选中整个表格。

2）选择“表格工具”选项卡→“设计”选项卡→“边框”功能组中边框类型 、边框宽度 1.5 磅 和边框颜色“蓝色”，然后单击“边框”按钮，在下拉列表中选择 外侧框线(S) 选项，如图 3-29 所示。

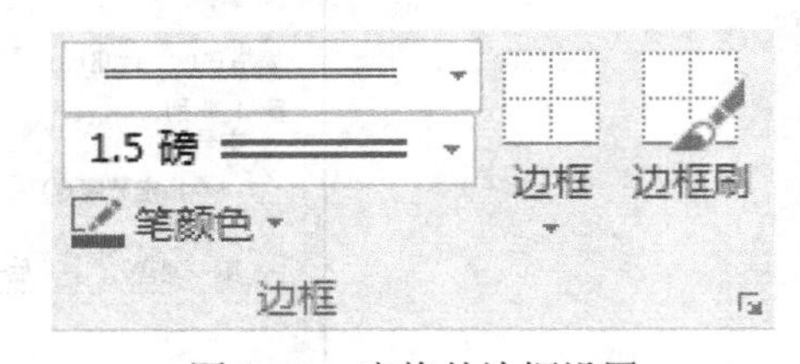

图 3-29　表格外边框设置

3）内框线按照同样的方式完成设置。

4）选中第一行，单击“表格工具”选项卡→“设计”选项卡→“表格样式”功能组→“底纹”按钮，在下拉列表中选择“橙色，个性色 2，淡色 80%”，完成操作后的表格如图 3-30 所示。

学号	姓名	性别	籍贯

图 3-30　完成边框和底纹设置后的表格

（5）单元格对齐方式

1）对齐方式。单元格中的内容对齐方式可以通过“表格工具”选项卡→“布局”选项卡→“对齐方式”功能组来设置。选中需要设置对齐方式的单元格，单击“对齐方式”功能组中的按钮，如“水平居中”，则可将所选单元格内容在水平方向上居中设置，如图 3-31 所示。

2）文字方向。可以通过“文字方向”按钮设置单元格中内容横向或纵向排版，如图 3-31

中默认的文字方向是横向，单击“文字方向”按钮，则显示，此时单元格中的文字方向为纵向。

可以进一步设置纵向对齐方式，如图 3-32 所示。

图 3-31　单元格对齐方式设置

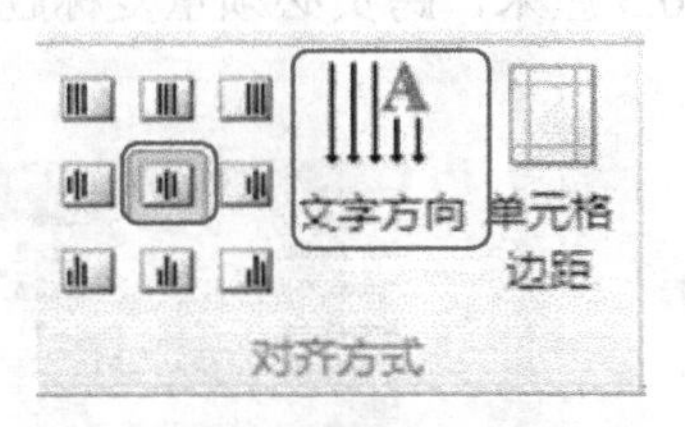

图 3-32　纵向的对齐方式设置

3）单元格边距。有时需要设置单元格中的文本距离单元格上、下、左、右边框的边距，此时可以通过“单元格边距”按钮进行设置，如图 3-33 所示的表格，需要将单元格中的文本距离单元的左边距设置为 2 厘米，则操作步骤如下。

学号	姓名	性别	籍贯

图 3-33　设置单元格左边距的表格

将鼠标定位在表格中任一单元格，单击“表格工具”选项卡→“布局”选项卡→“对齐方式”功能组→“单元格边距”按钮，弹出“表格选项”对话框，在“左”后的文本框中输入“2 厘米”，如图 3-34 所示，单击“确定”按钮，完成设置后的表格如图 3-35 所示。

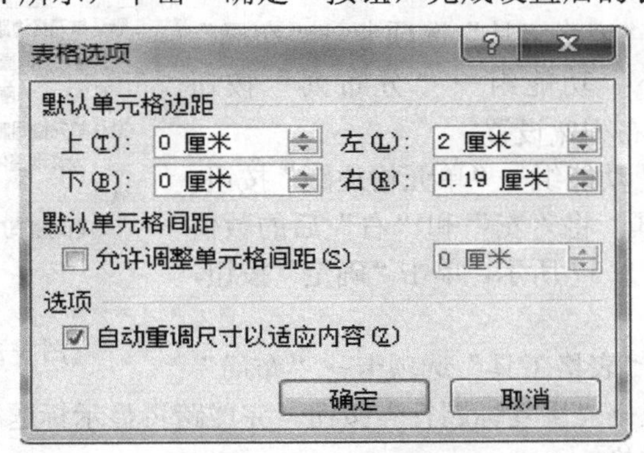

图 3-34　设置单元格左边距

学号	姓名	性别	籍贯

图 3-35　单元格左边距设置完成后的表格

和原表格对比可以看出，单元格中的文本距离左边框的距离变大至 2 厘米。

实例 3.3　设置表格格式

3-2
设置表格格式

【操作要求】如图 3-36 所示，设置表格平均分布列宽，单元格左右边距为 0.5 厘米，跨页必须重复标题行。

图 3-36　单元格设置的表格素材

【操作步骤】

1）选中表格，单击“表格工具”选项卡→“布局”选项卡→“单元格大小”功能组→“分布列”按钮，完成平均分布列宽设置。

2）单击“对齐方式”功能组→“单元格边距”按钮，打开“表格选项”对话框，将“左”和“右”后的数值调整为“0.5 厘米”，如图 3-37 所示，单击“确定”按钮，完成单元格边距的设置。

图 3-37　单元格边距设置

3）选中表格，单击“表格工具”选项卡→“布局”选项卡→“数据”功能组→“重复标题行”按钮，完成跨页显示标题行设置。

（6）表格和文本的转换

Word 可以实现文档中的文字与表格间的相互转换，比如可以一次性将多行文字转换为表格的形式，或将表格形式转换为文字形式。

1）文本转换成表格。选中所需转换的文本，然后单击“插入”选项卡→“表格”按钮，在其下拉列表中选择“文本转换成表格”选项。弹出“将文字转换成表格”对话框，在“列数”栏输入所需列数，在“‘自动调整’操作”栏中选择“固定列宽”，在“文字分隔位置”栏中选择“制表符”，如图 3-38 所示，单击“确定”按钮即可。

2）表格转换成文本。反过来也可以把表格转换成文本的形式。选定要转换的表格，单击“布局”选项卡→“数据”功能组→“转换为文本”按钮。在弹出的“表格转换成文本”对话框框中选择“制表符”选项，如图3-39所示，单击“确定”按钮，表格即可转换成文本格式。

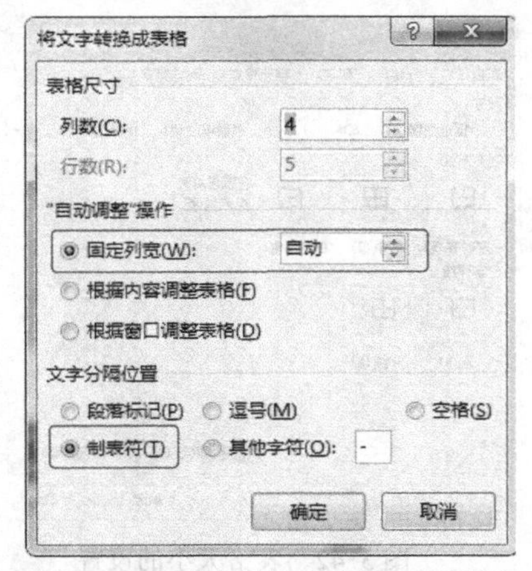

图3-38 “文本转换成表格”对话框

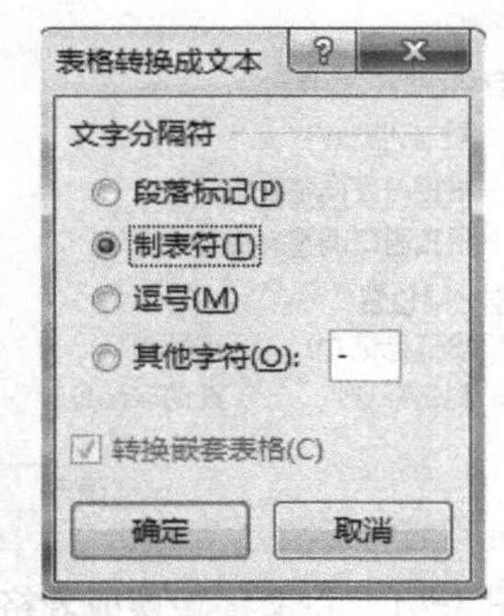

图3-39 “表格转换成文本”对话框

实例3.4 文本转换成表格并设置

【操作要求】如图3-40，将“全国部分城市天气预报”段落底下的所有文本转换为表格，列宽需根据内容调整，且表格宽度占页面的80%；该表格套用“网格表4－着色5”的表格样式，需要包含“汇总行”，并居中对齐。

全国部分城市天气预报

城市	天气	高温（℃）	低温（℃）
哈尔滨	阵雪	1	-7
乌鲁木齐	阴	3	-3
武汉	小雨	17	13
成都	多云	20	16
上海	小雨	19	14
海口	多云	30	24

图3-40 文本转换表格

【操作步骤】

1）将“全国部分城市天气预报”下面的7行内容选中，单击“插入”选项卡→“表格”按钮，在下拉列表中选择“文本转换成表格”选项，弹出“将文字转换成表格”对话框，“列数”和“行数”分别为“4”和“7”，在“自动调整”操作栏下选择“根据内容调整表格”，在“文字分隔位置”栏选择“制表符”，如图3-41所示，单击“确定”按钮，完成转换。

2）单击“表格工具”选项卡→“布局”选项卡→“表”功能组→“属性”按钮，打开“表格属性”对话框，单击“表格”选项卡，勾选“尺寸”下的“指定宽度”前的复选框，“度量单位”后选择“百分比”，在“指定宽度”后输入“80%”，如图3-42所示，单击“确定”按钮，完成表格大小设置。

3）选中表格，选择“表格工具”选项卡→“设计”选项卡→“表格样式”功能组下拉列表→“网格表4－着色5”样式，然后将“表格样式选项”功能组中的“汇总行”前复选框选中，单击“开始”选项卡→“段落”功能组→“居中对齐”按钮≡，则实现将表格居中对齐，完成设置后的表格如图 3-43 所示。

图 3-41 将文字转换成表格对话框设置

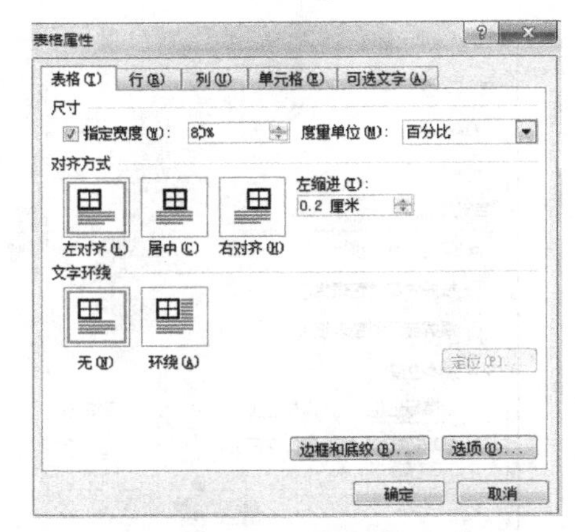

图 3-42 表格大小的设置

全国部分城市天气预报

城市	天气	高温（℃）	低温（℃）
哈尔滨	阵雪	1	-7
乌鲁木齐	阴	3	-3
武汉	小雨	17	13
成都	多云	20	16
上海	小雨	19	14
海口	多云	30	24

图 3-43 完成设置后的表格

3.2.3 表格计算和排序

Word 2016 在数据分析与计算方面虽然和 Excel 2016 比起来有很大差距，但是也可以完成简单的数据计算和分析。

Word 2016 中的表格，由行和列组成，列使用 A、B、C、D…来表示，行使用 1、2、3、4…来表示，以一个 4 行 5 列的表格来说，其中有底纹的单元格表示为 C2，如表 3-1 所示。

表 3-1 Word 表格单元格表示方法

A1	B1	C1	D1	E1
A2	B2	C2	D2	E2
A3	B3	C3	D3	E3
A4	B4	C4	D4	E4

1. 公式

以一个案例来讲解 Word 2016 中公式的应用。

表 3-2 2008 年北京奥运会奖牌榜

	金牌数	银牌数	铜牌数	总计
中国	51	21	28	
美国	36	38	36	
俄罗斯	23	21	28	

如要计算表 3-2 中各国奖牌总数，则先把指针定位在 E2 单元格内，然后单击“布局”选项卡→“数据”功能组→“公式”按钮，出现如图 3-44 所示的对话框。

在进行公式录入时，Word 2016 会先进行判断，给出一个公式，此题中的“=SUM(LEFT)”即为自动生成的公式，由于确实是求所在单元格左边数字的和，则单击“确定”按钮即可，另外两行执行一样的操作。也可以删除默认内容，然后输入“=B2+C2+D2”，单击“确定”按钮。

如果求以上三个国家金牌数量的平均值，则需要先把鼠标停止在 B5 单元格内，然后单击“布局”选项卡→“数据”功能组→“公式”按钮，出现如图 3-45 所示对话框。

图 3-44　总计计算公式

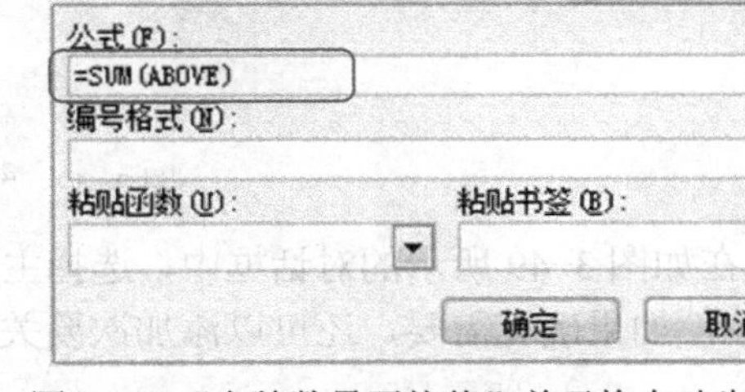

图 3-45　“金牌数量平均值”单元格自动生成公式

经过观察不难发现，金牌数量平均值根本不等于 SUM(ABOVE)，=SUM(ABOVE)所求为所在单元格上边所有数字的和，因此需要修改公式。

在图 3-45 所示对话框中，在“粘粘函数”下选择“AVGEAGE”，如图 3-46 所示。

然后修改公式为“=AVERAGE(ABOVE)”，完成金牌数量平均值的计算，也可以不使用“粘贴函数”直接进行修改。还可以输入公式“=(B2+B3+B4)/3”进行计算，参照上述方法完成银牌数量和铜牌数量的平均值的计算。

如果某个国家的奖牌数量有变动，不需要进行重新计算，只要选中需要变更的数据，右击并在快捷菜单中选择“更新域”选项即可完成结果变更，如图 3-47 所示。

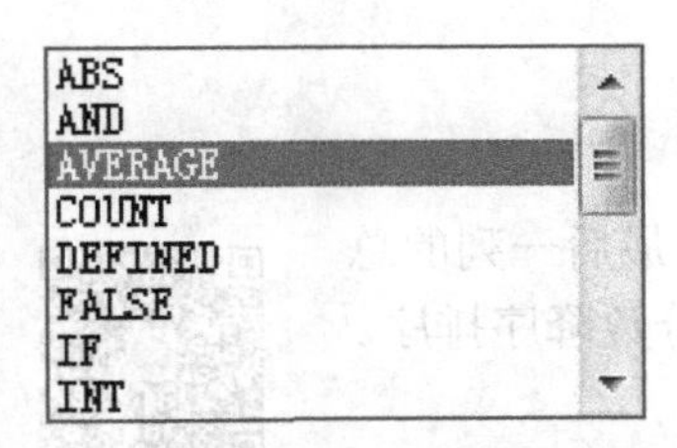

图 3-46　选择“AVERAGE”函数

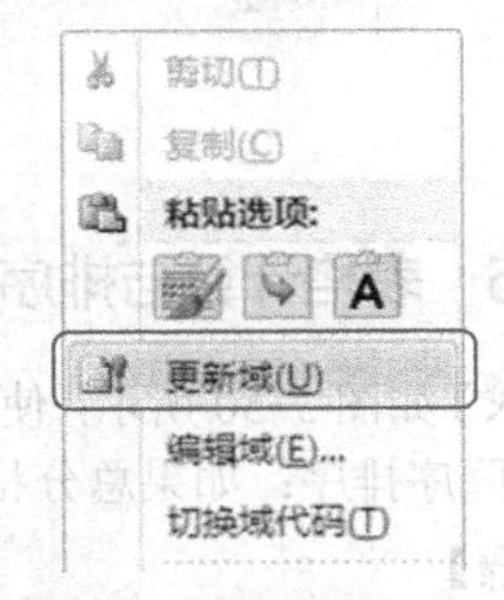

图 3-47　“更新域”选项

2. 排序

现在需要对如表 3-3 所示的期中成绩表按总分进行降序排序。

表 3-3　期中成绩表

姓名	数学	语文	英语	总分
张三	85	96	87	268
李四	80	93	100	273

（续）

姓名	数学	语文	英语	总分
赵五	96	87	98	281
平均分	87	92	95	

操作步骤如下。

1）将指针定位在表格中的任一单元格

2）单击“布局”选项卡→“数据”功能组→“排序”按钮，如图 3-48 所示。

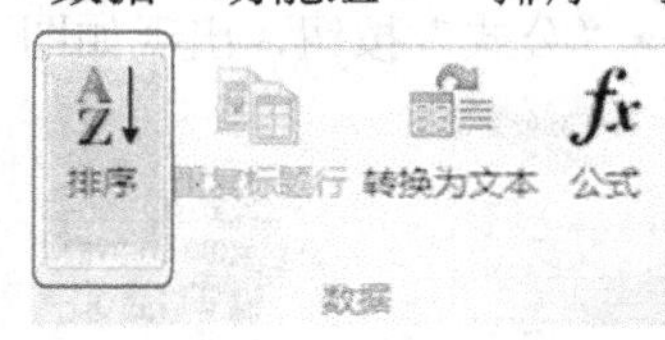

图 3-48 “排序”选项

3）在如图 3-49 所示的对话框中，选择主要关键字为“总分”，选择排序次序为“降序”，完成排序，如果确有需要，还可以添加次要关键字和第三关键字进行排序。

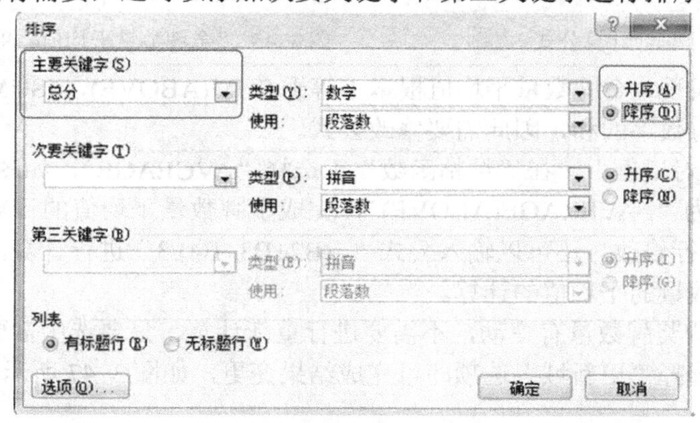

图 3-49 “排序”设置

实例 3.5 表格计算与排序

【操作要求】如图 3-50 所示，使用公式计算表格最后一列的总分，并依总分降序排序；如果总分相同，则以语文分数降序排序。

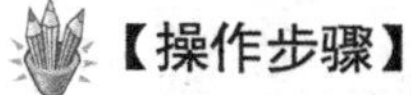【操作步骤】

1）将指针定位在第一个需要计算总分的单元格 H2 中，单击“表格工具”选项卡→“布局”选项卡→“数据”功能组中的“公式”按钮，弹出“公式”对话框，在“公式”下的文本框中默认的公式是“=SUM(LEFT)”，如图 3-51 所示，符合题意，直接单击“确定”按钮完成第一个总分的计算。

2）选中刚刚计算出总分的单元格 H2，右击并在快捷菜单中选择“复制”选项，然后选中其他所有需要计算总分的单元格 H3:H21，右击并在快捷菜单的“粘贴选项”中选择“保留原格式”选项，可以看到所有“总分”单元格内均为“301”，如图 3-52 所示。

3）按〈F9〉功能键，完成域的更新，即按照所在行的所有成绩计算总分，如图 3-53 所示。

承泰学院 2021 学年度上学期成绩表

学号	姓名	语文	英语	数学	自然	社会	总分
A5231001	黄哲胜	66	42	64	64	65	
A5231002	黄意仁	80	58	31	21	65	
A5231003	刘如玉	20	57	48	78	57	
A5231004	陈又松	60	64	62	45	49	
A5231005	廖玮雨	85	71	43	10	66	
A5231006	李彻贤	70	65	74	72	58	
A5231007	陈婉婷	60	69	33	78	59	
A5231008	杨朝雯	60	62	56	74	62	
A5231009	丁致尧	80	59	59	56	46	
A5231010	吴亦帆	70	48	45	50	46	
A5231011	周子明	85	64	53	90	54	
A5231012	陈岱伟	80	71	63	60	54	
A5231013	陈翊州	80	66	52	52	52	
A5231014	吴育琳	70	59	60	53	49	
A5231015	谢正翰	85	60	43	96	44	
A5231016	卢淑英	75	53	51	83	66	
A5231017	谢贤骏	20	50	43	50	46	
A5231018	朱芬珍	85	77	31	43	66	
A5231019	蔡宜君	60	59	52	72	61	
A5231020	颜惠翔	80	53	49	24	42	

图 3-50 学期成绩表

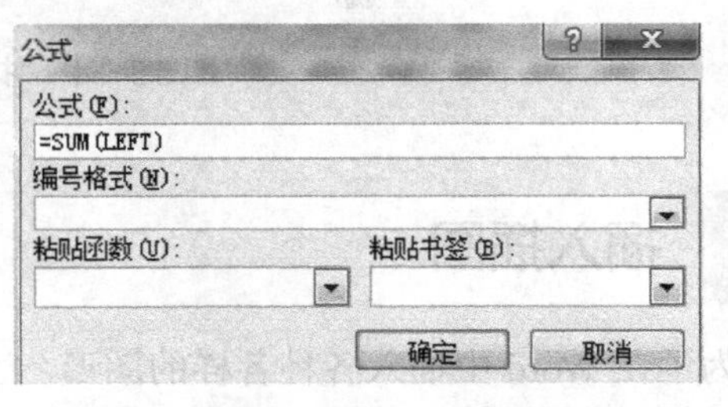

图 3-51 “公式”对话框的设置

承泰学院 2021 学年度上学期成绩表

学号	姓名	语文	英语	数学	自然	社会	总分
A5231001	黄哲胜	66	42	64	64	65	301
A5231002	黄意仁	80	58	31	21	65	301
A5231003	刘如玉	20	57	48	78	57	301
A5231004	陈又松	60	64	62	45	49	301
A5231005	廖玮雨	85	71	43	10	66	301
A5231006	李彻贤	70	65	74	72	58	301
A5231007	陈婉婷	60	69	33	78	59	301
A5231008	杨朝雯	60	62	56	74	62	301
A5231009	丁致尧	80	59	59	56	46	301
A5231010	吴亦帆	70	48	45	50	46	301
A5231011	周子明	85	64	53	90	54	301
A5231012	陈岱伟	80	71	63	60	54	301
A5231013	陈翊州	80	66	52	52	52	301
A5231014	吴育琳	70	59	60	53	49	301
A5231015	谢正翰	85	60	43	96	44	301
A5231016	卢淑英	75	53	51	83	66	301
A5231017	谢贤骏	20	50	43	50	46	301
A5231018	朱芬珍	85	77	31	43	66	301
A5231019	蔡宜君	60	59	52	72	61	301
A5231020	颜惠翔	80	53	49	24	42	301

图 3-52 “保留原格式”粘贴后的成绩表

承泰学院 2021 学年度上学期成绩表

学号	姓名	语文	英语	数学	自然	社会	总分
A5231001	黄哲胜	66	42	64	64	65	301
A5231002	黄意仁	80	58	31	21	65	255
A5231003	刘如玉	20	57	48	78	57	260
A5231004	陈又松	60	64	62	45	49	280
A5231005	廖玮雨	85	71	43	10	66	275
A5231006	李彻贤	70	65	74	72	58	339
A5231007	陈婉婷	60	69	33	78	59	299
A5231008	杨朝雯	60	62	56	74	62	314
A5231009	丁致尧	80	59	59	56	46	300
A5231010	吴亦帆	70	48	45	50	46	259
A5231011	周子明	85	64	53	90	54	346
A5231012	陈岱伟	80	71	63	60	54	328
A5231013	陈翊州	80	66	52	52	52	302
A5231014	吴育琳	70	59	60	53	49	291
A5231015	谢正翰	85	60	43	96	44	328
A5231016	卢淑英	75	53	51	83	66	328
A5231017	谢贤骏	20	50	43	50	46	209
A5231018	朱芬珍	85	77	31	43	66	302
A5231019	蔡宜君	60	59	52	72	61	304
A5231020	颜惠翔	80	53	49	24	42	248

图 3-53 完成计算后的成绩表

4）将指针定位在成绩表中，单击“布局”选项卡→“数据”功能组→“排序”按钮，打开“排序”对话框，在“主要关键字”下选择“总分”，对应排序依据选择“降序”；在“次要关键字”下选择“语文”，对应排序依据选择“降序”；如图 3-54 所示，单击“确定”按钮完成排序。

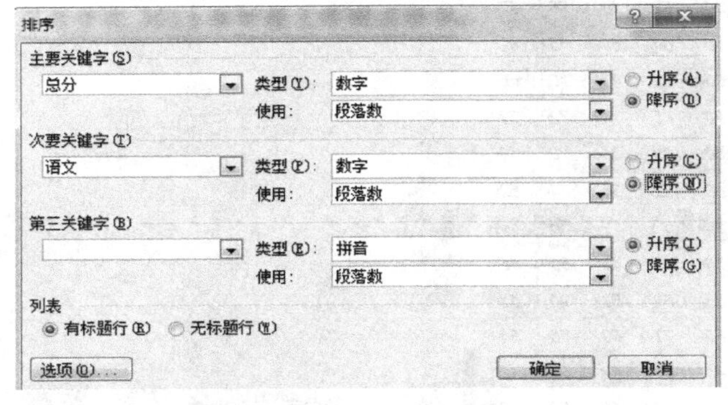

图 3-54 “排序”对话框设置

3.3 插入插图

为了在 Word 中插入各种各样的图形，达到美化文档的效果，Word 2016 提供的插图包括 6 个内容：图片、联机图片、形状、SmartArt、图表及屏幕截图。

3.3.1 插入图片

图片功能是插入来自其他文件的图片，包括位图、扫描的图片和照片。在 Word 2016 中可以插入多种格式的图片，如*.bmp、*.tif、*.pic、*.pcx 等。

插入图片文件的方法是：单击“插入”选项卡→“插图”功能组→“图片”按钮，如图 3-55 所示。

然后在弹出的对话框中选择合适的图片，如“疫情防控.jpg”，如图 3-56 所示。最后，单击“插入”按钮即可将图片插入到 Word 文档中。

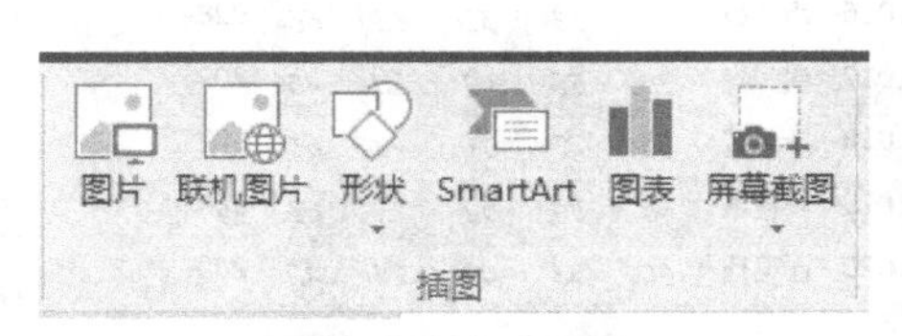

图 3-55 “图片”工具

图 3-56 “选择图片”对话框

对于插入的图片，Word 2016 提供了很多工具可以对其格式进行设置，获得不同的效果。主要包括调整、图片样式、排列、大小。对于 Word 2016 中的图片，双击即可出现相关的格式设置。

1. 调整

图片的调整功能主要包括：删除背景、更正、颜色、艺术效果、压缩图片等，如图 3-57 所示。

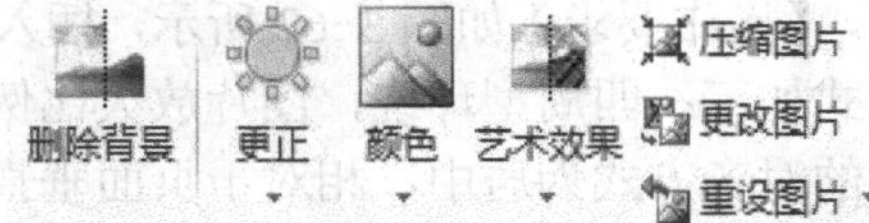

图 3-57　图片调整工具

图形删除背景效果如图 3-58 所示。其他艺术效果可以根据需求自行设置。

2. 图片样式

Word 2016 为图片样式的修改提供了图片边框、图片效果、图片版式等效果设置。双击相应的图片，在出现的图片样式中，根据预览效果，选择需要的即可，如选择柔化边缘椭圆效果，如图 3-59 所示。

图 3-58　删除背景效果

图 3-59　柔化边缘椭圆效果

如果对 Word 2016 提供的效果不满意，还可以对图片边框、图片效果、图片版式等进行设置。

3. 排列

排列用于指定图形的位置、层次、对齐方式，以及组合和旋转图形，如图 3-60 所示。

其中，常用的设置是位置及自动换行。位置将所选对象放到页面上，文字将自动设置为环绕对象，自动换行更改所选对象周围的文字环绕方式，如嵌入型、四周型、紧密型、穿越型等。

4. 大小

大小用于指定图片的高度、宽度及裁剪图片。其中裁剪图片功能在实际工作和学习中十分常用。主要操作步骤如下。

首先，双击需要裁剪的图片，单击“裁剪”按钮，图片周围即出现控制柄，用鼠标拖动控制柄即可对图片进行裁剪。另外，在“裁剪”下拉列表中选择“裁剪为形状”，可将图片直接裁剪为某个形状。效果如图 3-61 所示。

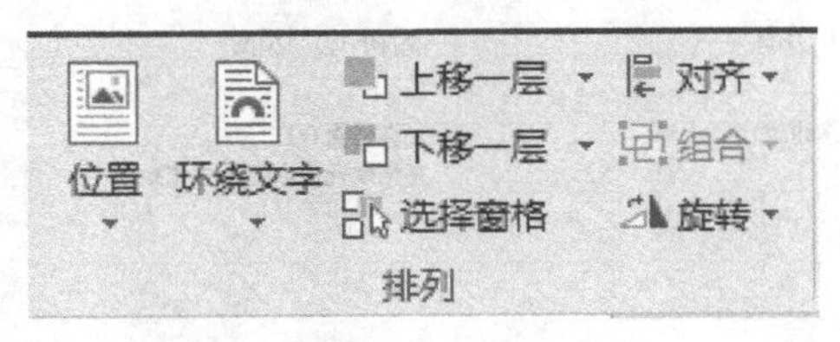

图 3-60　排列工具

图 3-61　裁剪为形状效果

下面以一个实例具体讲解图片的插入与编辑。

实例 3.6　插入图片并进行设置

【操作要求】如图 3-62 所示，插入图片“Invitation.png”，设置格式如下：四周型环绕，图片放大比例为 120%。相对于栏水平方向的对齐方式为居中，相对于页面垂直方向的相对位置为 10%。

3-4
插入图片

欢送 20XX，迎接崭新的 20XX，我们始终怀着感恩之心，将收获分享给您，感谢过去和未来的付出与支持，让我们不断创新一起迈向事业成功的顶峰。
兹于 20XX 年 XX 月 XX 日（星期 X）XX 时 XX 分，于劲园酒店举办年终年餐会，本公司诚挚地邀请您莅临参加，欢喜同庆。

敬祝 祥龙瑞气，万事亨通

图 3-62　插入图片的文档素材

【操作步骤】

1）将指针定位于文档中，单击“插入”选项卡→“插图”功能组→“图片”按钮，打开“插入图片”对话框，找到图片所在的路径，单击图片文件，单击“插入”按钮完成图片的插入操作。

2）选中图片，单击“图片工具”选项卡→“格式”选项卡→“排列”功能组→“位置”按钮，在下拉列表中单击“其他布局选项”，如图 3-63 所示，打开“布局”对话框。

3）单击“文字环绕”选项卡，在“环绕方式”下选择“四周型”；单击“大小”选项卡，在“缩放”下的“高度”中输入“120%”，则“宽度”会自动变为 120%（因为“锁定纵横比”项前的复选框处于选中状态）；单击“位置”选项卡，在“水平”栏下的选项中单击“对齐方式”，在“相对于”后选“栏”，在“对齐方式”后选“居中”，在“垂直”栏下的选项中单击“相对位置”，在“相对于”后选“页面”，在“相对位置”后输入“10%”，如图 3-64 所示，单击“确定”按钮，完成位置的设置。

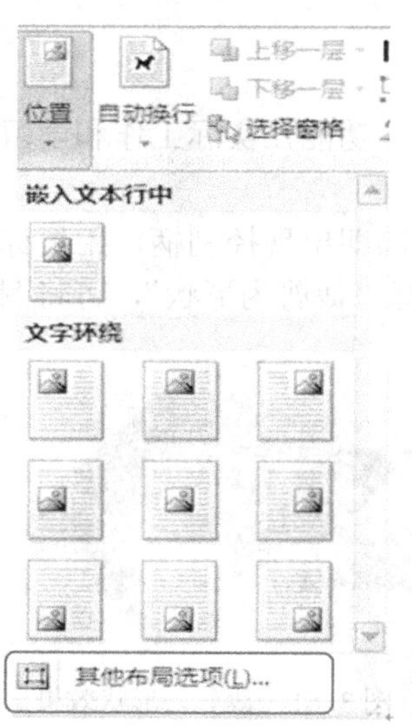

图 3-63　打开“布局”对话框的方法

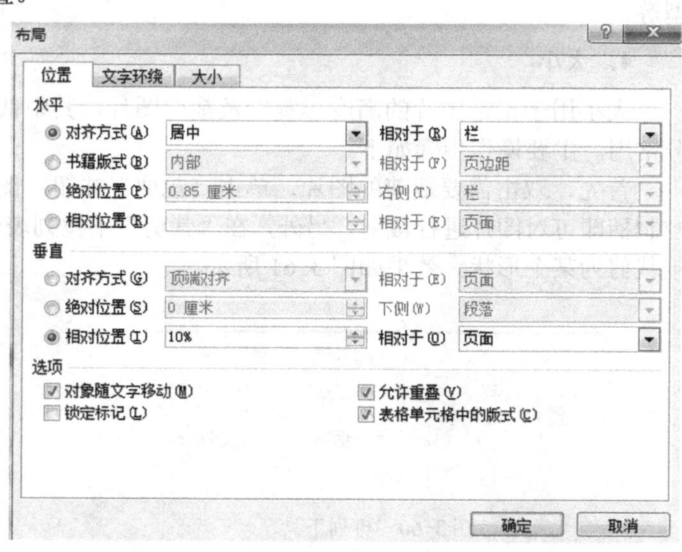

图 3-64　图片“位置”对话框设置

设置好的图片在文档中的效果如图 3-65 所示。

图 3-65　完成设置后图片效果

3.3.2　插入联机图片

联机图片可以在 Word 中直接插入从必应搜索到的图片，此功能取代了 Office 剪贴图，插入方法如下。

1）单击“插入”选项卡→“联机图片”按钮，如图 3-66 所示。

图 3-66　插入剪贴画窗格

2）在弹出的插入图片对话框中搜索需要的图片，然后选中需要的图片，单击“插入”按钮即可，如图 3-67 所示。

图 3-67　插入联机图片

联机图片插入后，选中图片，会出现“图片工具”选项卡→“格式”选项卡，单击后会看到对联机图片的操作与前面讲的图片操作完全相同，可参考图片操作。

3.3.3 插入形状

在 Word 2016 中可以使用“插入”选项卡→“插图”功能组→“形状”按钮来绘制各种图形。单击“形状”按钮，出现下拉列表，其中列出了可绘制的各种形状，共分线条、矩形、基本形状、箭头总汇、公式形状、流程图、标注和星与旗帜 8 类。在“形状”下拉列表中单击与所需形状相对应的图标按钮，然后在页面中拖动鼠标，即可绘出所需的图形，双击所绘形状或调整形状上的控制柄即可对其做相应的修改。横卷形默认的插入效果如图 3-68 所示。

图 3-68 横卷形

插入形状后，可使用“绘图工具”选项卡→“格式”选项卡下的功能对形状进行进一步的编辑。

3.3.4 插入 SmartArt

SmartArt 图形用于在文档中演示列表、流程、循环、层次结构、关系、矩阵、棱锥图、图片等。

以插入一个组织结构图的图形来说明 SmartArt 的基本用法。

1）单击“插入”选项卡→“插图”功能组→“SmartArt”按钮，出现“选择 SmartArt 图形”对话框。

2）选择左侧窗格中的“层次结构”选项，中间选项组显示相应的结构，选择“组织结构图”选项，如图 3-69 所示，然后单击“确定”按钮。

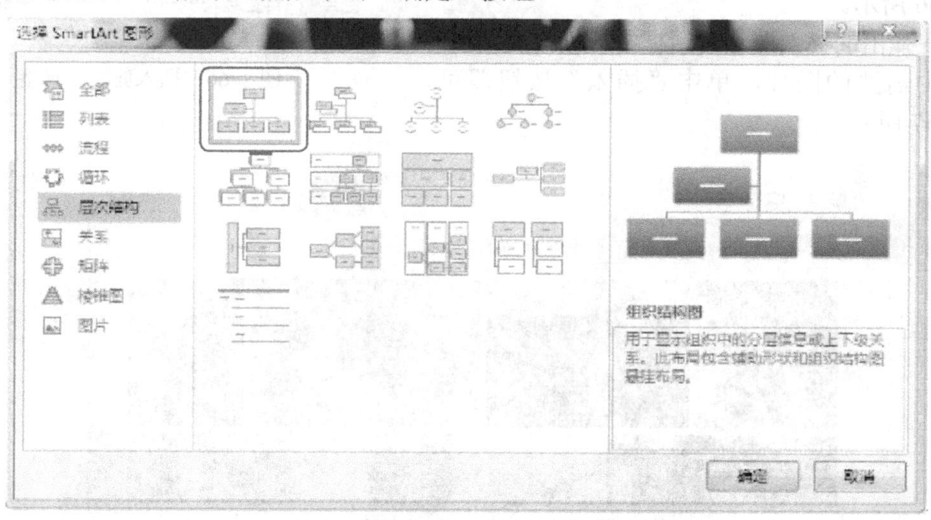

图 3-69 选择“组织结构图”

3）若不需要增加形状，则可直接输入内容，如图 3-70 所示。

4）增加形状。若营销部经理分管营销一部和营销二部，即他的下设部门应包含两个形状，此时需要添加形状，右击“营销部经理”形状，在出现的快捷菜单中选择“添加形状”选项，然后出现级联下拉列表，在命令列表中单击“在下方添加形状”，如图 3-71 所示。用同样的方法再添加另外一个形状，分别输入“营销一部”和“营销二部”。

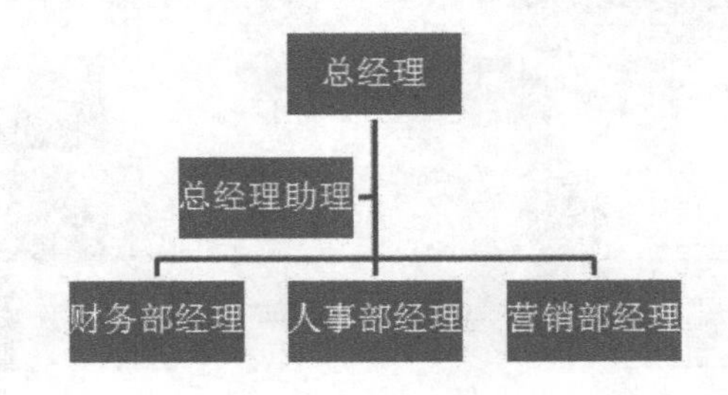

图 3-70　组织结构图最终效果

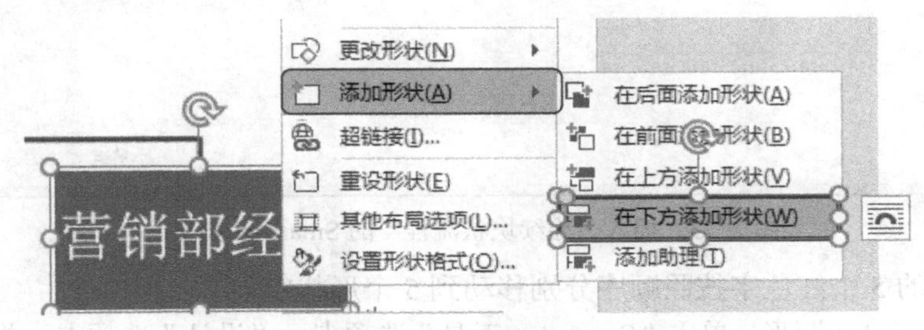

图 3-71　添加下属的方法

- “在后面添加形状”：添加的形状和自己是同级别，只是位置紧挨在自己后面。
- “在前面添加形状”：添加的形状和自己是同级别，只是位置紧挨在自己前面。
- “在上方添加形状”：添加的形状是自己的上级，位置在自己的上一层。
- “在下方添加形状”：添加的形状是自己的下级，位置在自己的下一层。

5）图形样式修改。单击完成的 SmartArt 图形，出现“SmartArt 工具”选项卡，可以对图形的布局、颜色、样式进行相应的修改。

下面用一个实例进行具体的讲解。

实例 3.7　插入 SmartArt 并进行设置

【操作要求】如图 3-72 所示，使用红色文字在第二段落中插入一个“连续块状流程”，SmartArt 图形，编辑文字，使得每个文字为独立的段落，并更改颜色为“彩色-个性色”“优雅”SmartArt 样式。

洗手五步骤：湿搓冲捧擦

图 3-72　插入 SmartArt 的文档素材

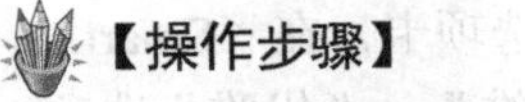

【操作步骤】

1）将指针定位在第二段的位置，单击“插入”选项卡→“插入”功能组→“SmartArt”

按钮，打开“选择 SmartArt 图形”对话框，左侧选择“流程”选项，中间列表中选择“连续块状流程”选项，如图 3-73 所示，单击“确定”按钮，插入选定的流程图。

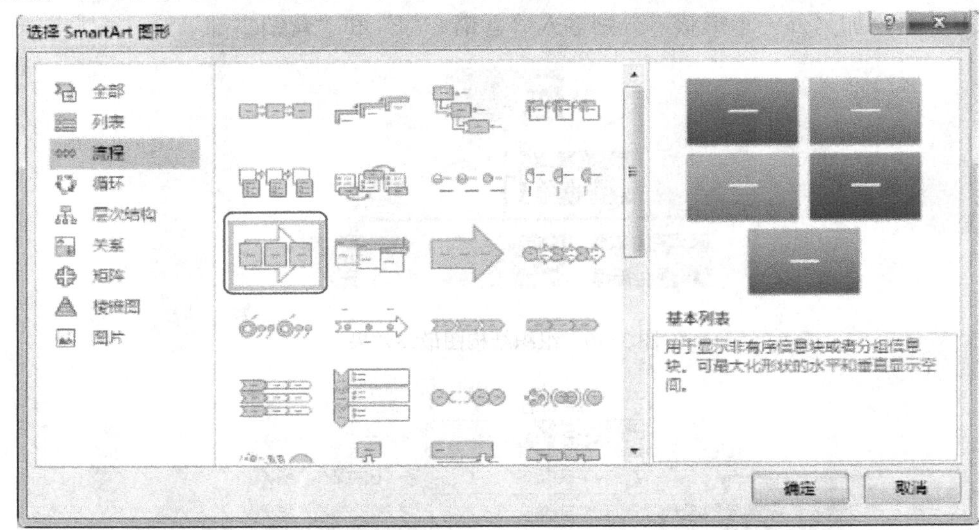

图 3-73　插入“连续块状流程”的 SmartArt 图形

2）将文中的 5 个红色字按照顺序分别移动到 5 个形状中。

3）选中 SmartArt 图形，单击“SmartArt 工具”选项卡→“设计”选项卡，单击“SmartArt 样式”功能组→“更改颜色”按钮，在下拉列表中选择“彩色”下的“彩色-强调文字颜色”选项，如图 3-74 所示。

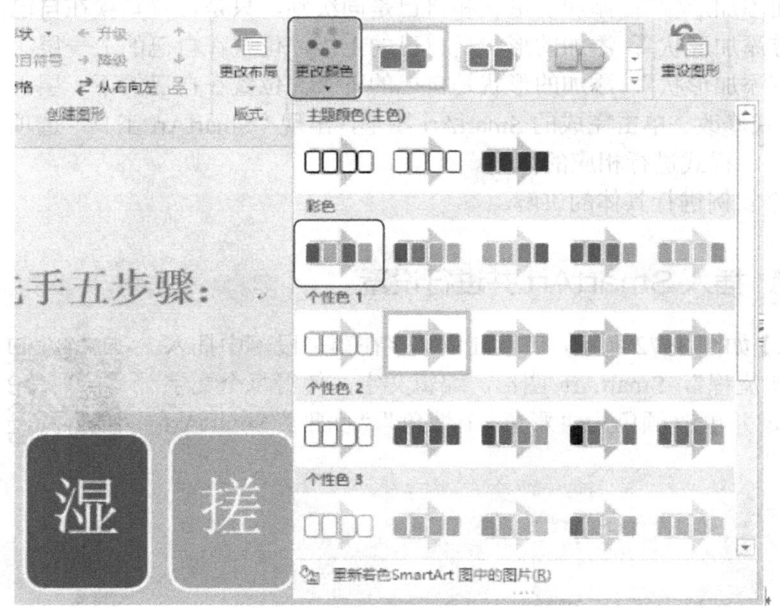

图 3-74　更改 SmartArt 图形颜色

4）选中 SmartArt 图形，单击“SmartArt 工具”选项卡→“设计”选项卡，在“SmartArt 样式”功能组中单击样式列表的下拉按钮，在下拉列表中选择“三维”→“优雅”选项，如图 3-75 所示，完成要求的操作。

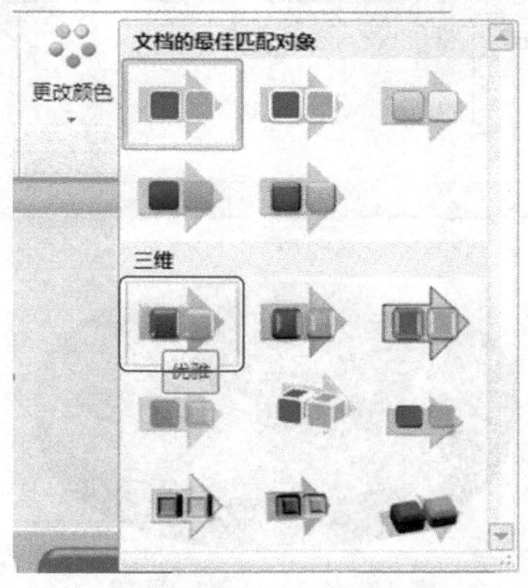

图 3-75 三维优雅效果的设置

3.3.5 插入图表

Word 2016 在数据图表方面作了很大改进，可以在数据图表的装饰和美观方面进行专业级的处理。Word 2016 图表制作的步骤如下。

1）选择图表类型。依次选择“插入”选项卡→“插图”功能组→“图表”按钮，打开如图 3-76 所示的对话框。选择“饼图”选项组下的“三维饼图”选项，如图 3-77 所示。单击“确定”按钮，屏幕右侧会出现根据用户选择的图表类型而内置的示例数据，如图 3-78 所示。

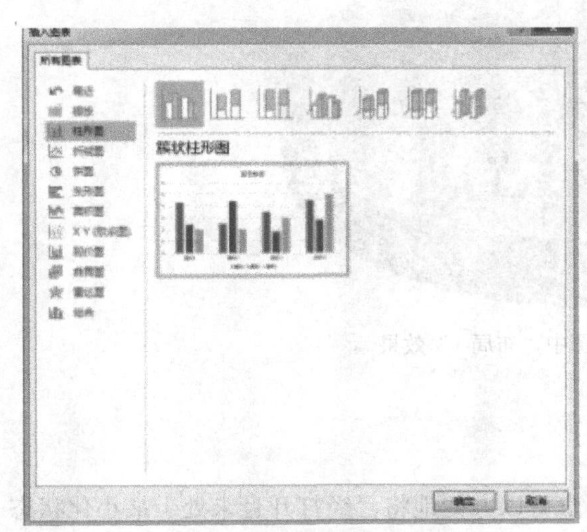

图 3-76 “插入图表”对话框

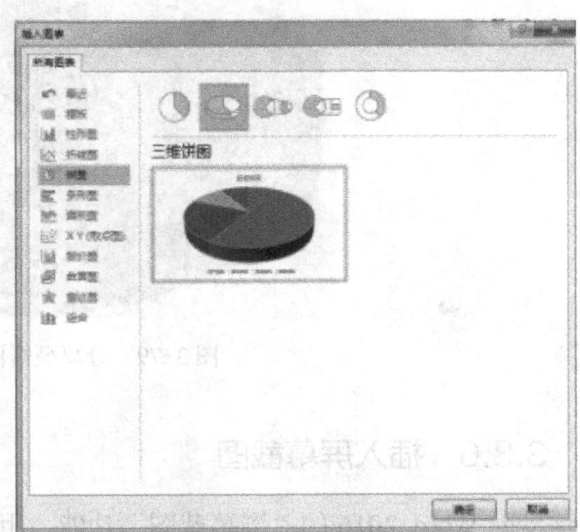

图 3-77 选择分离型饼图

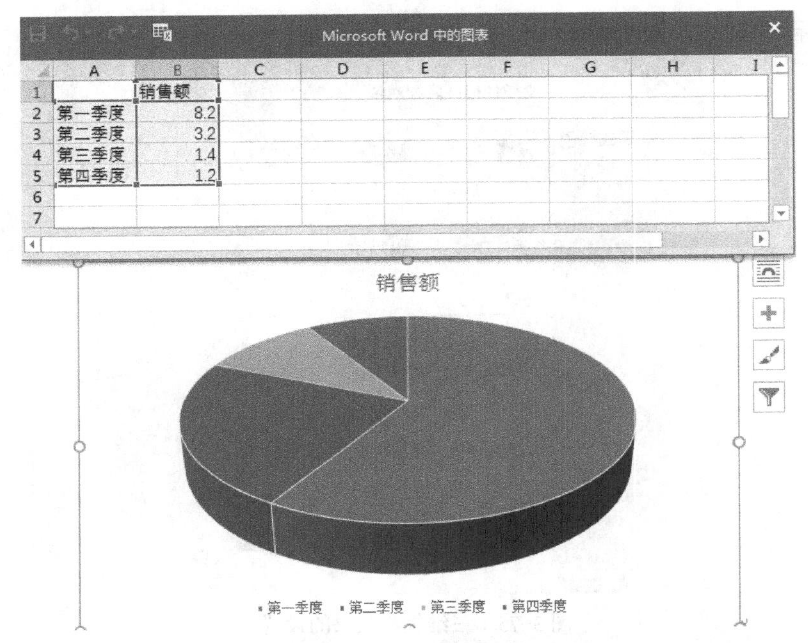

图 3-78　内置示例数据和对应的图表

2）修改数据。根据需要修改表格中的数据，系统自动绘制出相应的饼图。

3）图表布局。根据图表类型的不同，各个图表的布局及选项也不一样，双击 Word 中的图表，修改数据源、图表类型、布局、颜色，如选择“布局 1”，则可以得到如图 3-79 所示效果。

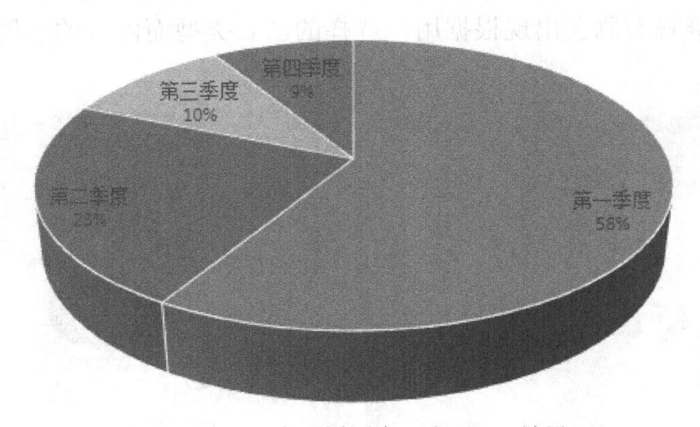

图 3-79　分离型饼图中“布局 1”效果

3.3.6　插入屏幕截图

借助 Word 2016 的“屏幕截图”功能，用户可以方便地将已经打开且未处于最小化状态的窗口截图插入到当前 Word 文档中。而选择“屏幕截图”的下拉列表中的“屏幕剪辑”选项则可以将屏幕的一部分作为图片插入到当前文档中。主要的操作步骤如下。

1）单击“插入”选项卡→“屏幕截图”按钮，如图3-80所示。

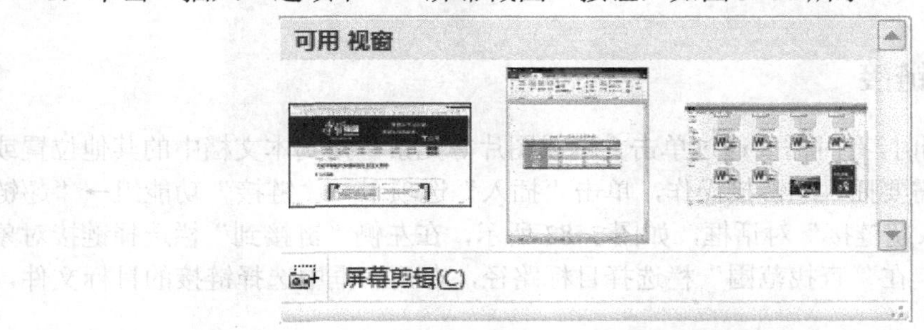

图3-80　屏幕截图

2）选中可用视窗中的任何一个，即可将窗口插入到当前文档中，如图3-81所示。

图3-81　视窗截图效果

3）选择“屏幕剪辑”选项，则可以将活动窗口的一部分截图到当前文档中，如图3-82所示。

图3-82　屏幕剪辑效果

3.4 插入链接

在Word 2016中，插入链接的类型有超链接、书签和交叉引用，本节详细介绍每种类型链接的具体操作步骤。

3.4.1 插入超链接

在编辑 Word 文档时，有时需要通过单击文本或图片等元素链接到本文档中的其他位置或链接到其他文件，均需要插入超链接操作，单击“插入”选项卡→“链接”功能组→“超链接”按钮，打开“插入超链接”对话框，如图 3-83 所示，在左侧“链接到”栏选择链接对象所属类型或所处位置，在“查找范围”栏选择目标路径，在列表框中选择链接的目标文件，单击“确定”按钮。

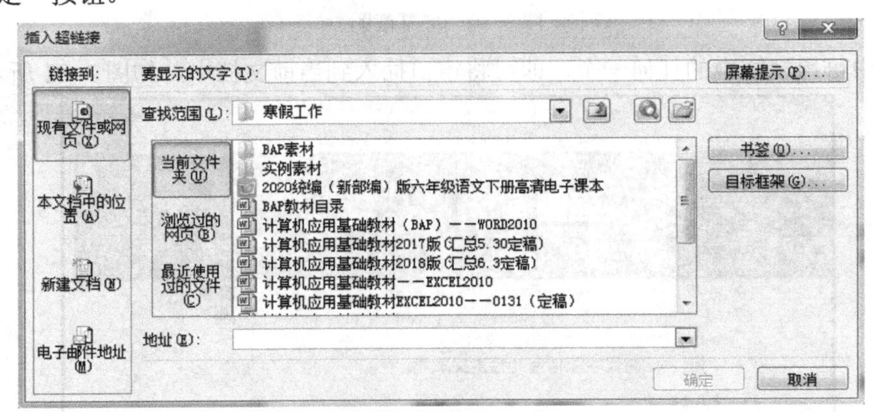

图 3-83 “插入超链接”对话框

实例 3.8 建立超链接

【操作要求】如图 3-84 所示，在第 1 页的“泉水”文本框上建立超链接，并链接至“泉水”书签。

自古以来，种茶、制茶、泡茶、品茶被认为需要高度的技艺。当代，由中国人开始，将有关的技艺称为茶艺。茶之为物，产自崇高的山，吸收天地的灵气，还必须配上清洁的泉水。中华茶文化源远流长，博大精深，不但包含物质文化层面，还包含深厚的精神文明层次。唐代茶圣陆羽的《茶经》在历史上吹响了中华茶文化的号角。从此茶的精神渗透了宫廷和社会，深入中国的诗词、绘画、书法、宗教、医学。几千年来中国不但积累了大量关于茶叶种植、生产的物质文化、更积累了丰富的有关茶的精神文化，这就是中国特有的茶文化。

图 3-84 建立超链接文档

【操作步骤】

1）单击“泉水”文本框（注意不是选中文本框中的文字），单击“插入”选项卡→“链接”功能组→“超链接”按钮，打开“插入超链接”对话框，如图 3-85 所示。

图 3-85　插入超链接对话框

2）在左侧“链接到”栏选择“本文档中的位置”选项，右侧“请选择文档中的位置”下拉列表中单击“书签”→“泉水”，单击“确定”按钮完成操作。

3.4.2　插入书签

书签主要用于帮助用户在 Word 长文档中快速定位至特定位置，或者引用同一文档（也可以是不同文档）中的特定文字。在 Word 2016 文档中，文本、段落、图形图片、标题等都可以添加书签，具体操作步骤如下。

1）打开 Word 2016，在文档窗口中选中需要添加书签的文本、标题、段落等内容。单击“插入”选项卡→“连接”功能组→“书签”按钮，打开“书签”对话框，如图 3-86 所示。

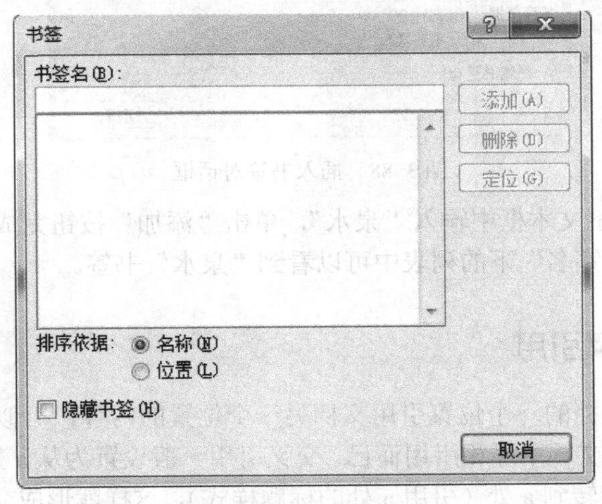

图 3-86　“书签”对话框

2）在“书签名”编辑框中输入书签名称（书签名只能包含字母和数字，不能包含符号和空格），并单击“添加”按钮即可。

实例 3.9　建立书签

【操作要求】如图 3-87 所示，在第 2 页“泉水”文字标题前，建立“泉水”书签。

泉水

中国历代对泡茶的水十分讲究，认为水是茶之本。明朝人张大复在《梅花草堂笔谈》中写道「茶性必发于水。八分之茶，遇十分之水，茶亦十分矣；八分之水，试十分之茶，茶只八分耳。」乾隆帝曾说：「茗饮之本，其必资于水乎？」。乾隆特制银斗，品试全国的泉水，按水的质量分别高下：北京玉泉山第一，中冷泉第二，无锡惠泉第三，杭州虎跑泉第四。

图 3-87 建立书签的文档

【操作步骤】

1）将指针定位于文字“泉水”的前面，单击“插入”选项卡→“连接”功能组→“书签”按钮，打开“书签”对话框，如图 3-88 所示。可以看到当前文档中已有的书签，选中某个书签，单击“删除”按钮可以将该书签删除，单击“定位”按钮可以直接定位到该书签所在的位置。

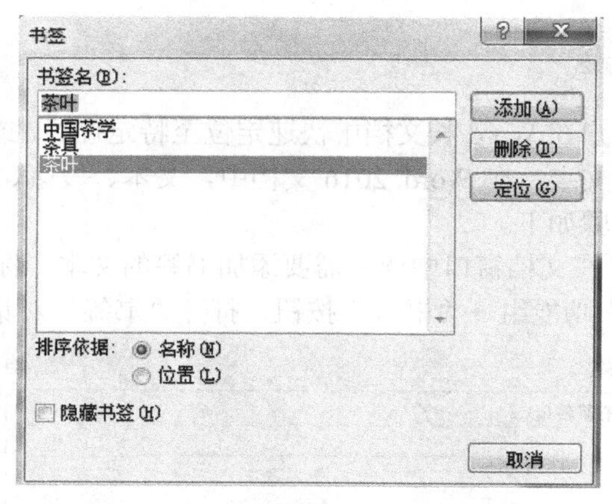

图 3-88 插入书签对话框

2）在“书签名”下文本框中输入“泉水”，单击“添加”按钮完成书签的添加。再次打开该对话框时，在“书签名”下的列表中可以看到“泉水”书签。

3.4.3 插入交叉引用

交叉引用就是在文档的一个位置引用文档另一个位置的内容，类似于超级链接，只不过交叉引用一般是在同一文档中互相引用而已。交叉引用一般设置为从 a 处跳转到 b 处（引用 b 处的标题样式），b 处跳转到 a 处（引用 a 处的标题样式），这样就形成交叉了，方便查看。引用使用的链接大多是标题样式、书签、图表之类。

1. 创建交叉引用

创建交叉引用的方法如下。

1）在文档中输入交叉引用开头的介绍文字，如“有关××××的详细使用，请参见××××。”

2）单击“插入”选项卡→“交叉引用”按钮，出现如图 3-89 所示的“交叉引用”对话框。

3）在“引用类型”下拉列表框中选择需要的项目类型，如“图 3-”。如果文档中存在该项目类型的项目，那么它会出现在下面的列表框中供用户选择，如图 3-90 所示。

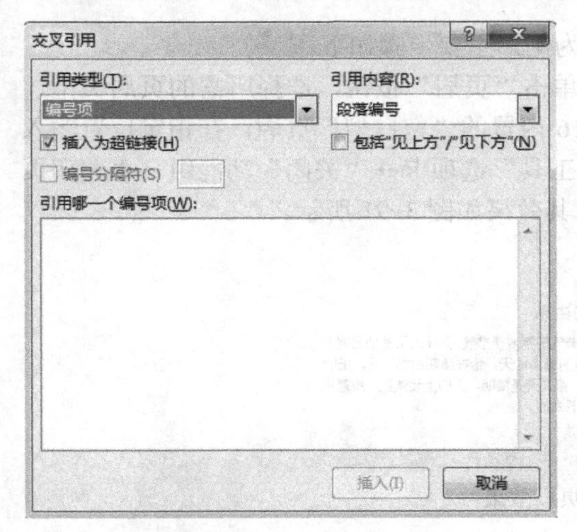

图 3-89 交叉引用对话框

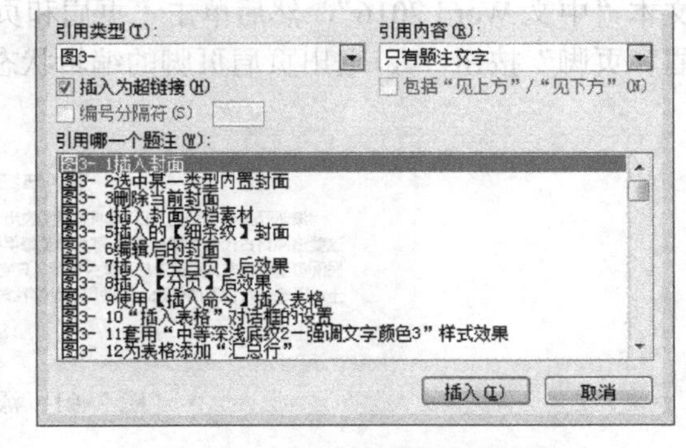

图 3-90 交叉引用对话框设置

4）在“引用内容”列表框中选择要插入的信息。如“只有题注文字”等。

5）在“引用哪一个题注”下面选择相应的项目。

6）要使读者能够直接跳转到引用的项目，请选择“插入为超链接”复选框，否则，将直接插入选中项目的内容。

7）单击“插入”按钮即可插入一个交叉引用。用户如果还要插入别的交叉引用，可以不关闭该对话框，直接在文档中选择新的插入点，然后选择相应的引用类型和项目后，单击“插入”按钮即可。

如果选择了“插入为超链接”复选框，那么把鼠标移到插入点，鼠标指针即可变成小手形状，用户单击可以直接跳转到引用的位置。

2．修改交叉引用

在创建交叉引用后，有时需要修改其内容，例如，原来要参考图 3-1 的内容，由于操作要求的改变，需要参考图 3-5 的内容。具体方法如下。

1）选定文档中的交叉引用（如 6.2），注意不要选择介绍性的文字（如有关×××的详细内容，请参看×××）。

2）单击“插入”选项卡→“交叉引用”按钮，弹出“交叉引用”对话框。

3）在“引用内容”框中选择要新引用的项目。

4）单击“插入”按钮。

如果要修改说明性的文字，在文档中直接修改即可，并不对交叉引用造成什么影响。

3.5 插入页眉和页脚

页眉和页脚通常用来显示文档的附加信息，常用来插入时间、日期、页码、单位名称等。其中，页眉在页面的顶部，页脚在页面的底部，页眉页脚不占用正文的显示位置。

1．添加页眉页脚

页眉页脚的添加方法大致相同，以添加页眉为例，主要步骤如下。

在“插入”选项卡→“页眉页脚”功能组中单击“页眉”按钮，选择所需的页眉类型，页眉即被插入文档的每一页中，如选择 Word 2016 内置的“空白型”页眉，在指定位置输入文本“中文 Word 2016”，然后单击“页眉和页脚工具”选项卡→“关闭”功能组→“关闭页眉和页脚”按钮，退出页眉页脚的编辑状态，其效果如图 3-91 所示。

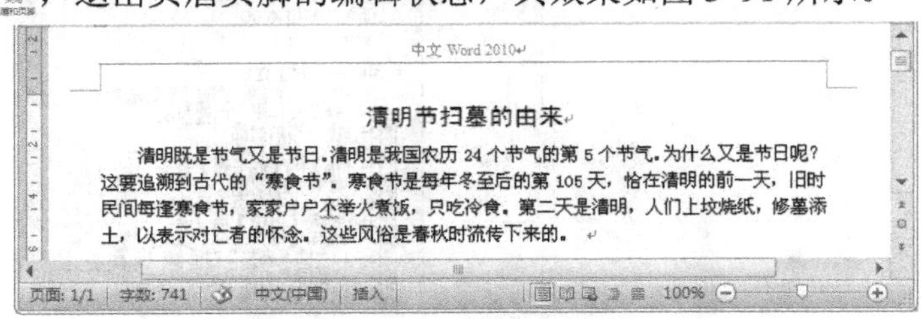

图 3-91　添加页眉效果

2．编辑页眉和页脚

插入页眉后也可以对其进行进一步的编辑，如插入页码并设置页码格式，设置首页不同，设置页眉页脚的距离等。

（1）页眉页脚工具

单击“插入”选项卡→“页眉和页脚”功能组→“页眉”或“页脚”按钮可以激活“页眉和页脚工具” 页眉和页脚工具 选项卡，对于已经插入页眉页脚的文档，可以双击页眉区，也可激活“页眉和页脚工具”选项卡，在其“设计”选项卡下有“页眉和页脚”“插入”“导航”“选项”“位置”和“关闭”几个功能分组。

- “页眉和页脚”功能组：可以对“页眉”“页脚”“页码”进行编辑。
- “插入”功能组：可以在页眉页脚区域插入“日期和时间”“图片”等并进行编辑。
- “导航”功能组：在“页眉”和“页脚”以及“节”之间进行切换。
- “选项”功能组：可以设置“首页不同”和“奇偶页不同”。
- “位置”功能组：可以设置页眉和页脚的距离。
- “关闭”功能组：单击“关闭页眉和页脚”按钮可以退出页眉页脚的编辑状态。

（2）首页不同

有时要求首页与其他页设置不同，如首页没有页眉页脚。具体操作步骤如下。

1）双击页眉区，激活“页眉和页脚工具”选项卡。

2）将“选项”功能组中的“首页不同”前的复选框选中，在第一页的页眉处会出现“首页页眉”，在第一页的页脚处会出现“首页页脚”，如图 3-92 所示，在文本处输入内容即可。

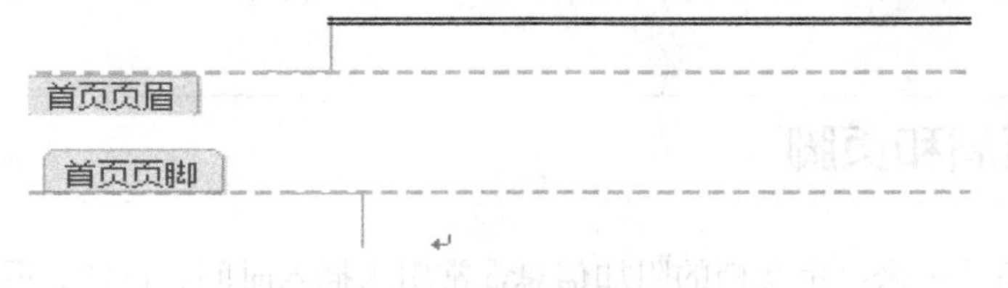

图 3-92　首页不同的设置

3）从第二页起，在页眉和页脚区可以为其他页设置相同的页眉页脚，如图 3-93 所示。

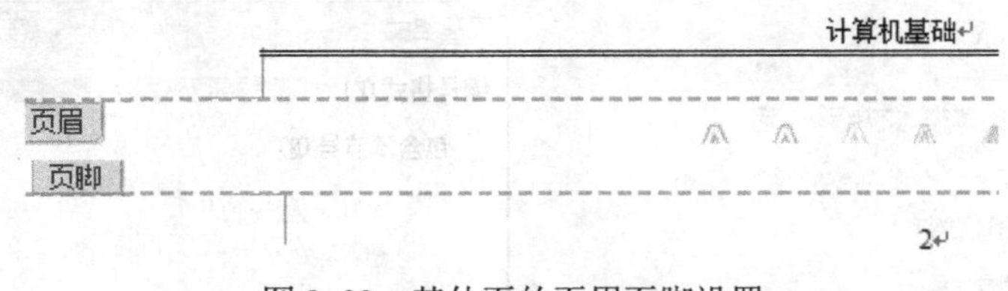

图 3-93 其他页的页眉页脚设置

（3）奇偶页不同

在编辑文档时，有时需要设置不同的奇偶页页眉页脚，具体操作步骤如下。

1）双击页眉区，激活“页眉和页脚工具”选项卡。

2）将“选项”功能组中的“奇偶页不同”前的复选框选中，在奇数页的页眉处会出现“奇数页页眉”，页脚处会出现“奇数页页脚”，如图 3-94 所示，在文本处输入内容完成奇数页的设置。

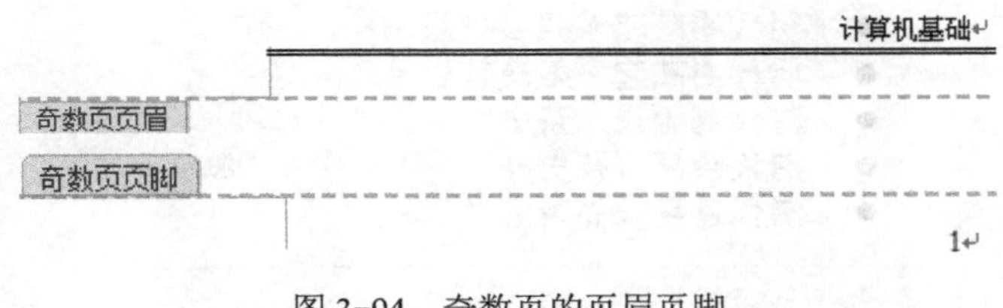

图 3-94 奇数页的页眉页脚

3）鼠标向下滑动至偶数页，会看到如图 3-95 所示的偶数页页眉和页脚，输入完成偶数页的页眉页脚设置。

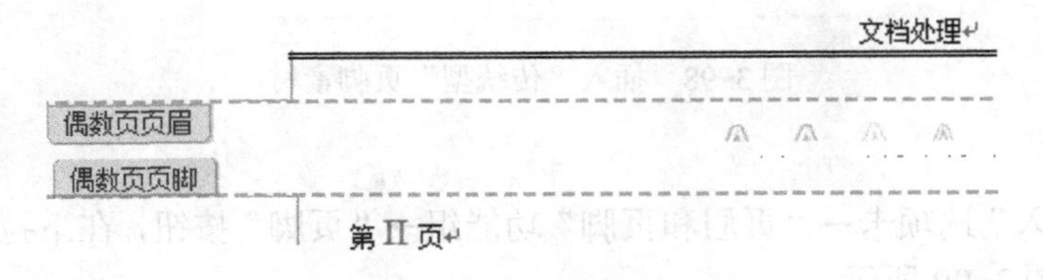

图 3-95 偶数页的页眉页脚

若同时要求首页不同和奇偶页不同的话可以同时将以上两个选项选中。

3. 添加页码

单击“插入”选项卡→“页眉页脚”功能组→“页码”按钮，如图 3-96 所示，根据页码在文档中显示的位置，在其下拉列表中可选择“页面顶端”“页面底端”“页边距”“当前位置”等。

提示： 默认的页码从 1 开始计数，根据需要也可以设置不同的页码格式，选择图 3-96 中“设置页码格式”选项，在出现的对话框中进行相关设置，如图 3-97 所示。

实例 3.10 插入页脚

3-6 插入页脚

【操作要求】如图 3-98 所示，插入“传统型”页脚于第二节，起始页码应从 1 开始。

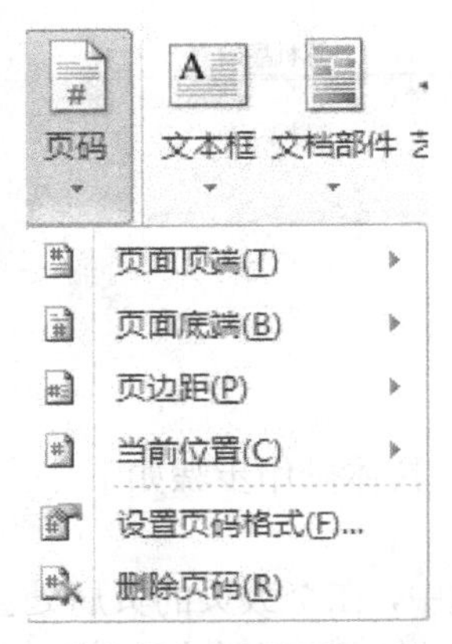

图 3-96　添加页码

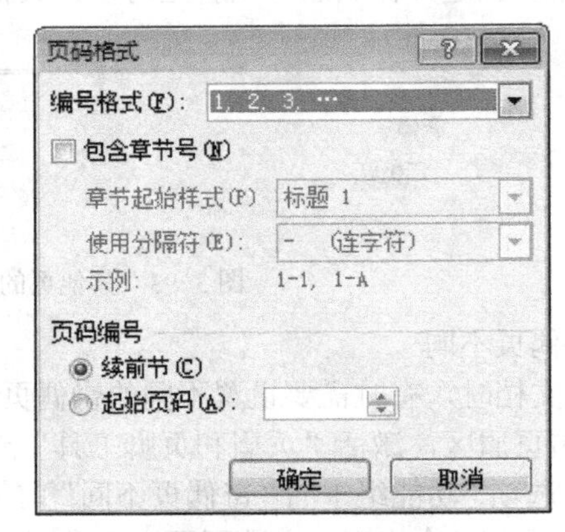

图 3-97　自定义页码格式

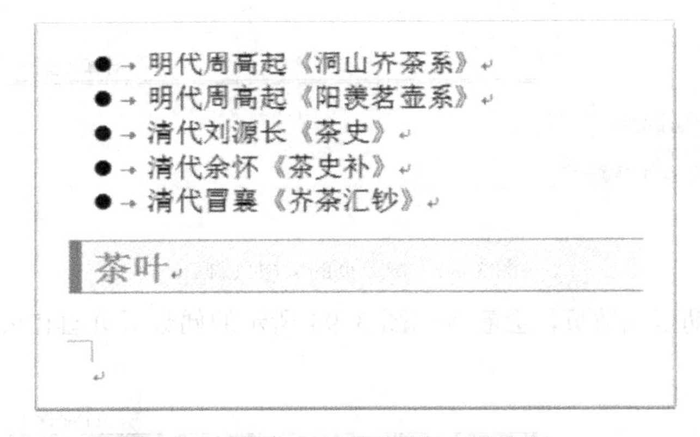

图 3-98　插入“传统型”页脚素材

【操作步骤】

1）单击“插入”选项卡→“页眉和页脚”功能组→“页脚”按钮，在下拉列表中选择“传统型”选项，如图 3-99 所示。

图 3-99　插入“传统型”页脚

2）在第2节的页脚中出现页码“2”，如图3-100所示。单击“页眉和页脚工具”选项卡→“设计”选项卡→“页眉和页脚”功能组→“页码”按钮，在下拉列表中选择“设置页码格式”选项。

图3-100　默认下插入的页脚页码

3）在出现的“页码格式”对话框中，“页码编号”下选择“起始页码”，后面的文本框中输入“1”，如图3-101所示，单击“确定”按钮。

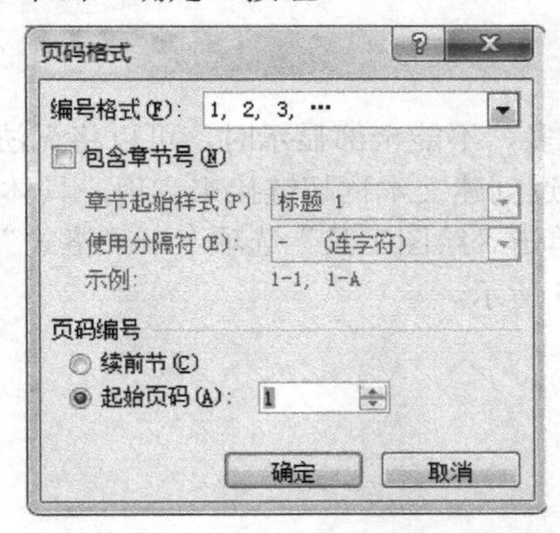

图3-101　“页码格式”对话框设置

4）单击“关闭页眉和页脚”按钮完成操作。完成后的效果如图3-102所示。

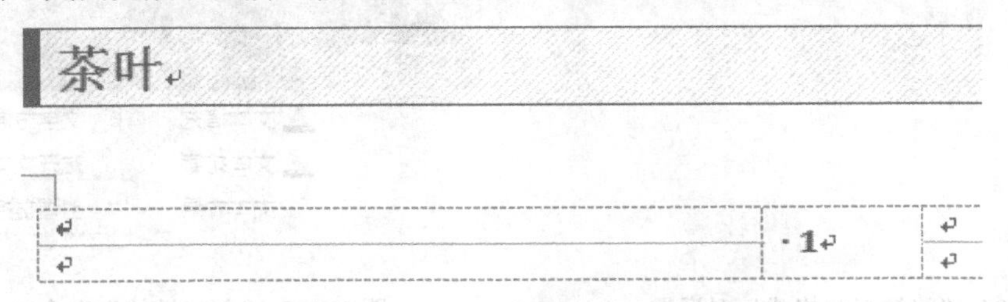

图3-102　完成效果图

3.6 插入文本对象

3.6.1 插入文本框

在文档中使用文本框可以将文字或其他图形、图片、表格等对象在页面中独立于正文放置，并方便地定位。文本框中的内容可以在框中进行任意调整。Word 2016 内置了一系列具有特定样式的文本框。单击“插入”选项卡→“文本”功能组→“文本框”按钮，选择相应的内置样式。

（1）绘制文本框

单击“插入”选项卡→“文本”功能组→“文本框”按钮，在下拉列表中选择“绘制文本框”选项，指针会显示为十字，移到指定位置按住鼠标左键进行拖动，拖动到合适大小松开鼠标即完成了文本框的绘制（此时绘制的是横排文本框），然后在文本框中输入文字内容，如图 3-103 所示。

如果选择“绘制竖排文本框”，则在文本框中输入的文字方向为竖排。

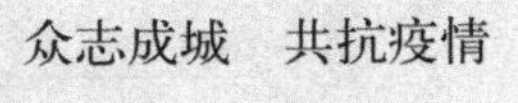

图 3-103　插入横排文本框效果

（2）设置文本框格式

选中文本框，右击并在快捷菜单中选择“设置形状格式”选项，即可对文本框的格式进行设置，如图 3-104 所示。

（3）文本框创建超链接

当一个文本框中的内容过多，不能全部显示时，可以将无法显示出来的内容在第二个或更多的文本框中显示，可以通过创建文本框超链接来实现，具体步骤如下。

1）选中第一个文本框，单击“绘图工具”选项卡→“格式”选项卡→“文本”功能组→“创建链接”按钮，如图 3-105 所示。

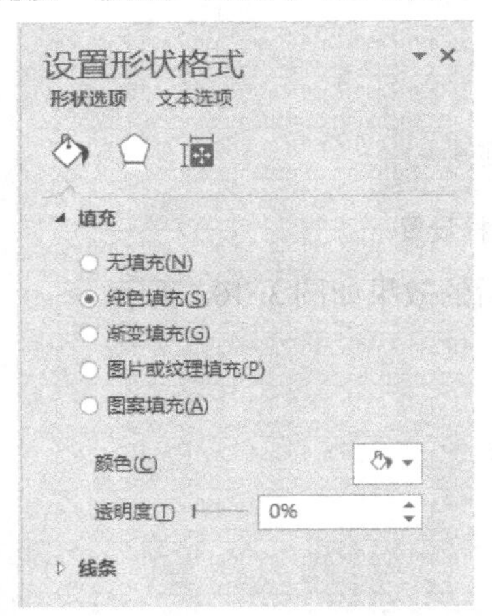

图 3-104　“设置形状格式”对话框

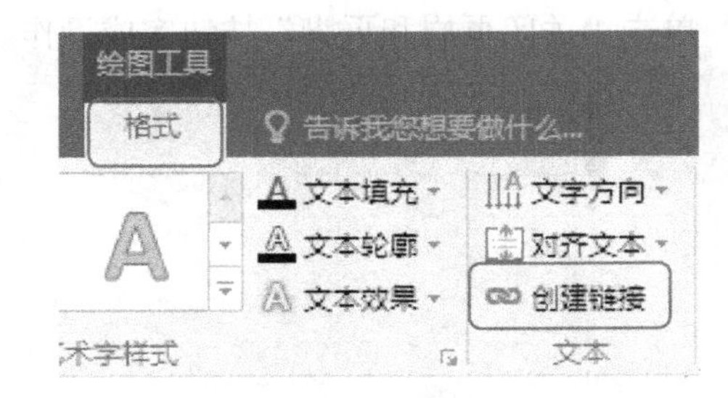

图 3-105　“创建链接”命令

2）鼠标指针变成了茶杯状，将鼠标指针移至第二个文本框内单击，这样就实现了两个文本框之间的链接。

3）如果需要，还可以设置第二个文本框和第三个文本框之间的链接。

提示：只有空的文本框才可以被设置为链接目标；如果要取消文本框之间的链接，只需要再次右击文本框边框，在弹出的快捷菜单中选择“断开向前链接”就可以了。

实例 3.11　文本框应用

3-7
插入文本框

【操作要求】如图 3-106 所示，将所有文字内容置于高 5.5 厘米、宽9.1厘米的文本框内，并填充“花束”纹理（注意：水平位置需对齐右侧栏0厘米，垂直位置需对齐段落下侧0厘米）。

办 公 达 人 夏 令 营

入 场 证

培训地点：xx会议室

时间：2021/9/26 09:00 AM

场次编号：WOL00100

图3-106　插入文本框素材

【操作步骤】

1）选中全部文本，单击“插入”选项卡→“文本”功能组→“文本框”按钮，在下拉列表中选择“绘制文本框”选项，则实现将全部内容置于文本框中。

2）选中文本框，在“绘图工具”选项卡→“格式”选项卡→“大小”功能组中将高度调整为5.5厘米，宽度调整为9.1厘米，如图3-107所示。

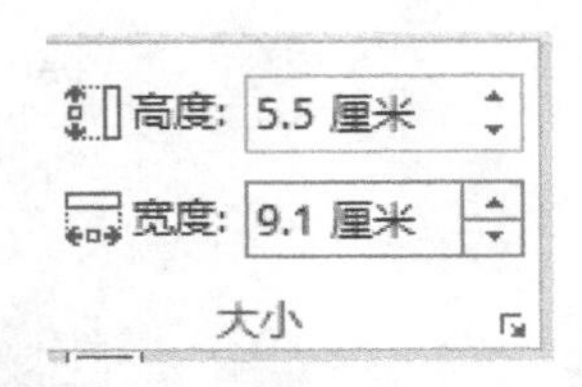

图3-107　设置文本框大小

3）选中文本框，单击“绘图工具”选项卡→“格式”选项卡→“形状样式”功能组→“形状填充”按钮，在下拉列表中选择“纹理”→“花束”选项，如图3-108所示。

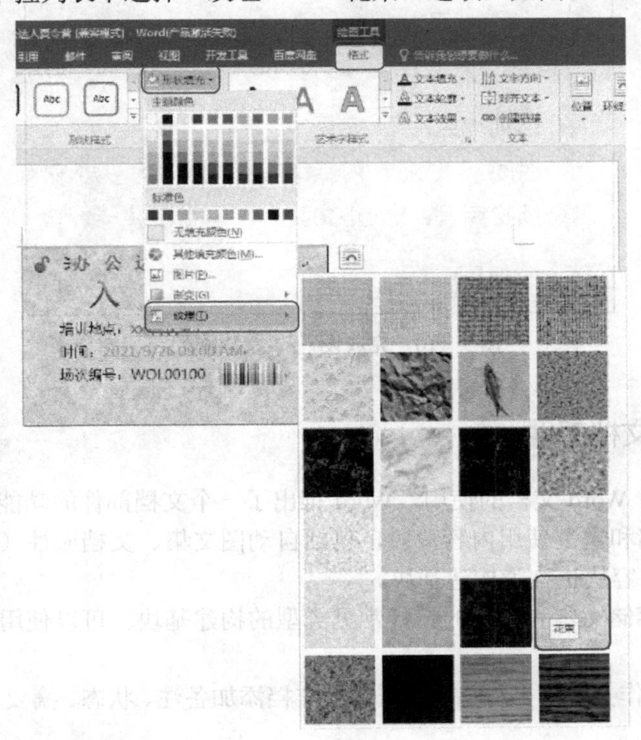

图3-108　填充花束纹理

4）选中文本框，单击“绘图工具”选项卡→“格式”选项卡→“排列”功能组→“位置”按钮，在下拉列表中选择“其他布局选项”选项，打开“布局”对话框。单击“位置”选项卡，在“水平”栏选择“绝对位置”“0 厘米”，在其后“右侧”选择“栏”；在“垂直”栏选择“绝对位置”“0 厘米”，在其后“下侧”选择“段落”，如图 3-109 所示。单击“确定”按钮完成设置，完成设置后的文本框如图 3-110 所示。

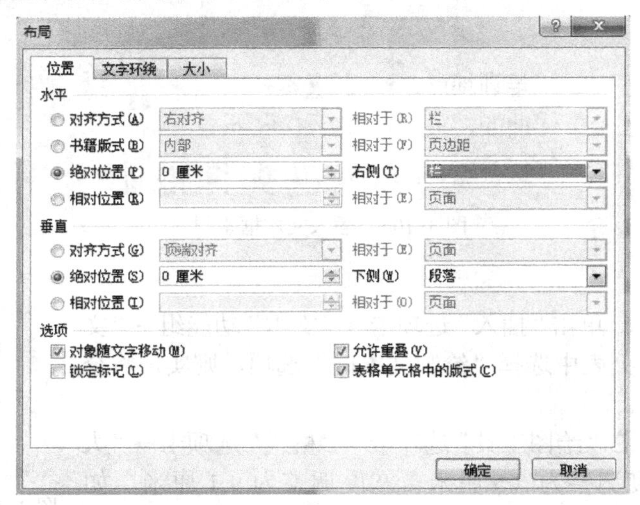

图 3-109　文本框位置设置

图 3-110　完成设置的文本框效果

3.6.2　插入文档部件

为了方便人们对 Word 文档的使用，Word 推出了一个文档部件的功能，可以使用“文档部件”库创建、存储和重复使用内容片段，包括自动图文集、文档属性（如标题和作者）和域。这些可重用的内容块也称为构建基块。

自动图文集是存储文本和图形的一种常见类型的构建基块。可以使用构建基块管理器查找或编辑构建基块。

在使用 Word 制作文档时，人们常常需要为文档添加备注、状态、摘要、作者等相关属性，即文档属性。

文档部件“域”是 Word 中的一种特殊命令，它由花括号、域名（域代码）及选项开关构成。其应用非常广泛，可以在文档中自动插入字符、图形、公式、页码和其他资料。域代码类似于公式，域选项开关是特殊指令，在域中可触发特定的操作，按〈Ctrl+F9〉组合键可插入域，右键更新域即可得到域结果；按〈Ctrl+Shift+F9〉组合键可解除域和信息源的链接，将域结果转变为静态文本。

实例 3.12　插入文档属性

【操作要求】如图 3-111 所示，插入“条纹型”样式的页脚，并使用文档属性的“标题”属性替换“键入文字”内容。

古城、游塔河赏胡杨、进轮台见石油、入塔中观沙海，令无数中外游客和摄影爱好者如约前来踏青、拾贝，倾情讴歌大漠长河的壮美。

图 3-111　文档素材

【操作步骤】

1）单击“插入”选项卡→“页眉和页脚”功能组→“页脚”按钮，在下拉列表中选择“条纹型”选项，则在页脚处出现“条纹型”样式的页脚，如图 3-112 所示。

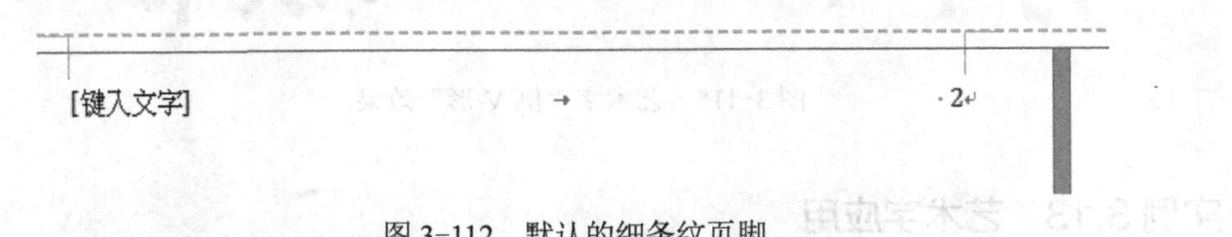

图 3-112　默认的细条纹页脚

2）选中“键入文字”，单击“页眉和页脚工具”选项卡→“设计”选项卡→“插入”功能组→“文档部件”按钮，在下拉列表中选择“文档属性”→“标题”选项，则实现用“标题”属性替换“键入文字”内容，如图 3-113 所示。

中国十大国家级森林公园简介　　2

图 3-113　页脚插入标题属性

3）单击“关闭页眉和页脚”按钮，完成操作。

3.6.3 插入艺术字

艺术字是指具有艺术效果的文字。

（1）插入艺术字

单击“插入”选项卡→“文本”功能组→“艺术字”按钮。在如图 3-114 所示的下拉列表中选择一种艺术字样式（如第三排第三列），在出现的文本框中输入相应的文字即可。

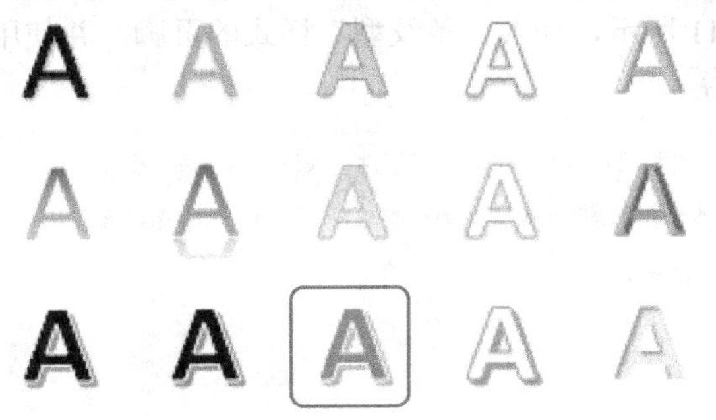

图 3-114 “艺术字”样式列表

（2）设置艺术字格式

艺术字插入到文档中后，可以对其格式进行修改和设置。主要步骤如下。

双击需要调整格式的艺术字，在“绘图工具”选项卡→“格式”选项卡中，对艺术字进行如形状样式（形状填充、形状轮廓、形状效果）、艺术字样式（文本填充、文本轮廓、文本效果）、排列（位置、自动换行、对齐、旋转）和大小方面的效果设置。如将艺术字进行“艺术字样式”→“文本效果”→“转换”→“倒 V 形”效果设置，得到如图 3-115 所示的效果。

为中华之崛起而读书

图 3-115 艺术字“倒 V 形”效果

实例 3.13 艺术字应用

【操作要求】使用如图 3-116 所示的文档素材，将第一段文字“乔迁开业店庆”更改为艺术字，格式为“填充—红色，着色 2，轮廓—着色 2”，水平对齐方式相对于页面居中对齐，垂直对齐方式相对于页面顶端对齐。

3-8 插入艺术字

【操作步骤】

1）选中文字“乔迁开幕店庆”（注意不要选回车符，以免影响下一段的格式设置），单击“插入”选项卡→“文本”功能组→“艺术字”按钮，在下拉列表中选择“填充—红色，着色

2，轮廓一着色 2”样式，如图 3-117 所示。

图 3-116 插入艺术字文档素材

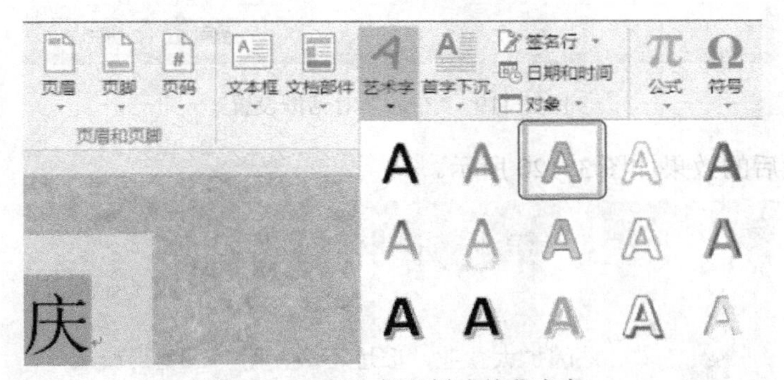

图 3-117 插入指定样式的艺术字

2）选中艺术字，单击“绘图工具”选项卡→“格式”选项卡→“排列”功能组→“位置”按钮，在下拉列表中选择“其他布局选项”选项，如图 3-118 所示，打开“布局”对话框。

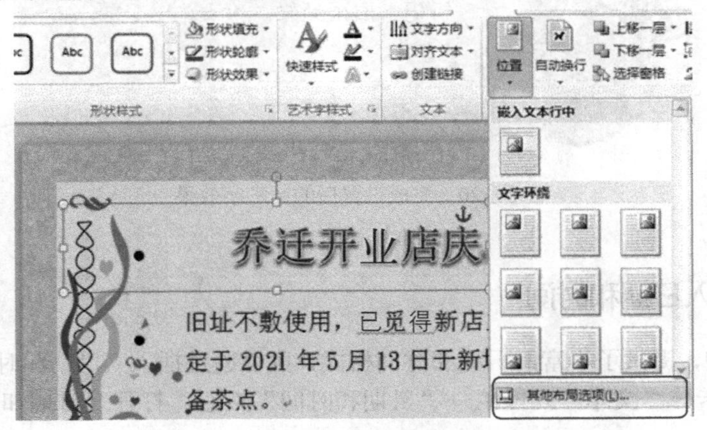

图 3-118 设置艺术字的位置选项

3）在“布局”对话框中，单击“位置”选项卡，在“水平”栏单击“对齐方式”，其后的下拉列表中选择“居中”，“相对于”后的列表中选择“页面”；在“垂直”栏单击“对齐方式”，其后的下拉列表中选择“顶端对齐”，“相对于”后的列表中选择“页面”，如图 3-119

所示，单击“确定”按钮。

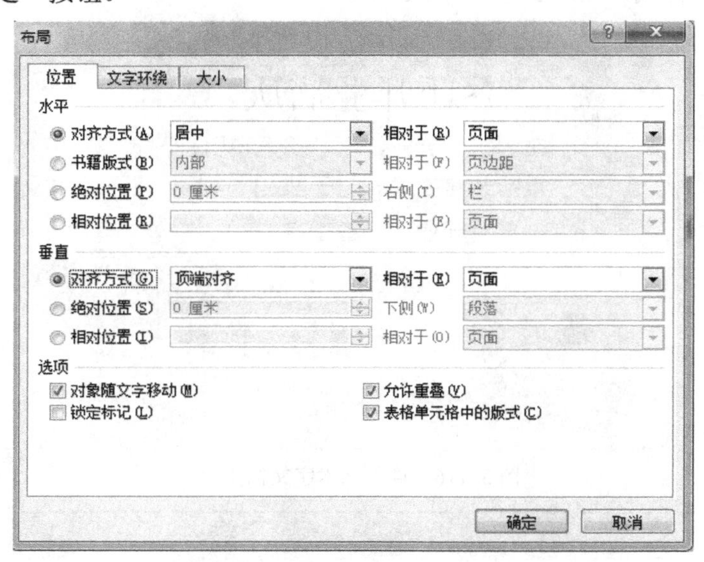

图 3-119 “布局”对话框设置

4）完成设置后的效果如图 3-120 所示。

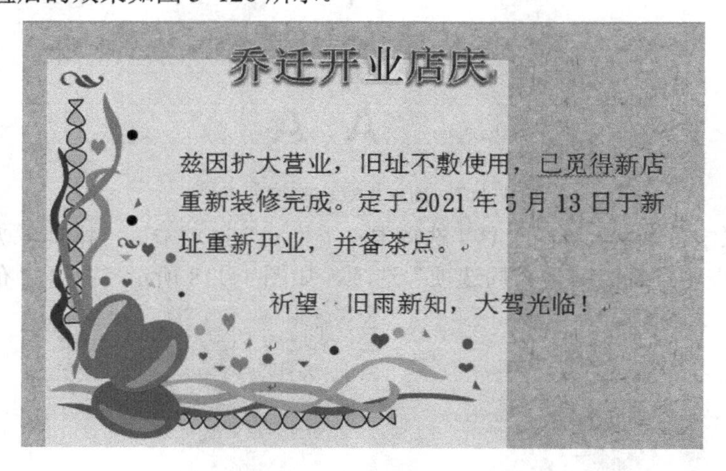

图 3-120 完成设置后的艺术字效果

3.6.4 插入日期和时间

Word 2016 中，提供了丰富的日期和时间格式，可以通过插入“日期和时间”来实现。单击“插入”选项卡→“文本”功能组→“日期和时间”按钮，打开“日期和时间”对话框，如图 3-121 所示。

在对话框的右侧“语言（国家/地区）(L):”的下拉列表中选择“中文（中国)”，则在对话框的左侧“可用格式（A):”的列表中显示该语言下可用的日期和时间格式，选择需要的即可，在对话框的右下角根据需要将“使用全角字符”和“自动更新”前的复选框选中。单击

“确定”按钮即可插入指定格式的日期和时间。

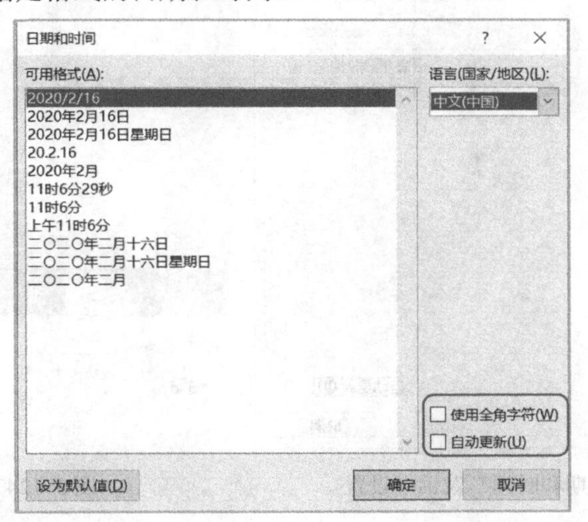

图 3-121　日期和时间对话框

实例 3.14　插入日期和时间并编辑

【操作要求】使用如图 3-122 所示的文档素材，在页脚文字“制表日期：”右方插入日期和时间，如 2020/2/16，格式：14 磅、Arial、加粗，日期和时间自动更新。

图 3-122　插入日期和时间的文档素材

【操作步骤】

1）双击页脚进行激活，将指针定位在“制表日期：”文字的后面，单击“插入”选项卡→“文本”功能组→“日期和时间”按钮，打开“日期和时间”对话框。

2）在对话框的右侧“语言（国家/地区）（L）：”的下拉列表中选择“中文（中国）”选项，在对话框的左侧“可用格式（A）：”的列表中选择“2020/2/16”选项，在对话框的右下角将“自动更新”前的复选框选中，如图 3-123 所示，单击“确定”按钮。

3）选中插入的日期文本，在“开始”选项卡→“字体”功能组中，将字体设置为“Arial”，字号设置为“14”，选中“加粗”按钮，如图 3-124 所示。

4）单击“关闭页眉和页脚”按钮，退出页脚编辑状态，完成设置的页脚效果如图 3-125 所示。

3.6.5　首字下沉

首字下沉是指设置段落的第一行第一字字体变大，并且向下一定的距离，段落的其他部分保持原样。Word 2016 中的首字下沉效果设置的步骤如下。

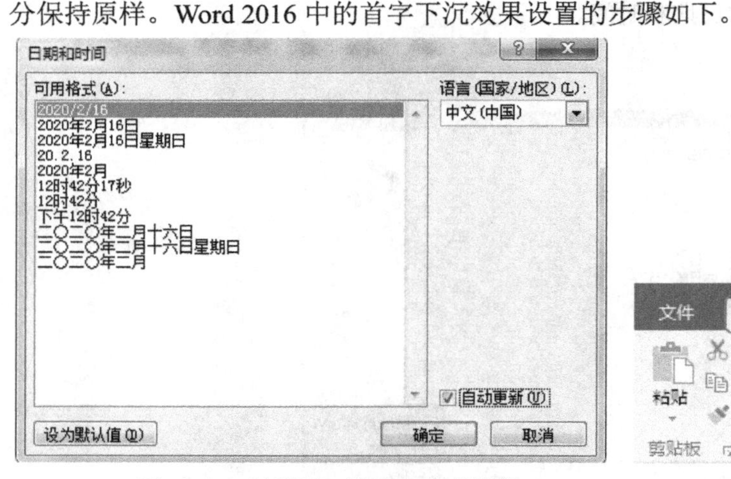

图 3-123 “日期和时间”对话框设置

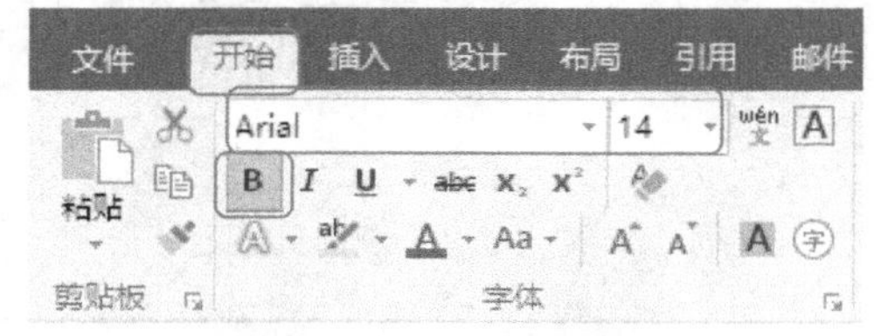

图 3-124 字体格式设置

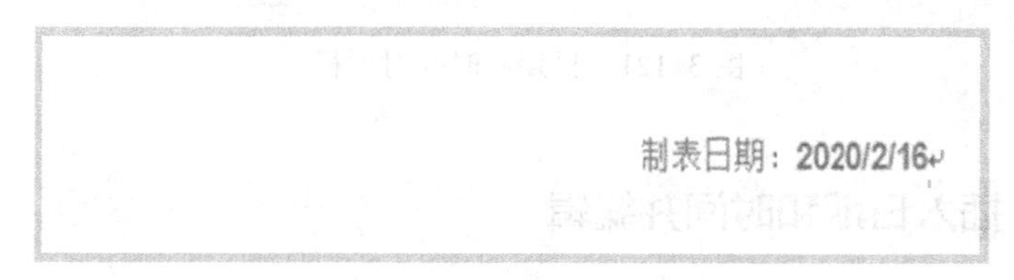

图 3-125 页脚设置完成效果图

1）把指针移到需要设置首字下沉的段落中，单击“插入”选项卡→“文本”功能组→“首字下沉”按钮。

2）首字下沉的位置有三个选项，分别是无、下沉和悬挂，根据需要进行选择，如果要进行详细的设置可以选择“首字下沉选项”选项，如图 3-126 所示。

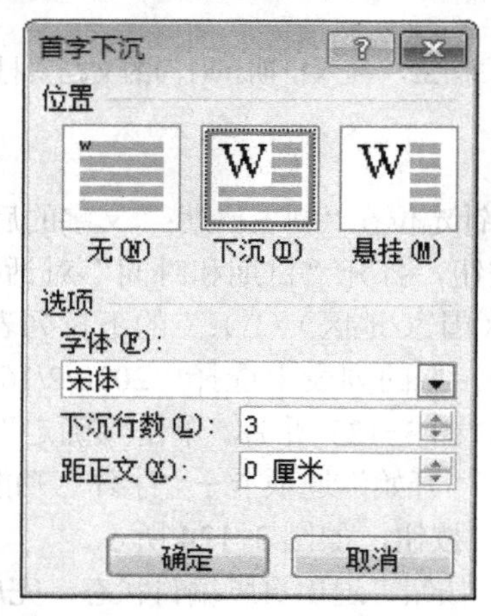

图 3-126 “首字下沉”对话框

实例 3.15 首字下沉设置

【操作要求】使用如图 3-127 所示的文档素材，将第一段红色文字“玉”设为首字下沉，位置为下沉、下沉3行高度、字体为“幼圆”（注意：接受其他默认设置）。

玉字始见于中国最古的文字：商代甲骨文和钟鼎文中。汉字曾造出从玉的字近500个，而用玉组词更是无计其数，汉字中的珍宝等都与玉有关，后世流传的“宝”字，是“玉”和“家”的合字，这是以“玉”被私有而显示出它的不可替代的价值。

图3-127　设置首字下沉文档素材

【操作步骤】

1）将指针定位在第一段中（只要在第一段中即可，不需要选中第一个字），单击“插入”选项卡“文本”功能组→“首字下沉”按钮，在下拉列表中选择“首字下沉选项”选项，打开“首字下沉”对话框。

2）在“位置”栏选择“下沉”选项，在“字体”下方的下拉列表中选择“幼圆”选项，“下沉行数”后输入“3”，如图3-128所示。

图3-128　首字下沉对话框设置

3）单击“确定”按钮，完成设置的效果如图3-129所示。

玉字始见于中国最古的文字，商代甲骨文和钟鼎文中。汉字曾造出从玉的字近500个，而用玉组词更是无计其数，汉字中的珍宝等都与玉有关，后世流传的“宝”字，是“玉”和“家”的合字，这是以“玉”被私有而显示出它的不可替代的价值。

图3-129　首字下沉设置后效果

3.6.6　插入嵌入对象

对象，一般是指插入到当前文档中的一个信息实体，如在文档中插入的一张图片或一个Excel表格等。对象可以直接由某一个应用程序新建，也可以由文件来创建。

在进行文档编辑时，经常需要将整个文件作为对象插入到当前文档中，然后可以调用创建此文件的应用程序进行编辑，具体操作步骤如下。

1）单击“插入”选项卡→“文本”功能组→“对象”按钮，在下拉列表中选择“对象”选项，打开如图 3-130 所示的“对象”对话框。

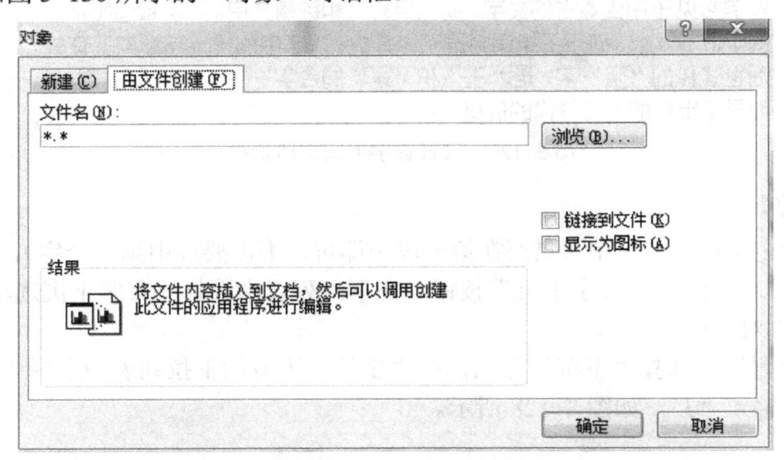

图 3-130　插入“对象”对话框

2）单击“由文件创建”选项卡，然后单击“浏览”按钮，打开“浏览”对话框，找到要插入的文件后单击“插入”按钮，回到“对象”对话框，如图 3-131 所示。

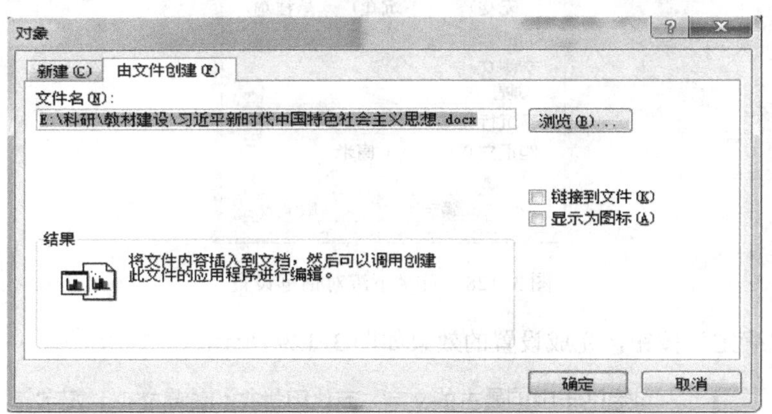

图 3-131　选定插入对象后的“对象”对话框

3）在图 3-130 中可以直接单击“确定”按钮，将文件内容插入到文档中；可以选择以图标的形式插入到文档中（将“显示为图标”前的复选框选中）；若将“链接到文件”前的复选框选中，则源文件的编辑结果将会显示在当前文档中。

实例 3.16　插入文件对象

【操作要求】使用如图 3-132 所示的文档素材，在“详细资料：”右方插入一个图标，以开启位于“素材”文件夹中名为“详细资料.xlsx”的工作簿，然后将图标的题注更改为“详细数据”（注意：接受其他默认设置）。

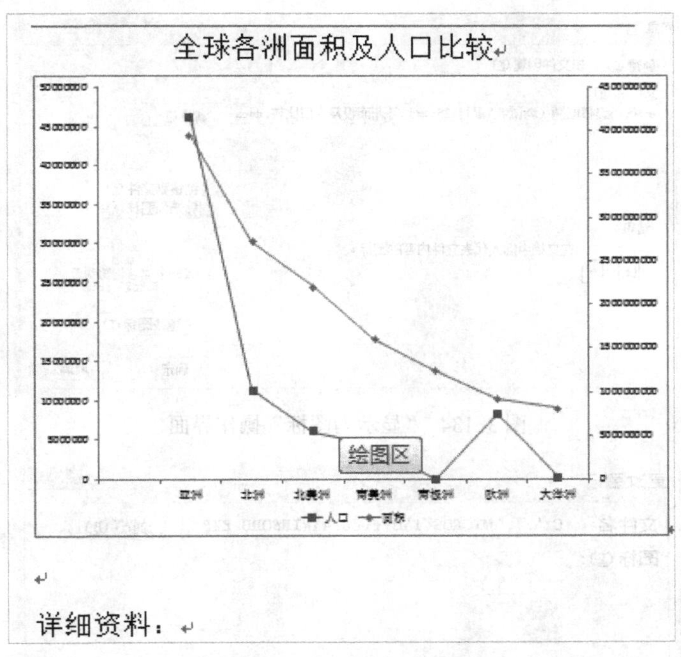

图 3-132　插入对象的文档素材

【操作步骤】

1）将指针定位在插入位置，单击“插入”选项卡→“文本”功能组→“对象”，在下拉列表中选择“对象”选项，打开“对象”对话框。

2）在“对象”对话框中，单击“由文件创建”选项卡，单击“浏览”按钮，打开“浏览”对话框，找到文件“详细资料.xlsx”，单击“插入”按钮，返回“对象”对话框，如图 3-133 所示。

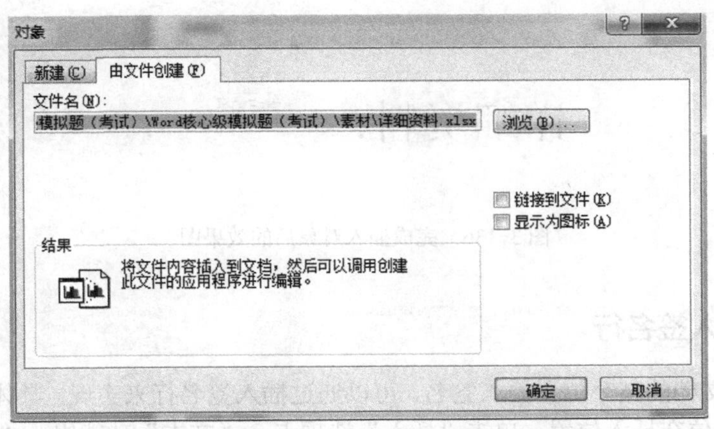

图 3-133　选定插入对象后的“对象”对话框

3）将“显示为图标”前的复选框选中，则在“显示为图标”下方出现 Word 文件图标和“更改图标”按钮，如图 3-134 所示。

4）单击“更改图标”按钮，打开“更改图标”对话框，在“题注”后文本框中输入“详细数据”，单击“确定”按钮，如图 3-135 所示。

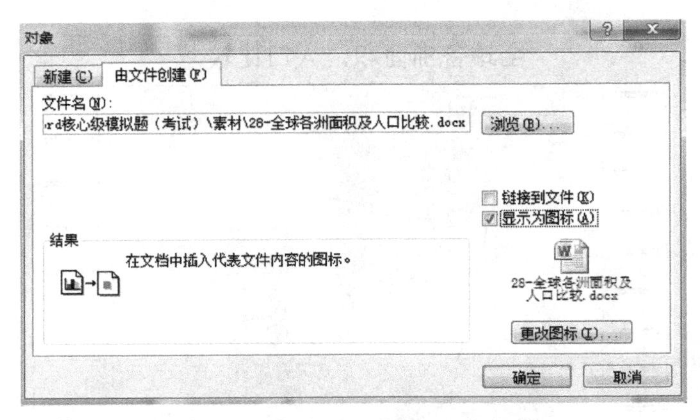

图 3-134 “显示为图标”操作界面

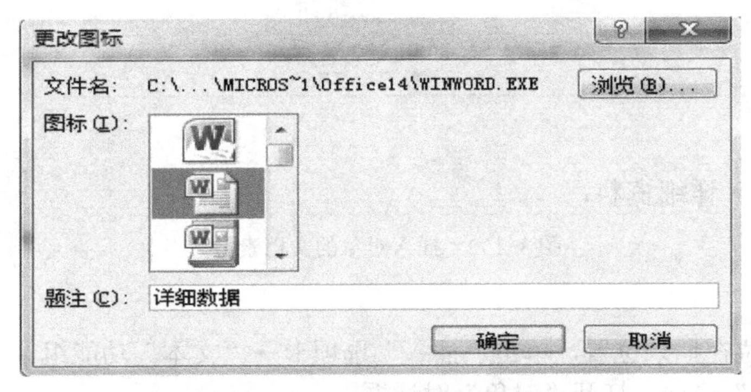

图 3-135 “更改图标”对话框

5）返回到“对象”对话框，单击“确定”按钮完成操作，效果如图 3-135 所示。

图 3-136 完成插入对象后的效果图

3.6.7 插入签名行

有时需要在文档的某个位置插入签名，可以通过插入签名行来实现，具体操作步骤如下。

1）将指针定位在插入位置，单击“插入”选项卡→“文本”功能组→“签名行”按钮，在下拉列表中选择“Microsoft Office 签名”选项，在打开的对话框中单击“确定”按钮，打开“签名设置”对话框，如图 3-137 所示。

2）在“签名设置”对话框中，完成设置后单击“确定”按钮，则在文档中出现签名行，如图 3-138 所示，在回车位置输入签名即可。

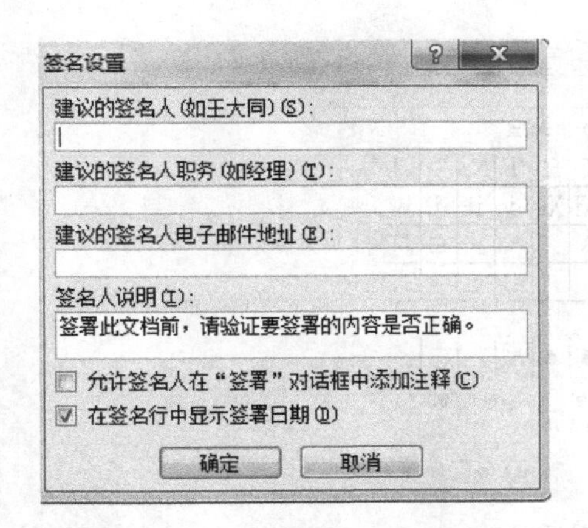

图 3-137 “签名设置”对话框

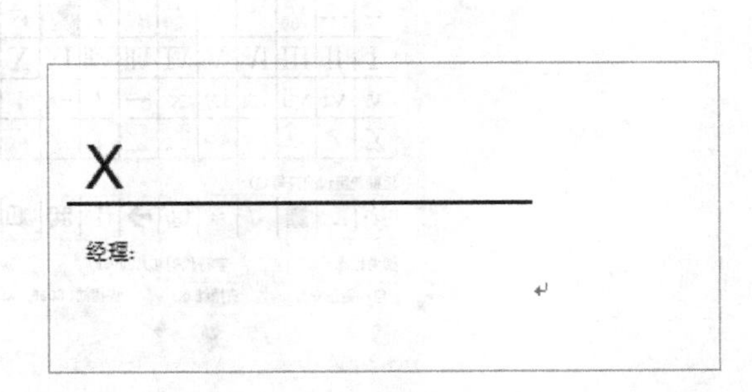

图 3-138 插入“签名行”后效果图

3.7 插入公式、符号和编号

在 Word 2016 中，插入符号功能组中包含“公式”“符号”和“编号”三类对象，下面分别进行介绍。

3.7.1 插入公式

公式编辑器是插入和编辑公式必不可少的工具，利用它能够顺利地把公式插入到文档中，操作步骤如下。

1）单击“插入”选项卡→“符号”功能组→“公式”按钮。

2）在下拉列表中选择“内置”公式中最接近于要插入的公式，这样在插入公式的同时可以激活公式编辑器，用户就可以在标题栏里看到“公式工具”字样，对公式进行编辑，如图 3-139 所示。

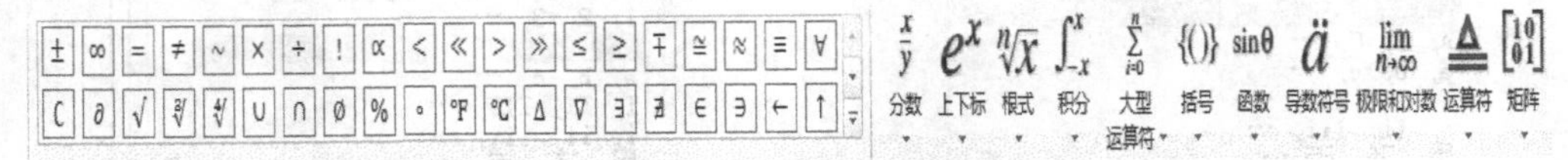

图 3-139 公式编辑器

3.7.2 插入符号

在 Word 2016 中，用户可以通过“符号”对话框插入任意字体的任意字符和特殊符号，操作步骤如下。

1）将指针定位在要插入符号的位置，单击“插入”选项卡→“符号”功能组→“符号”按钮，在下拉列表中若没有要插入的符号，则单击“其他符号”命令，打开“符号”对话框，如图 3-140 所示。

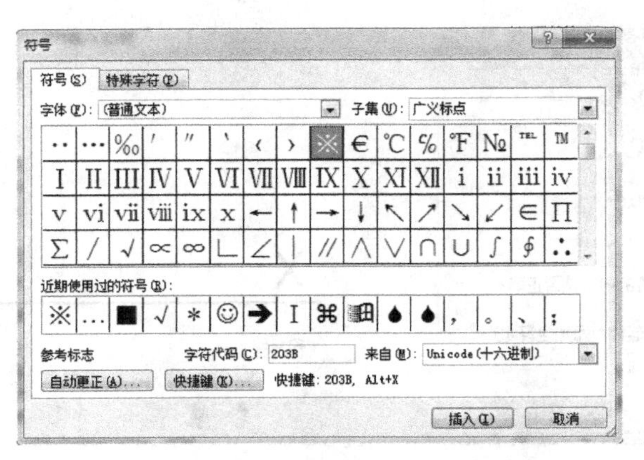

图 3-140 “符号”对话框

2）找到要插入的符号后，单击“插入”按钮，则将选定的符号插入到指定位置。

3）若要插入特殊字符，则单击“特殊字符”选项卡，找到要插入的特殊符号，选定后单击“插入”按钮即可。

3.7.3 插入编号

在 Word 2016 中，如果要在文档中某个位置插入编号，用户可以通过“编号”对话框插入指定类型的编号，操作步骤如下。

1）将指针定位在要插入编号的位置，单击“插入”选项卡→“符号”功能组中的“编号”按钮，打开“编号”对话框，如图 3-141 所示。

2）在“编号”下方的框中插入编号数字，如“3”，在“编号类型”下方的列表中选择一种类型，如“A,B,C,…”，如图 3-142 所示。

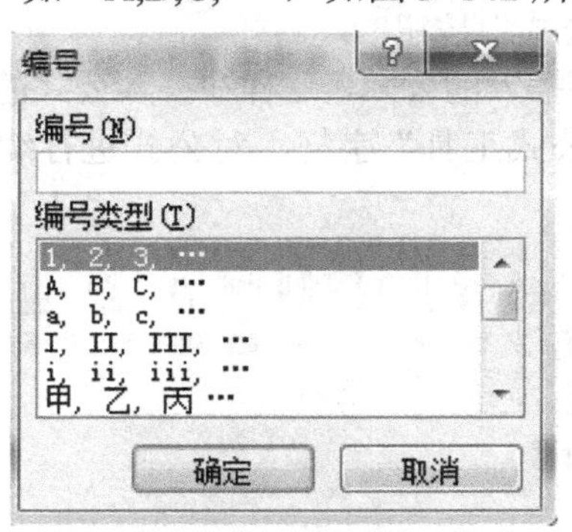

图 3-141 “编号”对话框

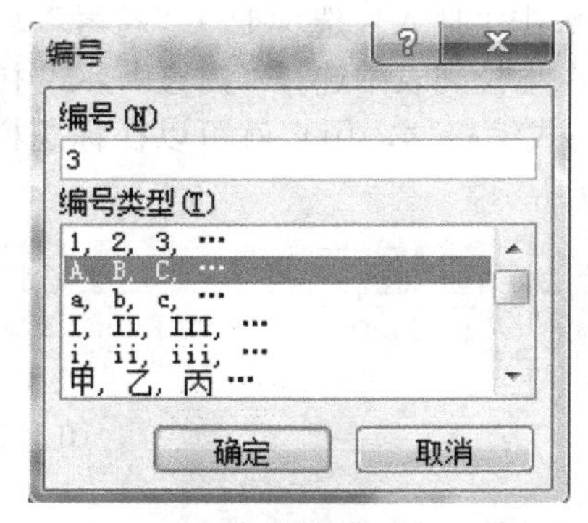

图 3-142 编号类型设置对话框

3）单击“确定”按钮，则在指定位置插入编号“C”。

3.8 综合案例

阅读文档“抗疫实践彰显中国特色社会主义制度的显著优势.docx”内容，按照要求完成练习。

练习 1　在第一段中插入图片“众志成城抗击疫情.jpg”，图片大小缩放为 20%，四周型文字环绕，水平对齐方式相对于栏右对齐，垂直对齐方式为绝对位置段落下侧 0 厘米。

【操作步骤】

1）指针定位在第一段中任意位置，单击“插入”选项卡→“插图”功能组→“图片”按钮，打开“插入图片”对话框，找到图片所在位置，选定图片文件“众志成城抗击疫情.jpg”后单击“插入”按钮，将图片插入到文档中。

2）单击“图片工具”选项卡→“格式”选项卡→“大小”功能组中右下角的展开按钮，打开“布局”对话框，单击“大小”选项卡，将“缩放”的“高度”和“宽度”改为 20%；单击“文字环绕”选项卡，选择“环绕方式”→“四周型”选项；单击“位置”选项卡，单击“水平”→“对齐方式”单选按钮，其后下拉列表中选择“右对齐”，“相对于”后下拉列表中选择“栏”，单击“垂直”下的“绝对位置”单选按钮，其后文本框中输入“0 厘米”，“下侧”后下拉列表中选择“段落”，单击“确定”按钮完成图片的设置。完成设置后的图片效果如图 3-143 所示。

制度优势是一个国家的最大优势，制度稳则国家稳。这次新冠肺炎疫情，作为新中国成立以来在我国发生的传播速度最快、感染范围最广、防控难度最大的一次重大突发公共卫生事件，是对国家治理体系和治理能力的一次大考。以习近平同志为核心的党中央，高瞻远瞩、运筹帷幄，充分运用制度威力应对风险挑战的冲击，领导全国疫情防控阻击战取得重大战略成果，统筹推进疫情防控和经济社会发展工作取得积极成效。这再次彰显了中国共产党领导和中国特色社会主义制度的显著优势。

图 3-143　图片设置完成后效果图

练习 2　在第二段“彰显了人民至上的价值优势”上方插入“射线循环”型 SmartArt 图形，中心图形内文本为“抗疫实践彰显中国特色社会主义制度的显著优势”，其他图形内文本依次为“彰显了人民至上的价值优势”“彰显了党的集中统一领导的政治优势”“彰显了全国一盘棋的合力优势”“彰显了坚持全面依法治国的法治优势”；更改颜色为“彩色-个性色”，设为“三维”“优雅”样式。

【操作步骤】

1）指针单击第二段任意位置，单击“插入”选项卡→“插图”功能组→“SmartArt”按钮，打开“选择 SmartArt 图形”对话框，左侧类型选择“循环”选项，右侧选择“射线循环”选项，如图 3-144 所示，单击“确定”按钮，即可插入 SmartArt 图形。

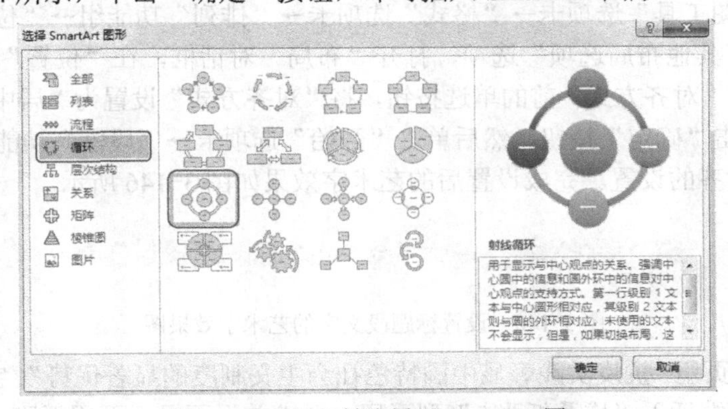

图 3-144　插入射线循环 SmartArt 图

2）单击中心图形文本区，输入“抗疫实践彰显中国特色社会主义制度的显著优势”，依次为其他四个图形输入题目给定的文本即可。

3）选定 SmartArt 图形，单击“SmartArt 工具”选项卡→“设计”选项卡→“SmartArt 样式”组→“更改颜色”按钮，在下拉列表中选择“彩色”下方的第一个图标“彩色-个性色”选项，单击样式列表右侧的下拉展开按钮，在展开的列表中单击“三维”下方的第一个样式图标“优雅”，完成样式的设置。

4）选中 SmartArt 图形，拖放到第一段和第二段之间，完成后效果如图 3-145 所示。

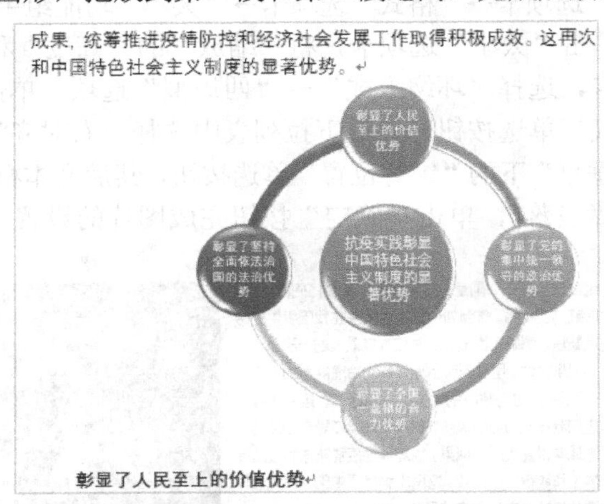

图 3-145　射线循环 SmartArt 图完成设置后效果图

练习 3　将标题段文字“抗疫实践彰显中国特色社会主义制度的显著优势”设置为“填充-橙色，着色 2，轮廓-着色 2”效果的艺术字；字体设置为微软雅黑、三号、加粗；居中对齐。

【操作步骤】

1）选中标题段文字“抗疫实践彰显中国特色社会主义制度的显著优势”，单击“插入”选项下→“文本”功能组→“艺术字”按钮，从下拉列表中选择“填充-橙色，着色 2，轮廓-着色 2”选项，完成艺术字的插入。

2）依次单击“开始”选项卡→“字体”功能组→“字体”“字号”下拉按钮选择“微软雅黑”“三号”，单击“加粗”按钮，完成字体的设置。

3）单击“绘图工具”选项卡→“格式”选项卡→“排列”功能组→“位置”按钮，在展开的列表中选择“其他布局选项”选项，打开“布局”对话框，在“位置”选项卡下的“水平”设置项中单击“对齐方式”前的单选按钮，将“对齐方式”设置为“居中”，将“相对于”设置为“栏”，单击“确定”按钮，然后单击“开始”选项卡→“段落”功能组→“居中”按钮即可完成居中对齐的设置。完成设置后的艺术字效果如图 3-146 所示。

抗疫实践彰显中国特色社会主义制度的显著优势

图 3-146　设置标题段文字的艺术字效果图

练习 4　插入页眉“抗疫实践彰显中国特色社会主义制度的显著优势”，字体颜色为红色，右对齐，在页面底端插入“堆叠纸张 2”型页码，要求首页不显示页眉页脚。

【操作步骤】

1）单击“插入”选项卡→“页眉和页脚”功能组→“页眉”按钮，从下拉列表中选择“空白”样式的页眉，可以看到在页面的上方出现页眉区域，在“键入文字”位置输入文本“抗疫实践彰显中国特色社会主义制度的显著优势”，单击“字体”组中的“字体颜色”按钮，将文本设置为标准色中的“红色”，单击“段落”组中的“文本右对齐”按钮，将页眉设置为右对齐。

2）选择“页眉和页脚工具”选项卡→“设计”选项卡→“页眉和页脚”功能组→“页码”按钮，然后在下拉列表中选择“页面底端”选项→“堆叠纸张2”型页码，可看到在页脚右侧出现页码，然后勾选“设计”选项卡→“选项”功能组中的“首页不同”复选框，实现首页不同的设置，最后单击“关闭页眉和页脚”按钮，完成设置后的页眉页脚如图3-147和图3-148所示。

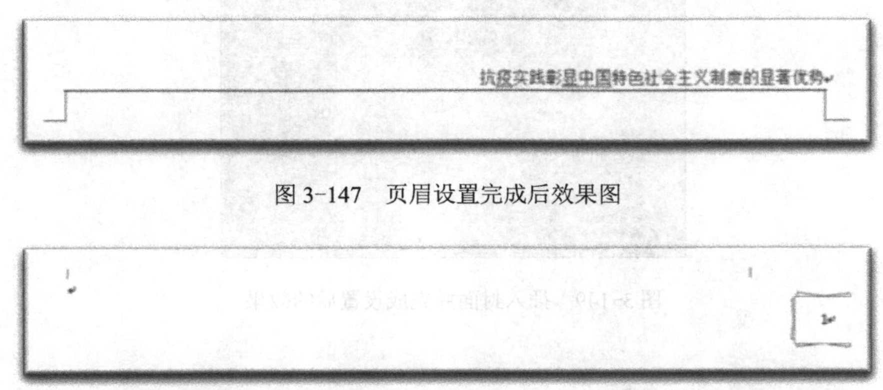

图3-147 页眉设置完成后效果图

图3-148 页脚设置完成后效果图

练习5 为文章插入“瓷砖型”封面，标题为“抗疫实践彰显中国特色社会主义制度的显著优势”，一号字，白色，背景1，年份为“2020”年，标题区和年份下方区域填充为“红色”，标题区上方区域和右侧区域填充为“橙色，个性2，深色25%”。

【操作步骤】

1）单击“插入”选项卡→“页面”功能组→“封面”按钮，在下拉列表中选择内置的“瓷砖型”选项，则实现插入指定类型的封面。

2）在标题区域输入文字“抗疫实践彰显中国特色社会主义制度的显著优势”，然后在“字体”功能组中单击字号下拉按钮，在下拉列表中选择“一号”，单击“字体颜色”按钮，在下拉列表中选择“主题颜色”→“白色，背景1”选项，在“年份”区域输入“2020”。

3）单击封面标题区，然后单击“绘图工具”选项卡→“格式”选项卡→“形状样式”功能组→“形状填充”按钮，在下拉列表中选择“标准色”→“红色”选项，重复同样的操作，为年份下方区域完成“红色”填充的设置；单击封面标题区上方的长方形区域，然后单击“绘图工具”选项卡→“格式”选项卡→“形状样式”功能组→“形状填充”按钮，在下拉列表中选择“主题颜色”→“橙色，个性2，深色25%”选项，重复同样的操作，为标题区右侧区域完成“橙色，个性2，深色25%”填充的设置。完成设置后的封面效果如图 3-149 所示。

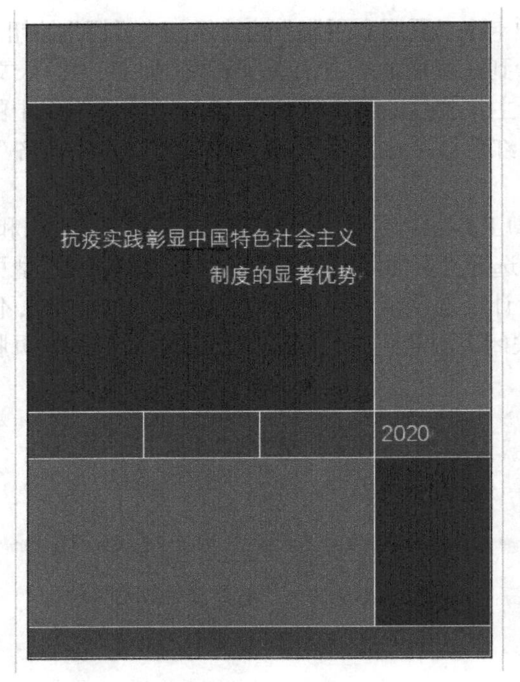

图 3-149　插入封面并完成设置后的效果

第4章 设 计

本章主要学习使用“设计”选项卡下面的各个功能组，对创建的 Word 2016 文档进行页面主题、格式、背景等设置。

本章要点：

- 主题设置
- 文档格式设置
- 页面背景设置

本章难点：

- 页边距设置
- 插入分隔符
- 水印设置
- 页面边框设置

4.1 设置主题

通过使用主题，用户可以快速改变 Word 2016 文档的整体外观，包括字体、字体颜色和图形对象的效果。

4-1 设置主题

4.1.1 设置文档套用主题

1）打开 Word 文档，单击“设计”选项卡“主题”功能组→“主题”按钮，如图 4-1 所示。

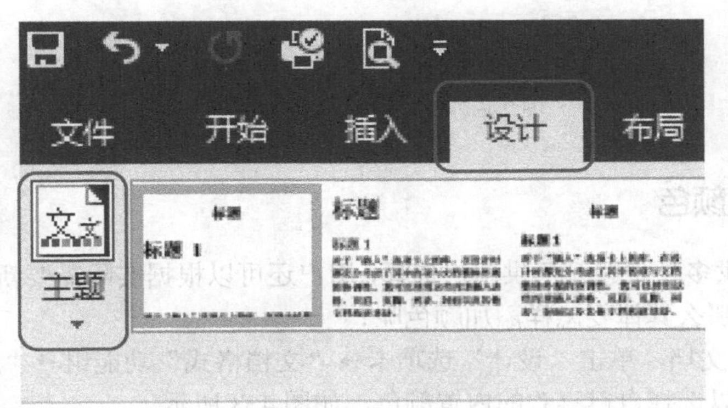

图 4-1 套用主题

2）在打开的内置主题中，单击选择自己喜欢的主题类型即可，例如，选择“平面”选项，如图 4-2 所示，则“平面”主题成功套用到文档中。

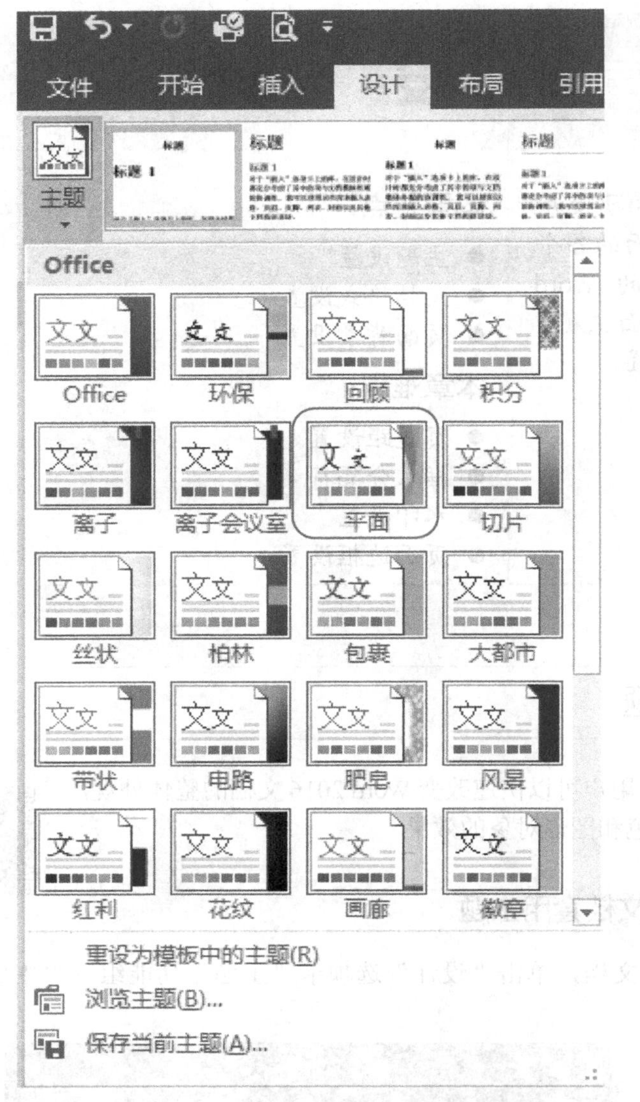

图 4-2　选中某一类型内置主题

4.1.2　设置颜色

Word 2016 提供多种主题颜色供用户选择，用户还可以根据实际需要新建主题颜色，以便更适合自己使用。那么具体要怎样添加颜色呢？

1）打开 Word 文档，单击“设计”选项卡→“文档格式”功能组→“颜色”按钮，在打开的下拉列表中可以选择自己喜欢的内置颜色，如图 4-3 所示。

2）如果对内置主题颜色不满意，可以单击“设计”选项卡→“文档格式”功能组→“颜色”按钮，选择下拉列表中的“自定义颜色”选项，设置各种项目使用的颜色，并在“名称”编辑框中输入主题颜色的名称，单击“保存”按钮即可，如图 4-4 所示。

图 4-3　选中某一类型内置主题颜色

图 4-4　新建主题颜色

4.1.3　设置字体

在编辑文档时，用户可以根据实际情况，设置主题字体。

1）打开 Word 文档，单击“设计”选项卡→“文档格式”功能组→“字体”按钮，在打开的下拉列表中可以选择自己喜欢的内置字体，如图 4-5 所示。

2）如果对内置主题字体不满意，可以单击“设计”选项卡→“文档格式”功能组→“字体”按钮，选择下拉列表中的“自定义字体”选项，在弹出的“新建主题字体”对话框中可以设置各种字体，在“名称”编辑框中输入主题字体的名称，单击“保存”按钮即可，如图 4-6 所示。

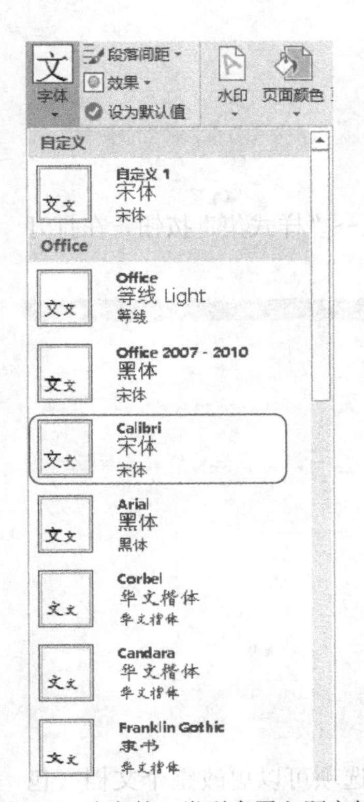

图 4-5　选中某一类型内置主题字体

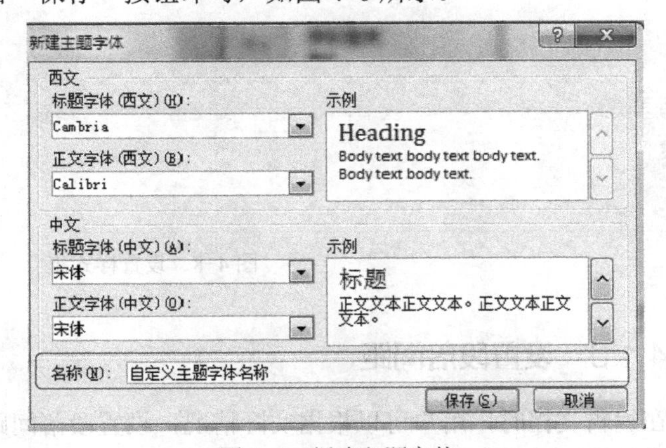

图 4-6　新建主题字体

4.1.4 设置效果

在编辑文档时，用户可以根据实际情况，设置主题效果。

打开 Word 文档，单击“设计”选项卡→“文档格式”功能组→“效果”按钮，在打开的下拉列表中可以选择自己喜欢的内置效果，如图 4-7 所示。

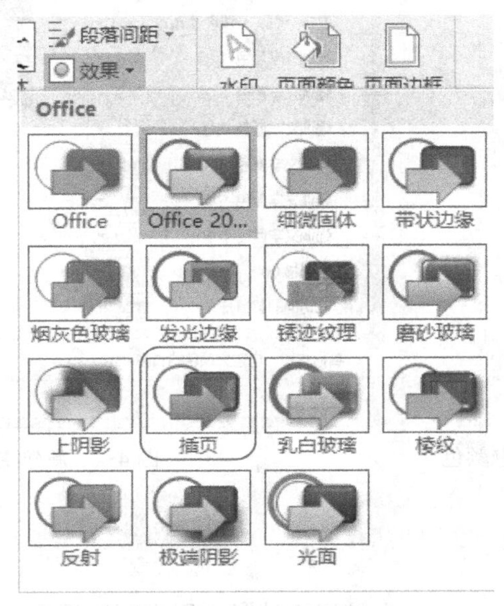

图 4-7 设置主题效果

4.1.5 设置样式集

在编辑文档时，用户可以根据实际情况，设置样式集。

打开 Word 文档，单击“设计”选项卡→“文档格式”功能组→“样式集”按钮，在打开的下拉列表中可以选择自己喜欢的样式，如图 4-8 所示。

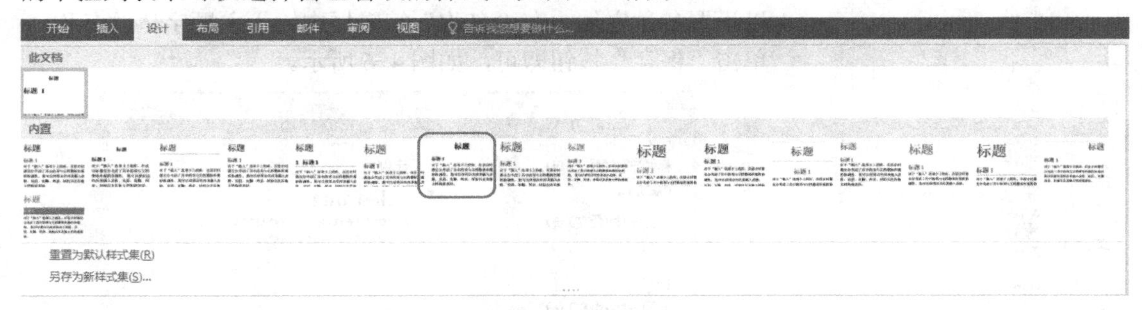

图 4-8 设置样式集

4.1.6 设置段落间距

在编辑文档时，用户可以根据实际情况，设置段落间距。此选项可以更改整个文档（包括新段落的）间距。

打开 Word 文档，单击“设计”选项卡→“文档格式”功能组→“段落间距”按钮，在打开的下拉列表中可以选择内置间距，如图 4-9 所示。

也可以自己设置间距。打开 Word 文档，单击“设计”选项卡→“文档格式”功能组→“段落间距”按钮，在打开的下拉列表中选择“自定义段落间距”选项，打开“管理样式”对话框，如图 4-10 所示。

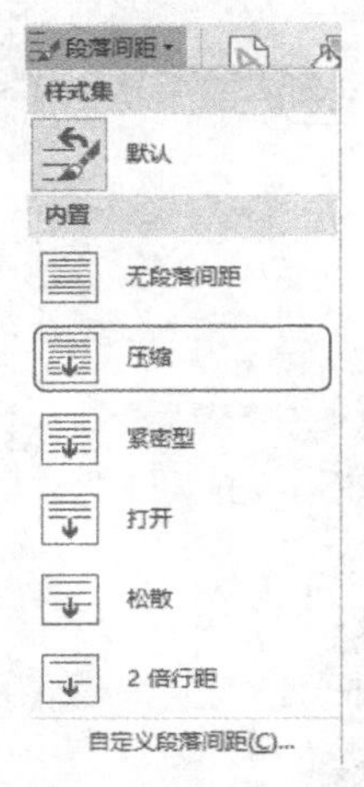

图 4-9　设置段落间距

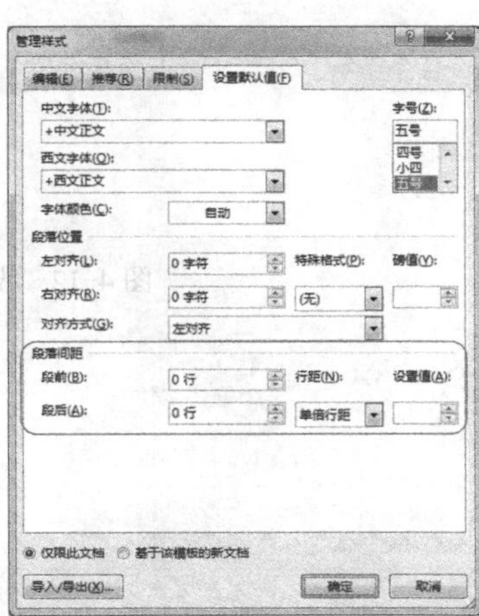

图 4-10　自定义段落间距

实例 4.1　设置样式集应用

【操作要求】为文档（见图 4-11）应用“居中”样式集，主题颜色为“蓝色 II”，主题字体英文为“Arial”，中文为“黑体”。

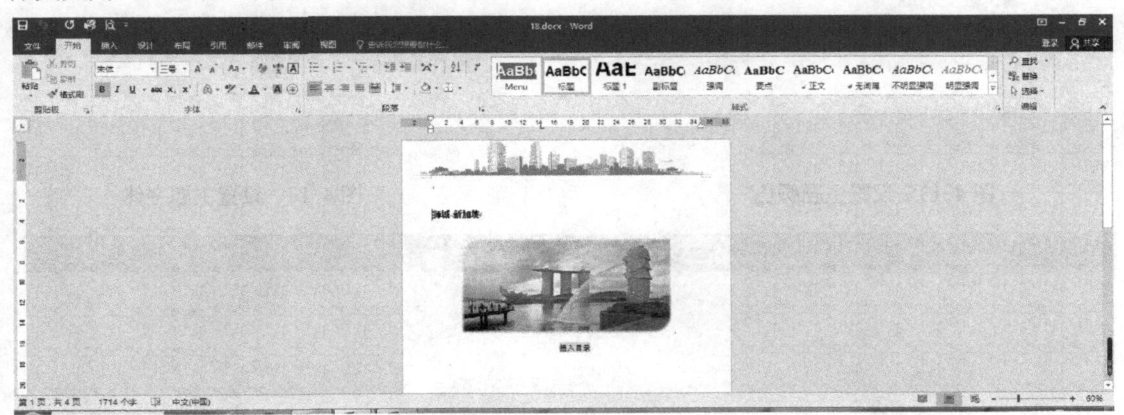

图 4-11　素材图

【操作步骤】

1）单击“设计”选项卡→“文档格式”功能组→“样式集”命令，在打开的下拉列表中选择“居中”样式，如图 4-12 所示。

2）单击“设计”选项卡→“文档格式”功能组→“颜色”命令，在打开的下拉列表中选择“蓝色 II”选项，如图 4-13 所示。

3）单击“设计”选项卡→“文档格式”功能组→“字体”命令，在打开的下拉列表中选择英文为“Arial”，中文为“黑体”，如图 4-14 所示，最终效果如图 4-15 所示。

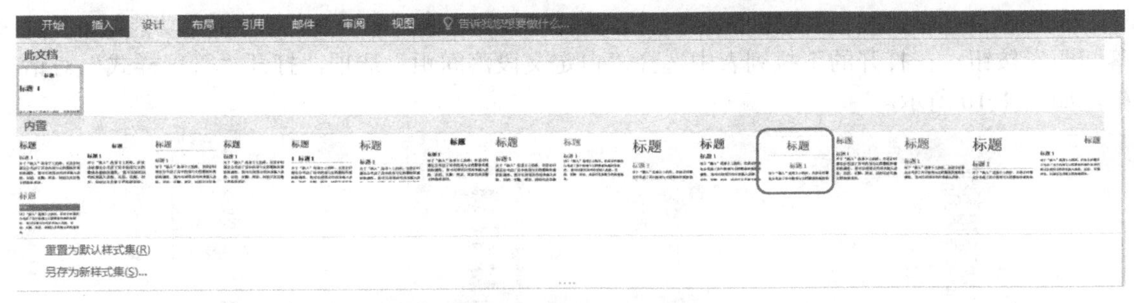

图 4-12　设置“居中”样式集

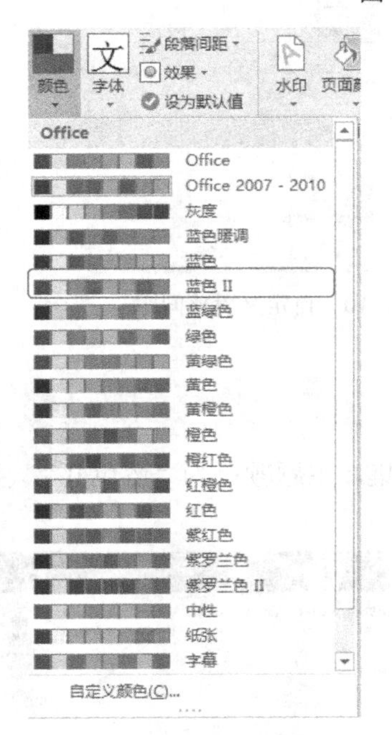

图 4-13　设置主题颜色

图 4-14　设置主题字体

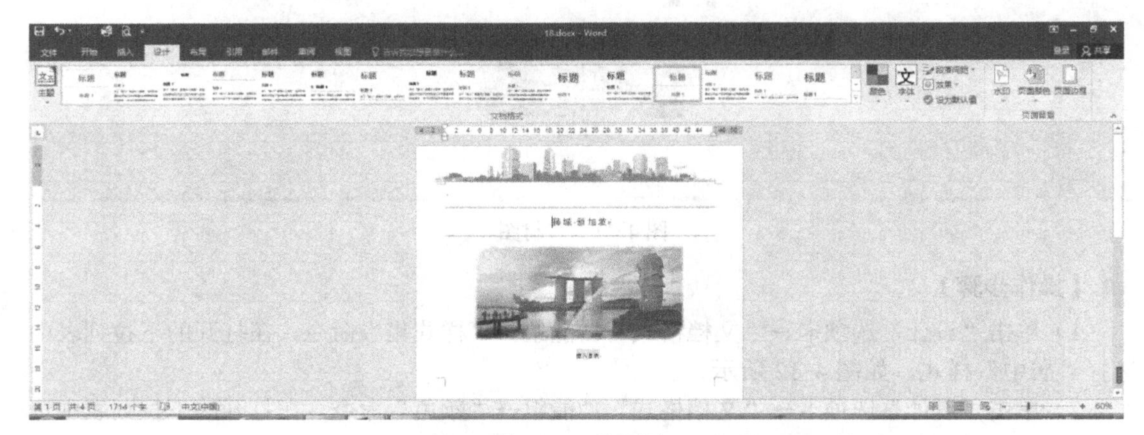

图 4-15　效果图

4.2 页面背景

4-2 页面背景

4.2.1 水印

在进行 Word 编辑时，经常会用到水印。

1. 添加水印

单击“设计”选项卡→“页面背景”功能组→“水印”按钮，如图 4-16 所示。

可以直接选择 Word 中内置的三种水印：机密、紧急、免责声明。

也可以自定义水印，包括两种常用形式：图片水印和文字水印，如图 4-17 所示。

添加图片水印很简单，选择如图 4-17 所示的“图片水印”，然后单击“选择图片”按钮，找到需要的图片即可为文档添加图片水印。

2. 删除水印

如果想删除水印，只需要选择如图 4-16 所示的“删除水印”选项即可。

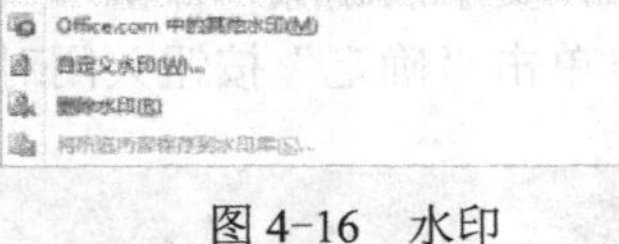

图 4-16 水印

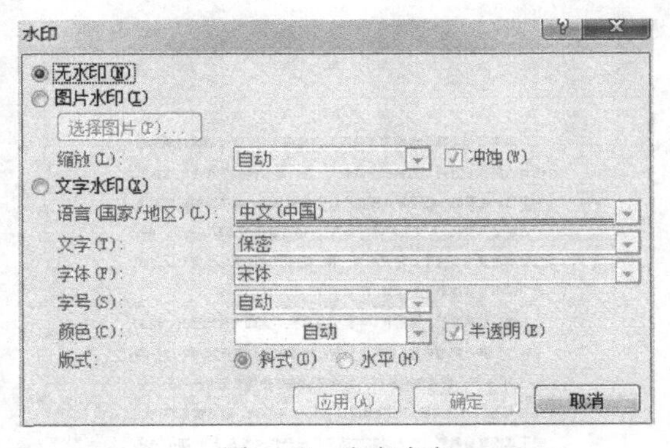

图 4-17 定义水印

实例 4.2 设置水印

【操作要求】将文档（见图 4-18）以文字“端午”为水印（注意：接受其他默认设置）。

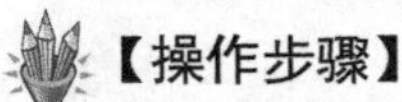

【操作步骤】

1）单击“设计”选项卡→“页面设置”功能组→“水印”按钮。

2）选择“自定义水印”选项，弹出“水印”对话框，如图 4-17 所示。

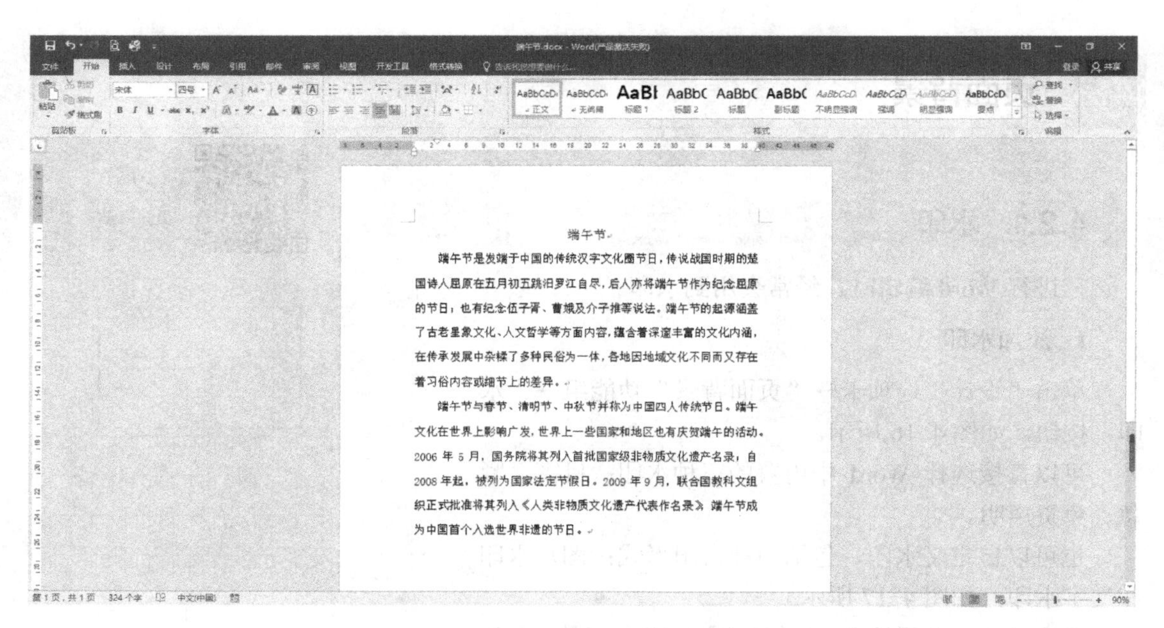

图 4-18　设置水印素材图

3）单击“文字水印”单选按钮。

4）在文字后删除“保密”，输入“端午”。

5）单击“确定”按钮关闭对话框，效果图如图 4-19 所示。

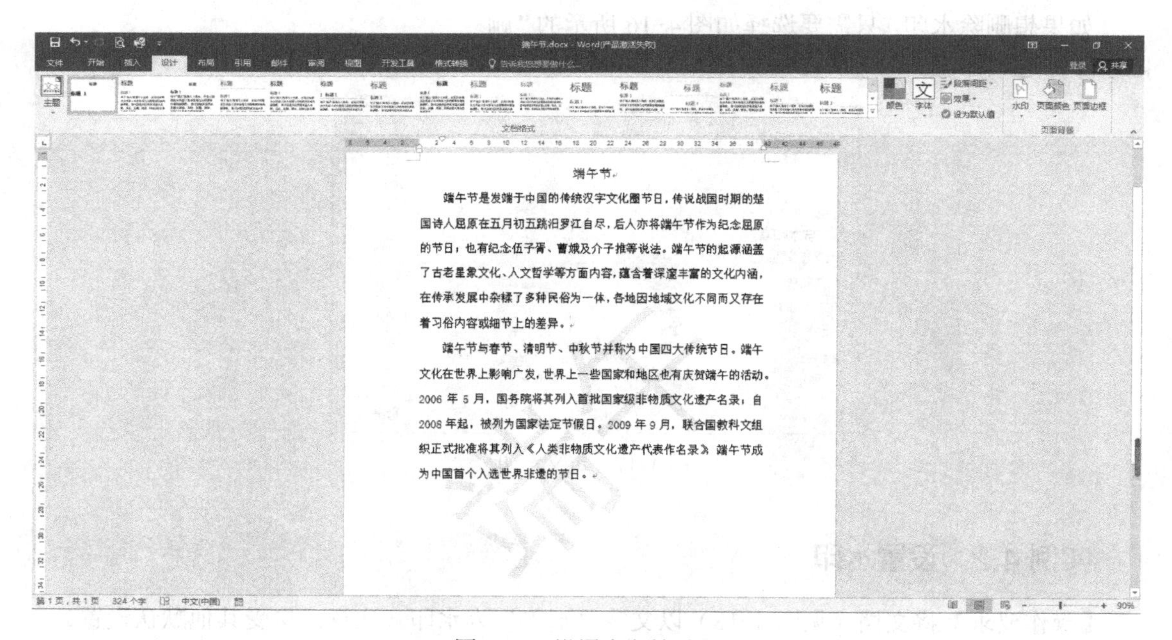

图 4-19　设置水印效果图

4.2.2 页面颜色

正常情况下，Word 页面颜色是白色，用户也可以将它换成别的颜色。具体操作如下。

1）单击“设计”选项卡→“页面背景”功能组→“页面颜色”按钮，如图 4-20 所示。选择相应的颜色即可。Word 中提供了主题颜色、标准色、其他颜色和填充效果选项。用户可根据自己的需求选择。

2）如果用户想要的颜色在主题颜色和标准色中没有，那么可选择“其他颜色”选项，弹出如图 4-21 所示的“颜色”对话框，在“标准”选项卡下选择需要的颜色即可。

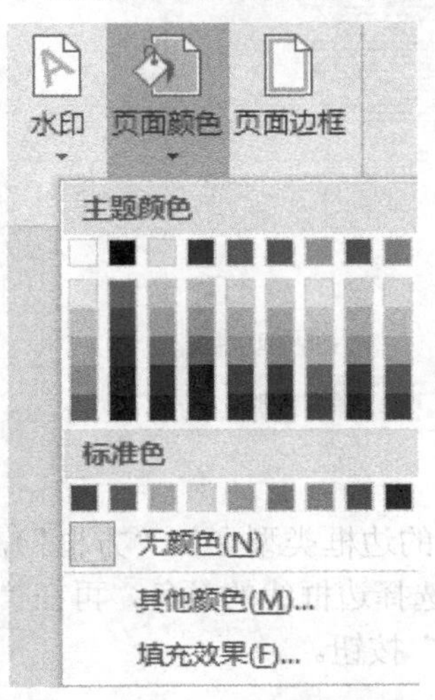

图 4-20 设置页面颜色

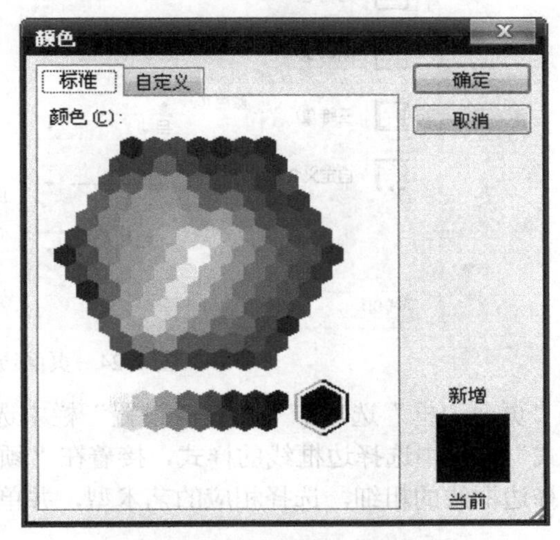

图 4-21 标准选项颜色设置

若需要满足指定要求的字体颜色为（RGB：255，255，153），则选择“自定义”选项卡，在出现的对话框中输入指定的值，如图 4-22 所示。

此外，还可为页面填充渐变颜色、纹理、图案、图片，选择“填充效果”选项，在出现的对话框中进行设置即可，如图 4-23 所示。

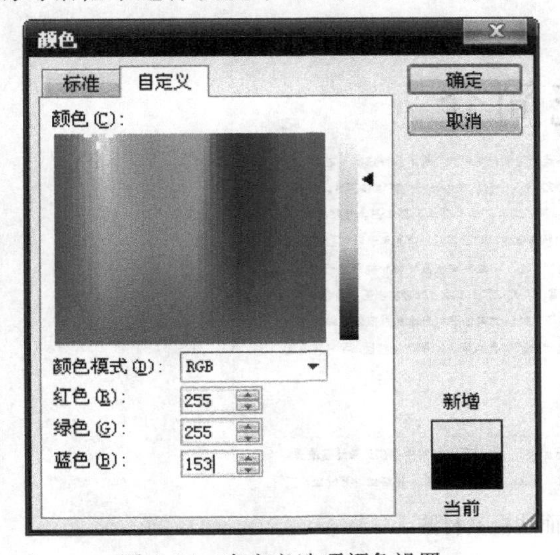

图 4-22 自定义选项颜色设置

图 4-23 填充效果设置

4.2.3 页面边框

单击“设计”选项卡→“页面背景”功能组→“页面边框”按钮，如图 4-24 所示。

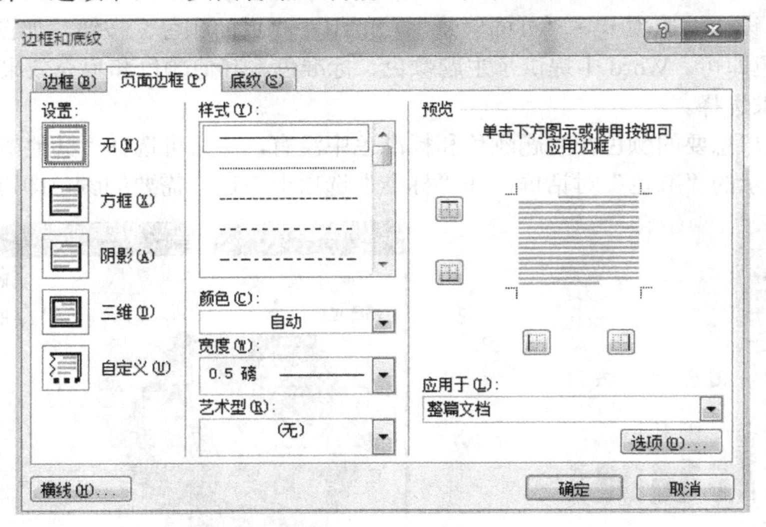

图 4-24 页面边框设置

在“页面边框”选项卡下，在“设置”栏中选择要应用的边框类型（如“方框”），然后在“样式”列表中选择边框线的样式，接着在“颜色”栏中选择边框线的颜色，再在“宽度”栏中选择边框线的粗细，选择相应的艺术型，并单击“确定”按钮。

实例 4.3 设置页面边框

【操作要求】在文档（见图 4-25）页面左侧距离页边 1 厘米处，应用 22 磅紫色 框线。

兰花简介

兰花，亦叫胡姬花，兰花属兰科，兰科是开花植物中最大、最具多样性的科之一，约有超过 800 个属和 25000 个种，和另外 100000 余个园艺家培养的交配种和变种。英国皇家植物园的“世界兰花对照表”列出了约 24,000 个公认的种名，每年还会增加约 800 个新种。兰科植物的种类比包括硬骨鱼纲的所有脊椎动物还要多，约占单子叶植物纲所有种类的 1/4。早期的分类系统（克朗奎斯特分类法）将兰科与水玉簪科分类于微子目内，在 1998 年发表的 APG 分类法中归于仙茅目中，而 2003 年经过改进的以基因亲缘关系分类的 APG II 分类法则将其列于天门冬目下，并认为与仙茅科亲缘关系接近。兰花由于植物区系的极度复杂性，花的所有特征都充分表现对昆虫授粉的高度适应性，并与其菌建立共生关系，被认为是植物演化的顶点。

生长地方

除了南北二极外，兰科植物广泛分布于全世界，尤以亚洲和南美洲的热带地区最多，常见的栽培品种有蕙兰、春兰、寒兰、建兰、墨兰、石斛兰、兜兰、蝴蝶兰、万代兰、文

图 4-25 设置页面边框素材图

【操作步骤】

1）单击“设计”选项卡→“页面背景”功能组→“页面边框”按钮。

2）在“页面边框”选项卡中设定颜色为“紫色”。

3）选择艺术型为[艺术型图案]。

4）设定宽度为“22 磅”，只保留预览窗口中的左边框，如图 4-26 所示。

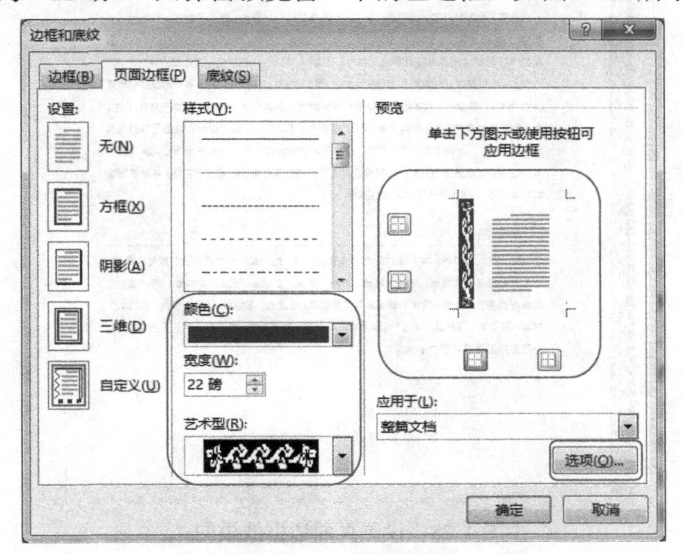

图 4-26 设置页面边框

5）单击图 4-26 中的“选项”按钮，弹出“边框和底纹选项”对话框，如图 4-27 所示。

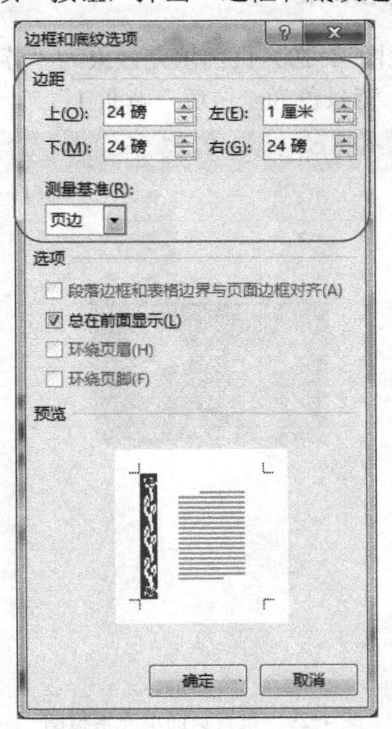

图 4-27 边框和底纹选项对话框

6）选择“测量基准”为“页面”。

7）设定“边距”，“左”为“1 厘米”，其他值默认不变。

8）单击“确定”按钮关闭对话框，完成页面边框设定，效果如图 4-28 所示。

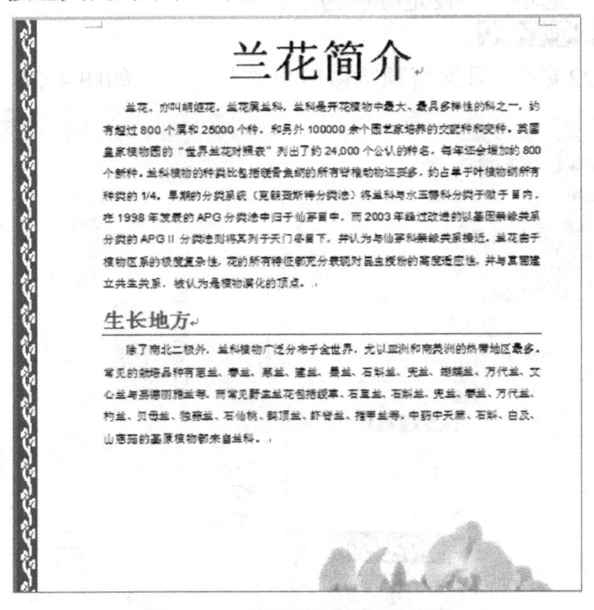

兰花简介

兰花，亦叫胡姬花，兰花属兰科，兰科是开花植物中最大、最具多样性的科之一，约有超过 800 个属和 25000 个种，和另外 100000 余个园艺家培养的交配种和变种。英国皇家植物园的“世界兰花对照表”列出了约 24,000 个公认的种名，每年还会增加约 800 个新种。兰科植物的种类比包括硬骨鱼纲的所有脊椎动物还要多，约占单子叶植物纲所有种类的 1/4。早期的分类系统（克朗奎斯特分类法）将兰科与水玉簪科分类于微子目内，在 1998 年发表的 APG 分类法中归于仙茅目中，而 2003 年经过改进的以基因亲缘关系分类的 APG II 分类法则将其列于天门冬目下，并认为与仙茅科亲缘关系接近。兰花由于植物区系的极度复杂性，花的所有特征都充分表现对昆虫授粉的高度适应性，并与其密切建立共生关系，被认为是植物演化的顶点。

生长地方

除了南北二极外，兰科植物广泛分布于全世界，尤以亚洲和南美洲的热带地区最多。常见的栽培品种有蕙兰、春兰、墨兰、建兰、寒兰、石斛兰、兜兰、蝴蝶兰、万代兰、文心兰与嘉德丽雅兰等，而常见野生兰花包括绶草、石豆兰、石斛兰、兜兰、春兰、万代兰、杓兰、贝母兰、独蒜兰、石仙桃、鹤顶兰、虾脊兰、指甲兰等。中药中天麻、石斛、白及、山慈菇的基原植物都来自兰科。

图 4-28　设置页面边框效果图

实例 4.4　设置页面填充效果

【操作要求】设置文档（见图 4-29）页面填充效果为“苏格兰方格呢”图案，前景色为“橙色，个性色 6，淡色 60%”，背景色为“白色，背景 1”。

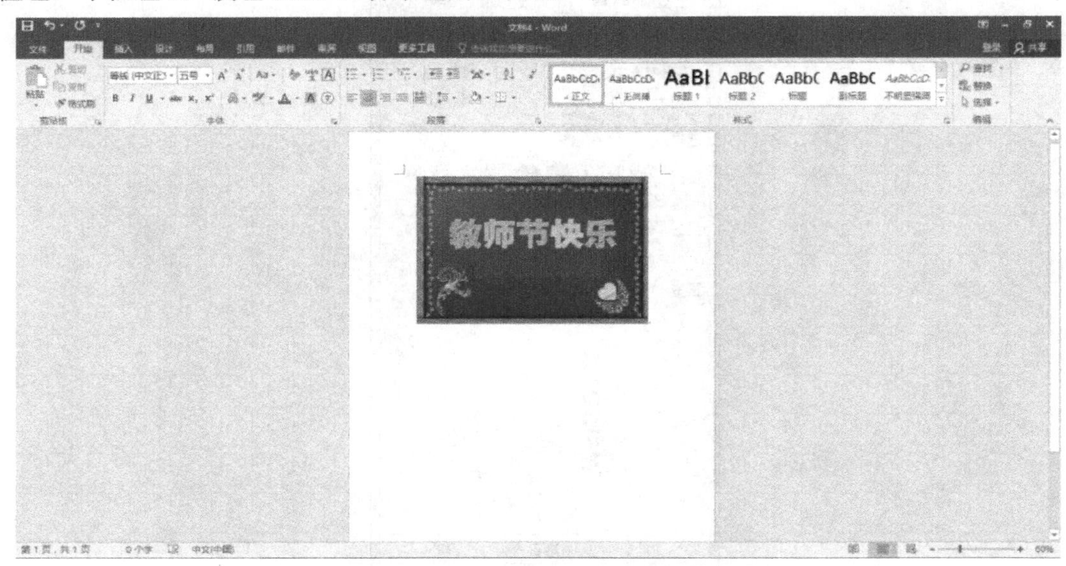

图 4-29　设置页面填充素材图

【操作步骤】

1）单击“设计”选项卡→“页面背景”功能组→“页面颜色”按钮，选择“填充效果”选项，如图 4-30 所示。

2）弹出“填充效果”对话框，选择“苏格兰方格呢”图案，分别设置前景色和背景色，如图 4-31 所示。

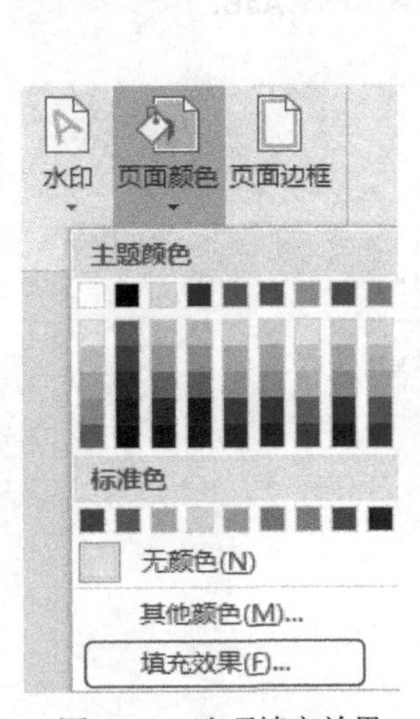

图 4-30 选项填充效果

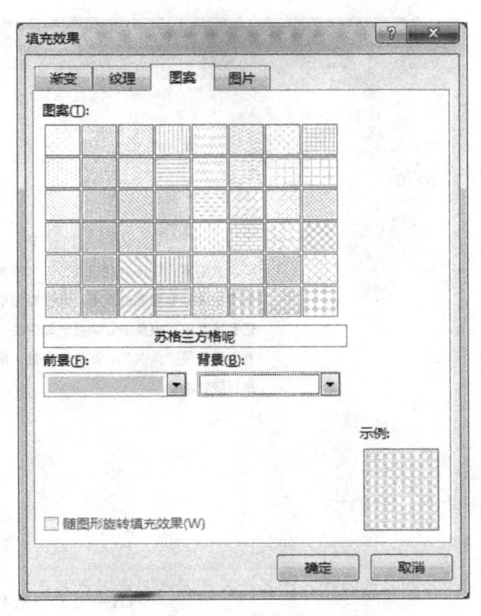

图 4-31 设置填充效果

3）单击“确定”按钮，效果如图 4-32 所示。

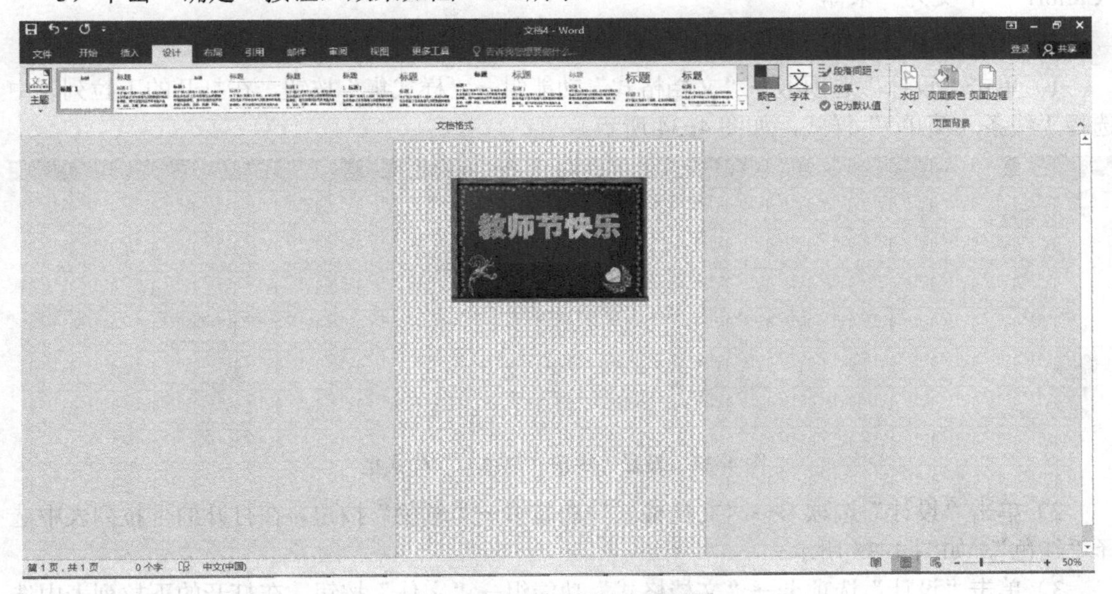

图 4-32 设置页面填充效果图

4.3 综合案例

给定素材：重阳节，如图 4-33 所示，完成以下练习。

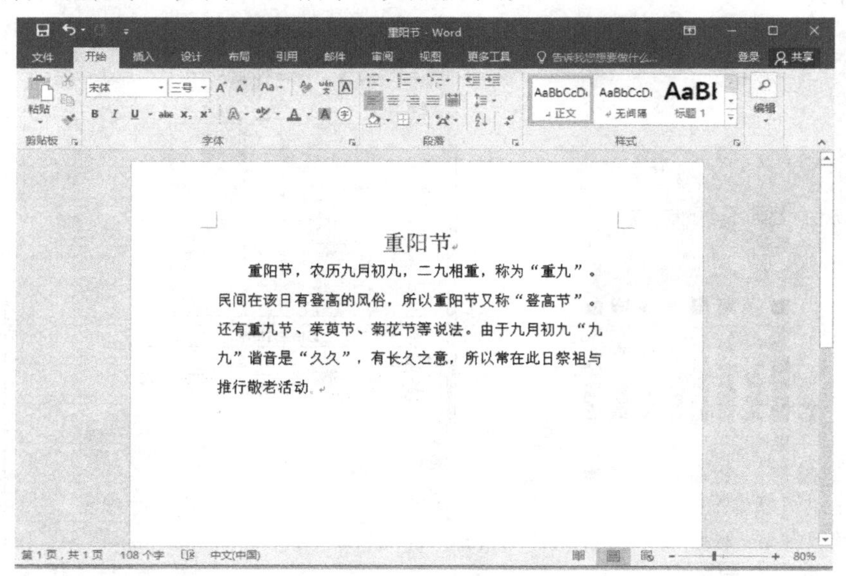

图 4-33　素材图

练习 1　设置文档的样式集为“线条（简单）”，主题颜色为“红色”，主题字体为英文为“Calibri”，中文为“宋体”。

【操作步骤】

1）单击“设计”选项卡→“文档格式”功能组→“样式集”按钮，在打开的下拉列表中选择“线条（简单）”样式，如图 4-34 所示。

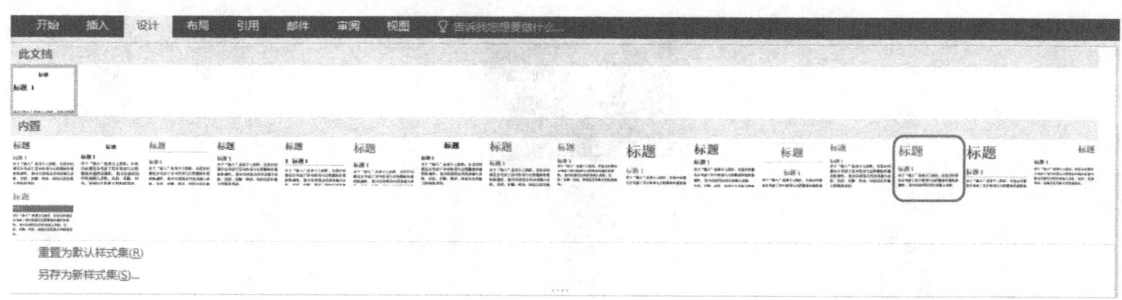

图 4-34　设置“线条（简单）”样式集

2）单击“设计”选项卡→“文档格式”功能组→“颜色”按钮，在打开的下拉列表中选择“红色”，如图 4-35 所示。

3）单击“设计”选项卡→“文档格式”功能组→“字体”按钮，在打开的下拉列表中选择英文为“Calibri”，中文为“宋体”，如图 4-36 所示。

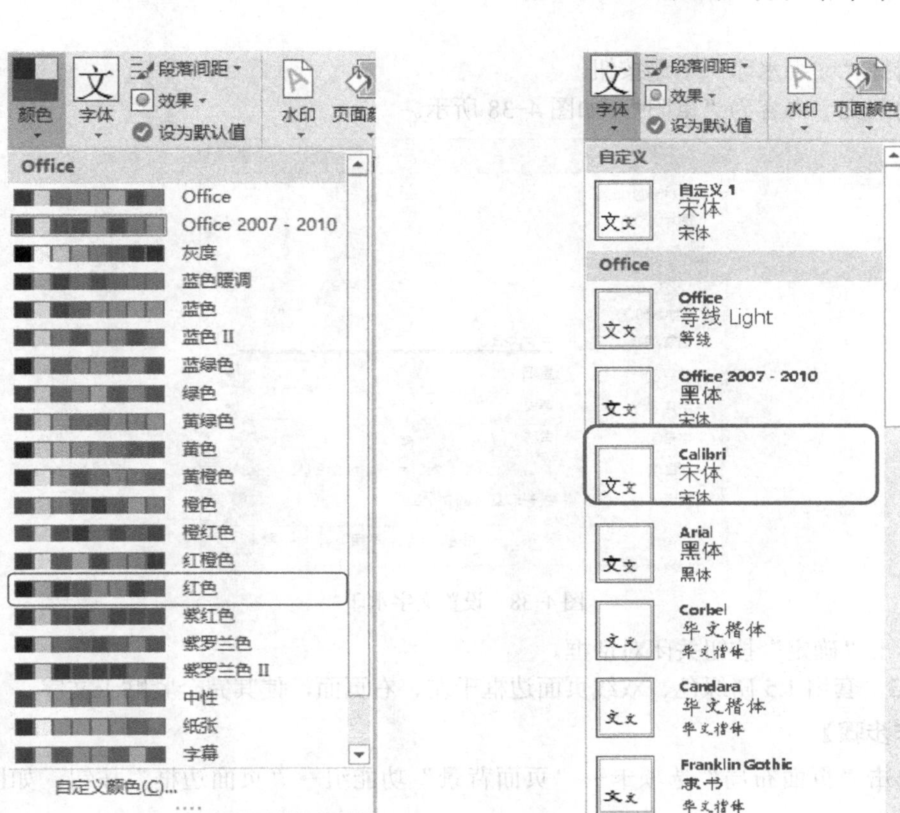

图4-35 设置主题颜色 图4-36 设置主题字体

练习2 文档设置以“重阳”为文字水印。

【操作步骤】

1）单击“页面背景”功能组→“水印”按钮。

2）选择“自定义水印”选项，如图4-37所示，弹出“水印”对话框。

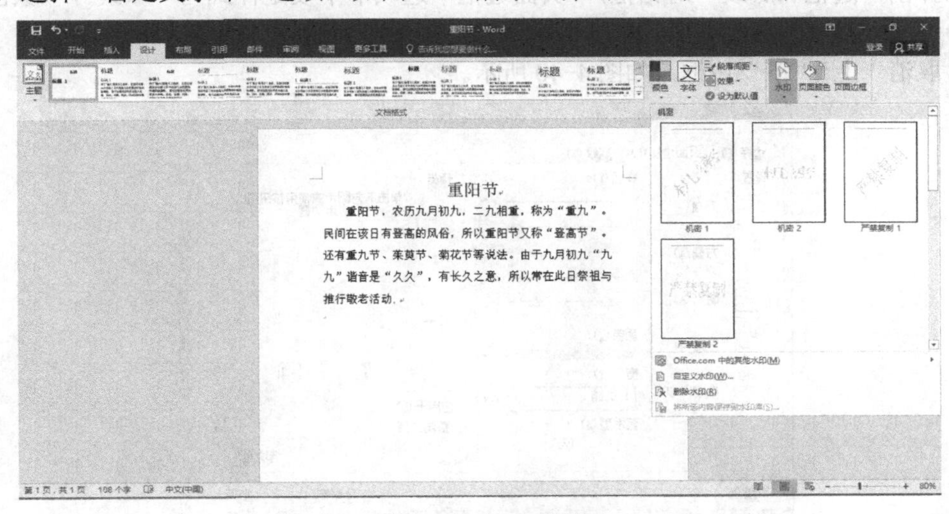

图4-37 自定义水印

3）选择“文字水印”单选按钮。

4）输入文字内容为“重阳”，如图 4-38 所示。

图 4-38　设置文字水印

5）单击“确定”按钮关闭对话框。

练习 3　套用 1.5 磅绿色、双线页面边框于左、右页面，使其完全紧贴于文字。

【操作步骤】

1）单击“页面布局”选项卡→“页面背景”功能组→“页面边框”按钮，如图 4-39 所示。

图 4-39　页面边框

2）弹出“边框和底纹”对话框，“页面边框”选项卡中设定样式为“双线”，“颜色”为“绿色”，宽度为“1.5 磅”。

3）取消“上”“下”边框，如图 4-40 所示。

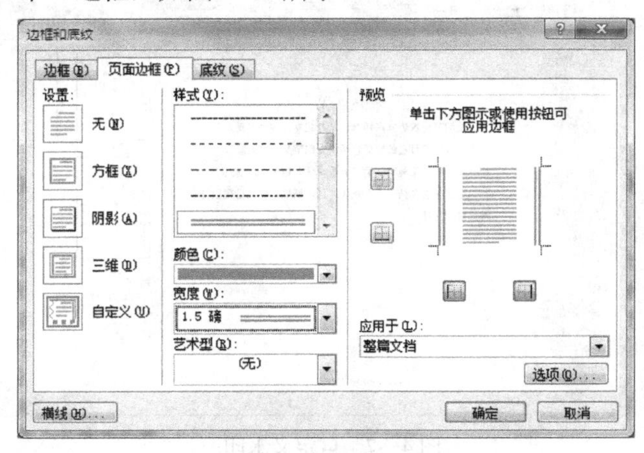

图 4-40　设置页面边框

4）单击“选项”按钮，弹出“边框和底纹选项”对话框。

5）设定“边距”，“左”“右”为“0 磅”，如图 4-41 所示。

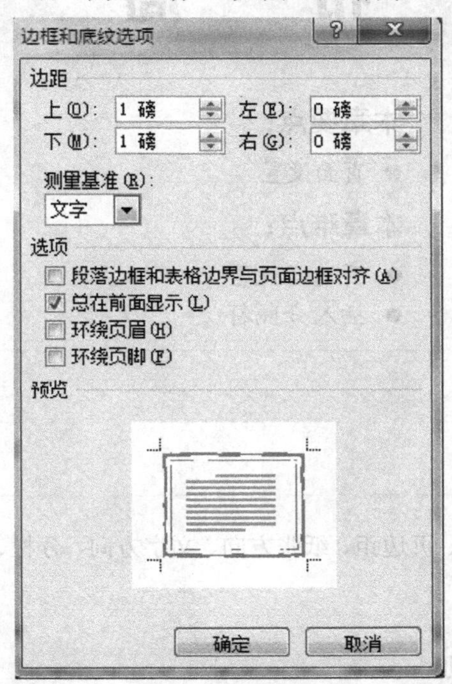

图 4-41　设置边距

6）单击“确定”按钮关闭对话框，完成页面边框设定。

第5章 布　局

本章主要学习使用“布局”选项卡下面的各个功能组，对创建的 Word 2016 文档进行页面设置。

本章要点：

- 页面设置

本章难点：

- 页边距设置
- 插入分隔符

5.1 页面设置

5-1
页面设置（1）

页面设置包括纸张大小、页边距、纸张方向、文字方向、分栏、分隔符等内容。

5.1.1 设置文字方向

文字方向分为水平和垂直两种，常用的是水平方向。另外，由于文字可以旋转 90° 或 270°，因此，处于水平或垂直的文字又有不同的形态。以下是文字方向的两种设置方法如下。

1）菜单选项设置法。单击“布局”选项卡→“页面设置”功能组→“文字方向”按钮，如图 5-1 所示。

如果想把文字方向设置为“垂直”，选择“垂直”即可；另外，文字方向无论是水平还是垂直，文字旋转方式都只有“将中文字符旋转 270° ”可选。

2）窗口设置法。单击“布局”选项卡→“页面设置”功能组→“文字方向”按钮，选择最下面的“文字方向选项”选项，打开“文字方向-主文档”窗口，如图 5-2 所示。

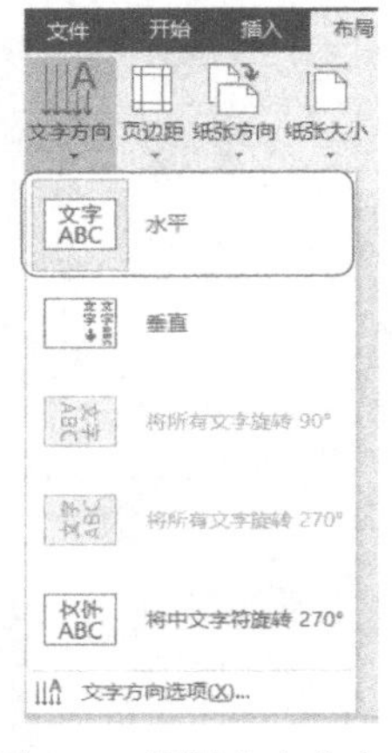

图 5-1　设置文字方向

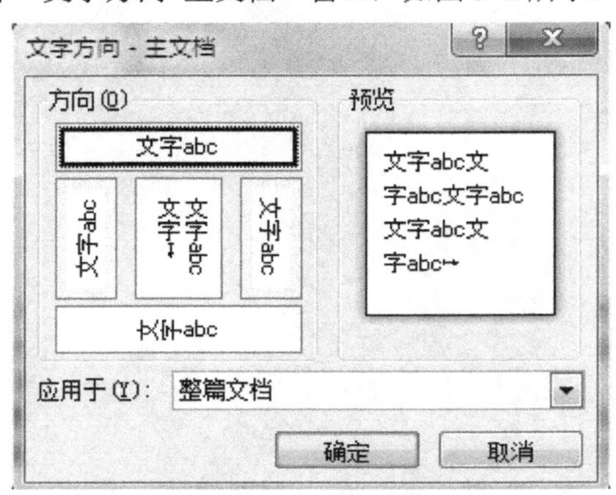

图 5-2　文字方向-主文档

在这里选择的文字方向，可以在右边预览，并且还可以设置“应用于”。如果没有选中内容，则应用于“整篇文档”。

5-2
页面设置（2）

5.1.2　设置页边距

在 Word 2016 中，页边距有两种设置方式，一种是采用内置页边距，另一种是自定义边距。以下是页边距的两种设置方法。

1）选用内置页边距。单击“布局”选项卡→“页面设置”功能组→“页边距”按钮，如图 5-3 所示。

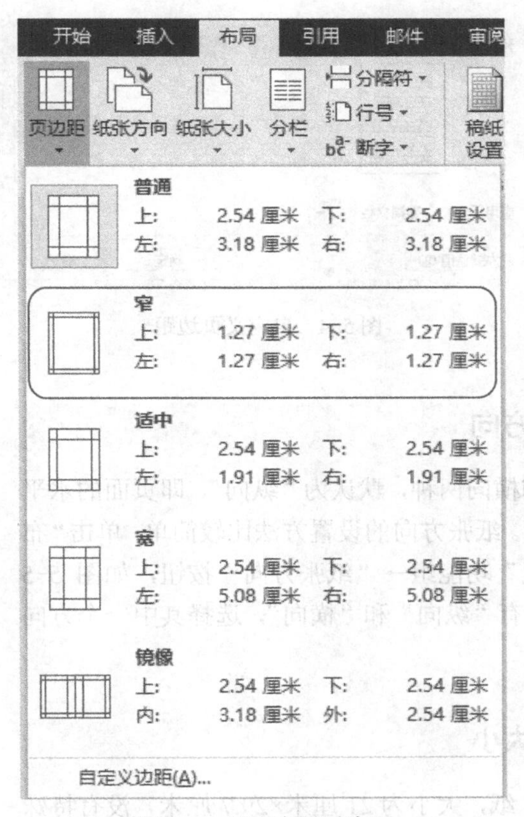

图 5-3　设置内置页边距

内置页边距有普通、窄、适中、宽、镜像等几种类型。用户根据实际需要，选择相应的类型即可。

2）自定义页边距。如果 Word 内置的页边距中没有符合要求的，则可以自定义页边距。单击“布局”选项卡→“页面设置”功能组→“页边距”按钮，选择最下面的“自定义边距”选项，打开页面设置对话框，如图 5-4 所示。选择“页边距”选项卡，设置上、下、左、右页边距。此外，还可以设置装订线位置和距离，其中“位置”可设置左或右；距离默认为 0，用户可根据实际情况设置相应的值。最后，单击“确定”按钮。

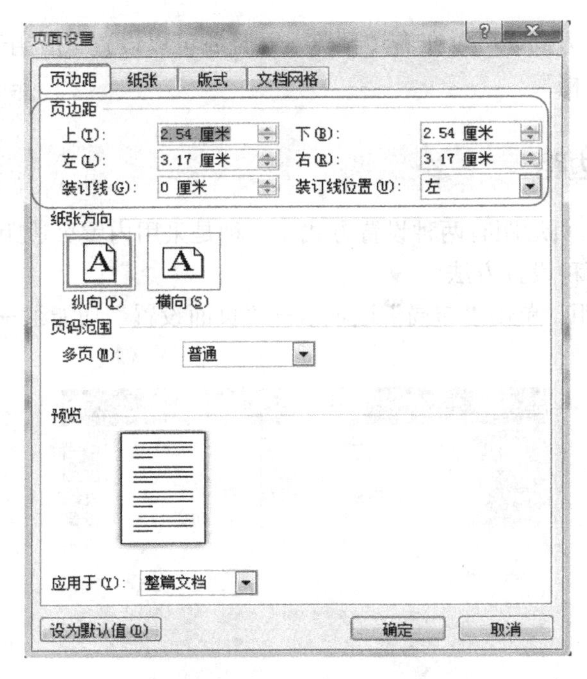

图 5-4　自定义页边距

5.1.3　设置纸张方向

纸张方向分为纵向和横向两种，默认为“纵向”，即页面的水平宽度小于页面的垂直高度。纸张方向的设置方法比较简单，单击“布局”选项卡→“页面设置”功能组→“纸张方向”按钮，如图 5-5 所示，在展开的选项中只有“纵向”和“横向”，选择其中一个方向即可。

图 5-5　设置纸张方向

5.1.4　设置纸张大小

Word 默认纸张为 A4 纸，大小为 21 厘米×29.7 厘米，没有特殊要求的文档用 A4 纸即可。但有时文档中的内容比较宽，或者如果要制作一些法律、信封、信纸类等文档，需要选择相应的纸张。单击“布局”选项卡→“页面设置”功能组→“纸张大小”按钮，如图 5-6 所示。根据实际需要，选择相应的纸张类型。

Word 虽然提供了许多种纸张样式，但有时可能没有一种纸张样式符合要求，此时就需要自定义，操作方法如下。

单击“布局”选项卡→“页面设置”功能组→“纸张大小”按钮，选择最下方的“其他页面大小”选项，打开页面设置对话框，如图 5-7 所示。选择“纸张”选项卡，单击“纸张大小”下的下拉列表框，把滑块拖到最下面，选择“自定义大小”选项，输入“宽度”和“高度”值，单击“确定”按钮，则当前文档所有页面变为所设置宽度和高度。

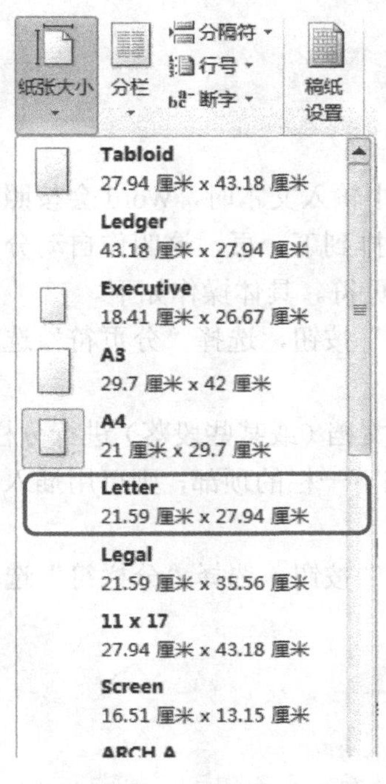

图 5-6 设置纸张大小

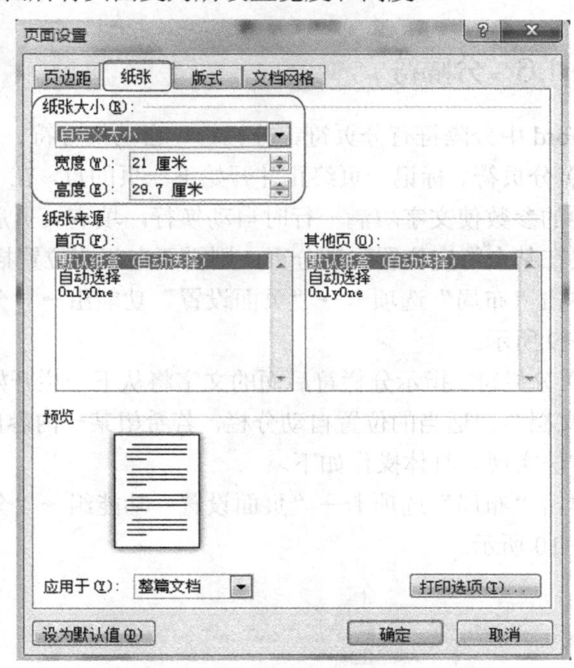

图 5-7 自定义纸张大小

5.1.5 分栏

为了美化版面的布局，分栏是常用的排版方法。分栏的操作步骤如下。

1）选中需要分栏的文字或段落。

2）在下拉列表中，可以快速选择预置的分栏样式，如果选择“更多分栏”选项，则会弹出“分栏”对话框，如图 5-8 所示。

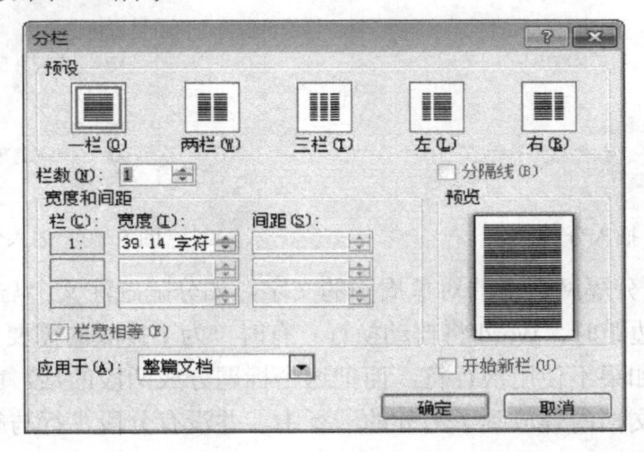

图 5-8 “分栏”对话框

3）如对所选段落进行如下设置：分为两栏，栏宽相等，应用于所选文本，设置分隔线，单击“确定”按钮。

5.1.6 分隔符

Word 中分隔符有分页符、分栏符、自动换行符、分节符等。

1）分页符。标记一页终止并开始下一页的点。在 Word 中输入文本时，Word 会按照页面设置中的参数使文字填满一行时自动换行，填满一页后自动排到下一页，这叫作自动分页。如果要在某个特定位置强制分页，则需要在相应位置插入分页符。具体操作如下。

单击“布局”选项卡→“页面设置”功能组→“分隔符”按钮，选择“分页符”选项，如图 5-9 所示。

2）分栏符。指示分栏符后面的文字将从下一栏开始。对文档（或某些段落）进行分栏后，Word 文档会在适当的位置自动分栏，若希望某一内容出现在下一栏的顶部，则可用插入分栏符的方法实现。具体操作如下。

单击“布局”选项卡→“页面设置”功能组→“分隔符”按钮，选择“分栏符”选项，如图 5-10 所示。

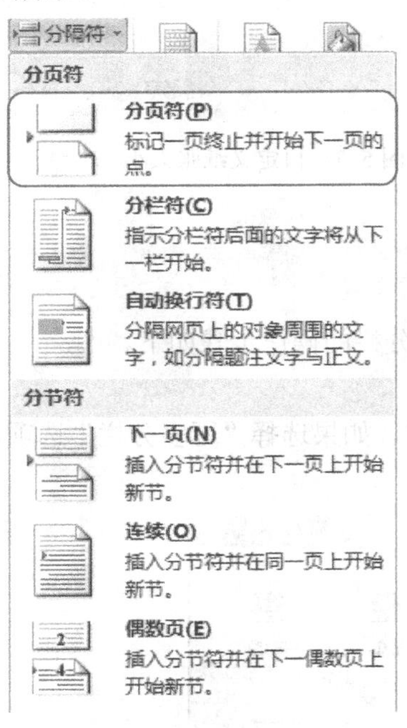

图 5-9 插入分页符

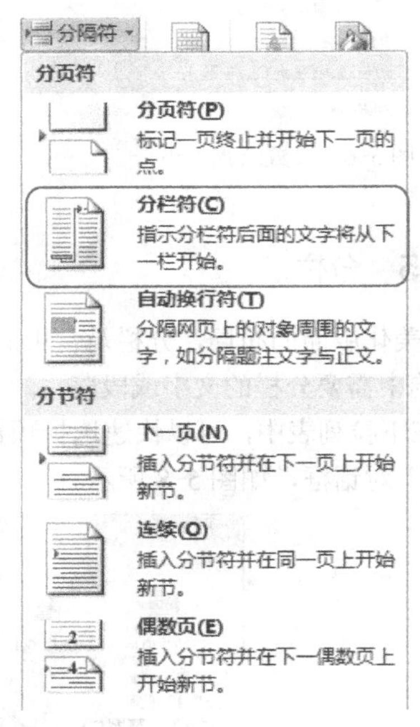

图 5-10 插入分栏符

3）自动换行符。分隔网页上的对象周围的文字，如分隔题注文字与正文。通常情况下，文本到达文档页面右边距时，Word 将自动换行。有时，为了排版的需要，会给标题设置一个比较大的段后间距，如果不使用换行符，而把这个标题分成两段的话，就要重新设置段落的格式，而换行符是把文档内容放到了另外的一行中，并没有分段，行与行之间还是只有行距在起作用，这样就不用再设置段落格式了。换行符主要是用在那种要换行但又不想分段的地方。具体操作如下。

单击“布局”选项卡→“页面设置”功能组→“分隔符”按钮，在下拉列表中选择“自动换行符”选项，如图5-11所示。

4）分节符。节是文档的一部分，插入分节符之前，Word将整篇文档视为一节。在需要改变行号、分栏数或页边距等特性时，需要创建新的节。分节符有4种：下一页、连续、偶数页、奇数页。它们的作用如下。

- 下一页：指针当前位置后的全部内容移到下一页面上。
- 连续：指针当前位置以后的内容将设置新的格式，但其内容不转到下一页，而是从当前空白处开始。单栏文档同分段符；多栏文档，可保证分节符前后两部分的内容按多栏方式正确排版。
- 偶数页：指针当前位置以后的内容将会转换到下一个偶数页上，Word会自动在偶数页之间空出一页。
- 奇数页：指针当前位置以后的内容将会转换到下一个奇数页上，Word会自动在奇数页之间空出一页。

具体操作如下。

单击“布局”选项卡→“页面设置”功能组→“分隔符”按钮，根据实际情况，选择相应的分节符即可，如图5-12所示。

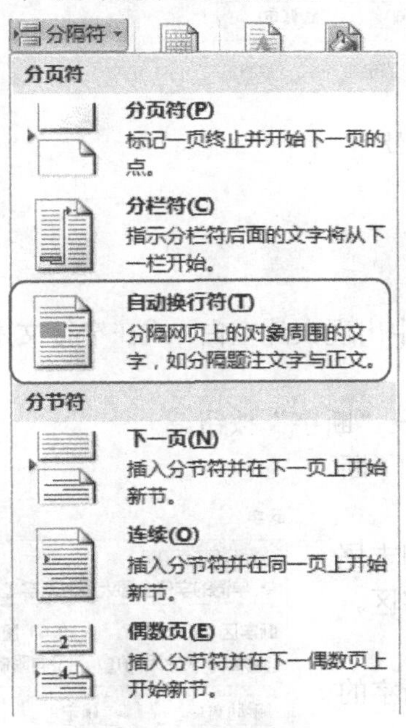

图5-11　插入自动换行符

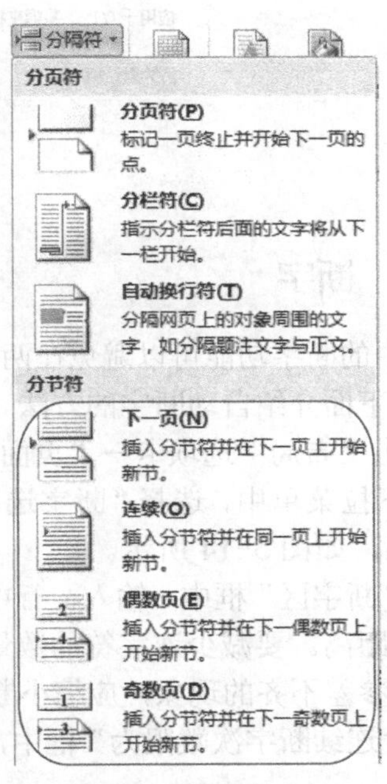

图5-12　插入分节符

5.1.7　设置行号

有时为了更好地查看文档会为文档内容添加行号。具体操作如下。

单击“布局”选项卡→“页面设置”功能组→“行号”，选择“行编号选项”选项，弹出“页面设置”对话框，在“版式”选项卡中，单击“行号”按钮，弹出“行号”对话框框，单击“添加行号”复选框，根据实际情况进行设置，单击“确定”按钮即可，如图 5-13 所示。

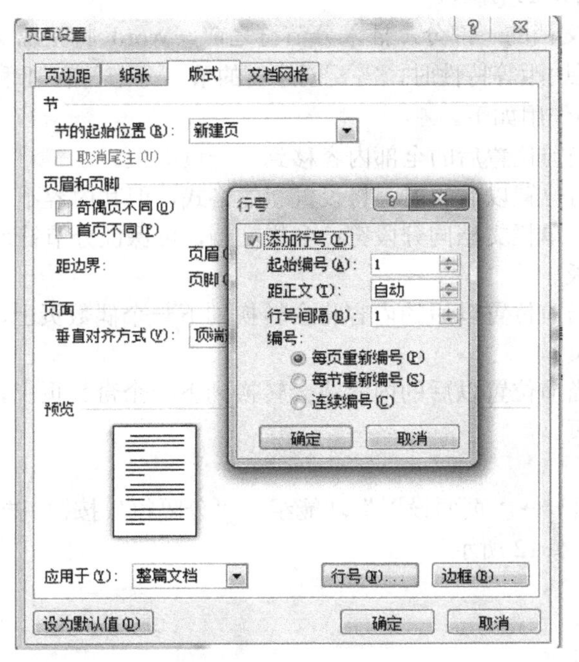

图 5-13　设置行号

5.1.8　断字

Word 中的断字功能可以避免在两端对齐的文本中出现大片空白，或在窄行文本中保持相同的行宽。下面介绍自动断字的方法。

1）单击“布局”选项卡→“页面设置”功能组→“断字”按钮。

2）在下拉菜单中，选择“断字选项”选项，弹出“断字”对话框，如图 5-14 所示。

3）在“断字区”框中，输入一行中最后一个单词末尾与右页边的距离。要减少连字符的数量，应放宽断字区。要减少右边参差不齐的现象，应缩小断字区的大小。

4）在“连续断字次数限为”框中，输入可连续断字的行数。

5）单击“确定”按钮。

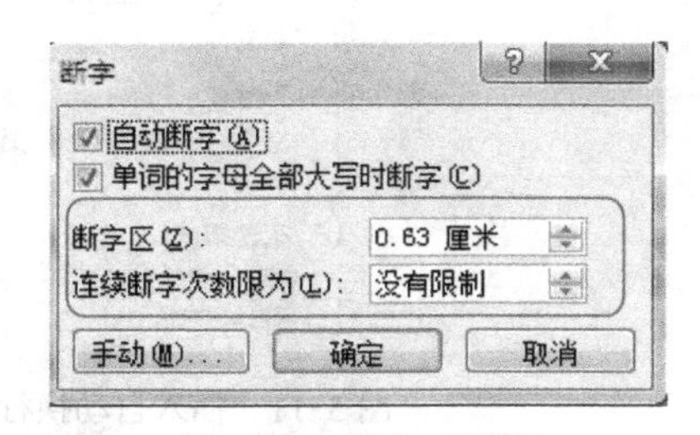

图 5-14　断字对话框

实例 5.1　拼页

【操作要求】为文档（见图 5-15）设置页面配置为拼页。

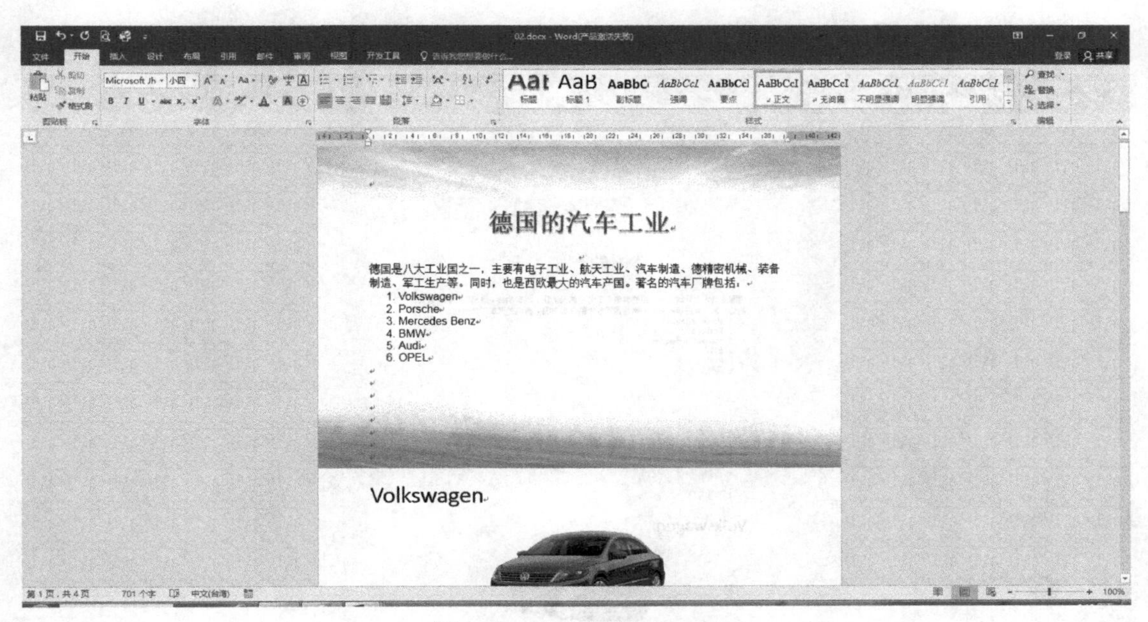

图 5-15　页面配置素材文档

【操作步骤】

1）单击“布局”选项卡→“页面设置”功能组→“页边距”按钮，选择最下面的“自定义边距”选项，打开“页面设置”对话框。

2）选择页面范围，“多页”下拉菜单中的“拼页”，如图 5-16 所示。

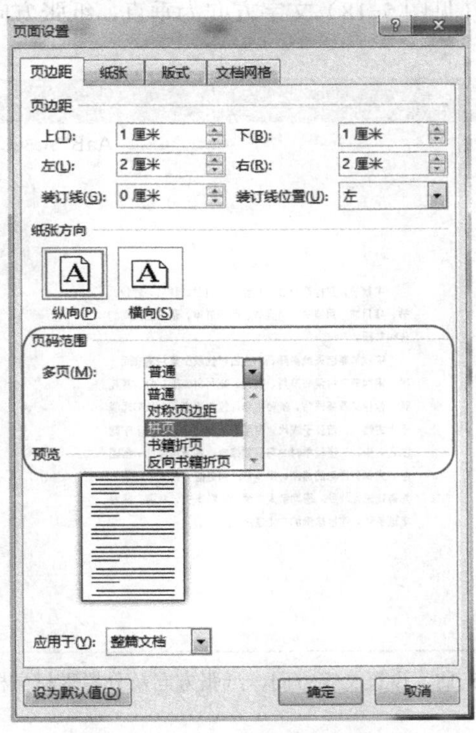

图 5-16　页面配置对话框

3）单击“确定”按钮，效果图如 5-17 所示。

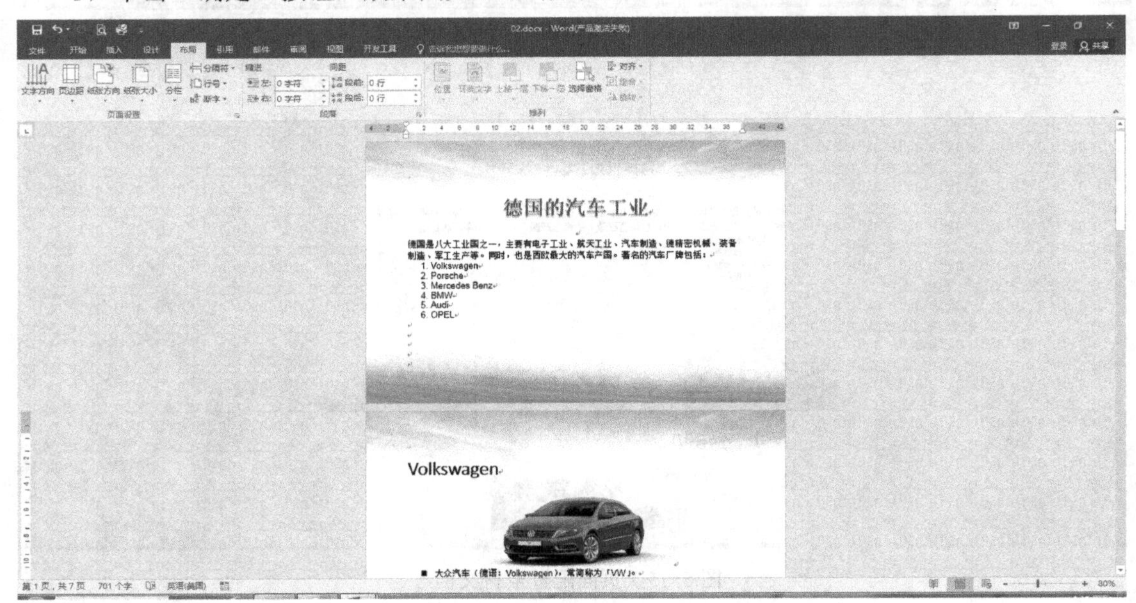

图 5-17　效果图

实例 5.2　设置文字方向、纸张方向及分栏

【操作要求】设置文档（见图 5-18）文字方向为垂直，纸张方向为纵向，从第二段起分 4 栏，间距为 2 字符。

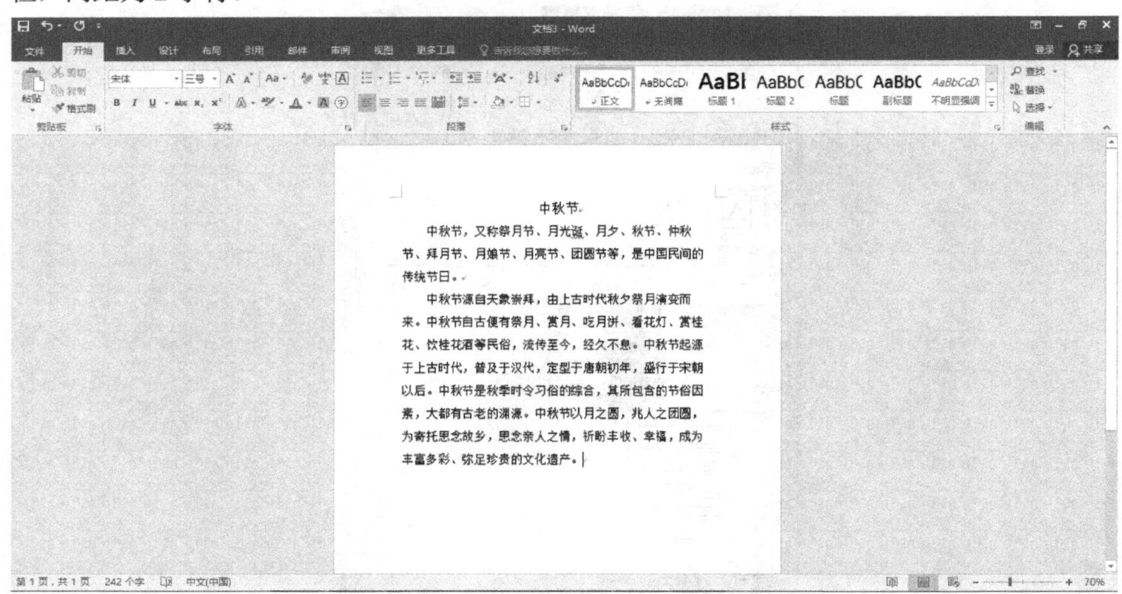

图 5-18　设置文字方向、纸张方向及分栏素材文档

【操作步骤】

1）单击“布局”选项卡→“页面设置”功能组→“文字方向”按钮，在下拉列表中选择“垂直”选项。

2）单击“布局”选项卡→“页面设置”功能组→“纸张方向”按钮，在下拉列表中选择“纵向”选项。

3）将第二段之后的文字选中，选择“布局”选项卡→“页面设置”功能组→“分栏”→“更多分栏”选项，在弹出的分栏对话框中设置分栏为4，间距为2字符，如图5-19所示。

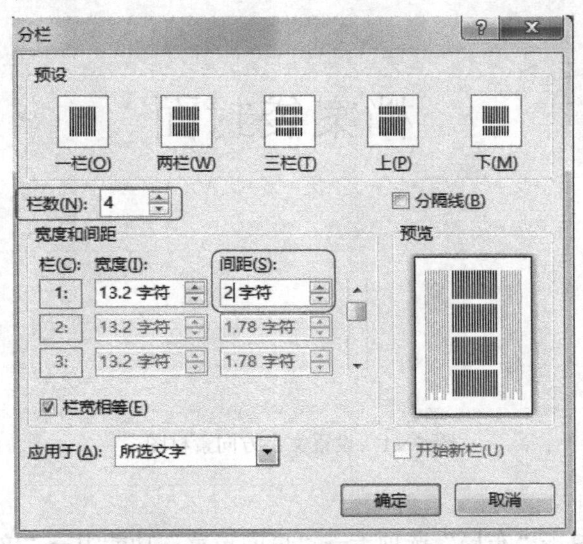

图5-19 设置分栏

4）单击“确定”按钮，效果图如5-20所示。

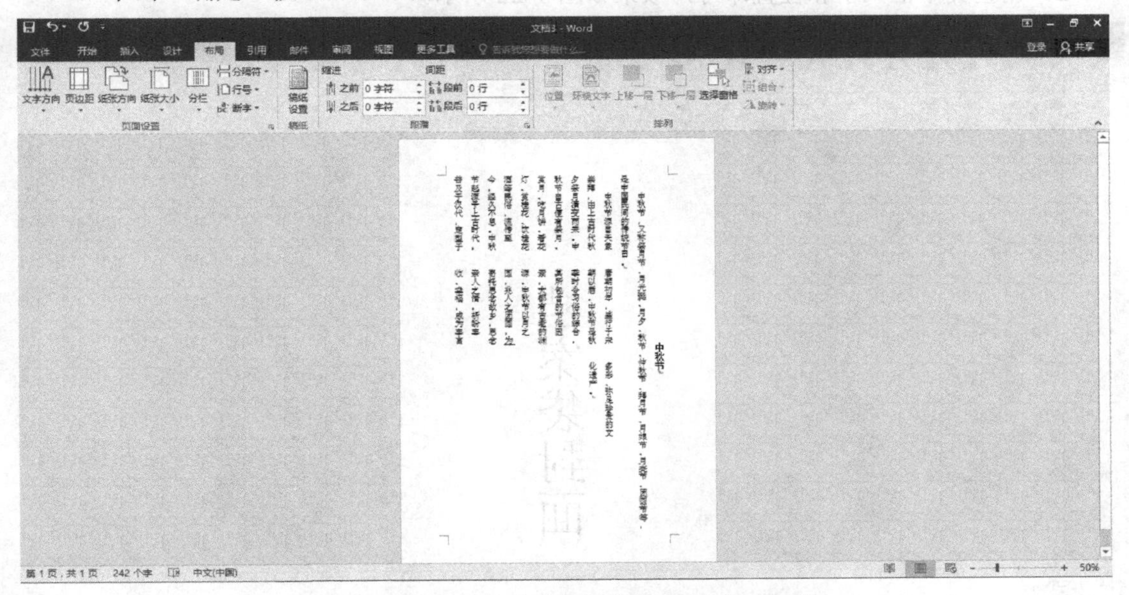

图5-20 设置文字方向、纸张方向及分栏效果图

实例 5.3　设置档案袋封面

【操作要求】将文档（见图 5-21）中的文字方向修改为垂直。

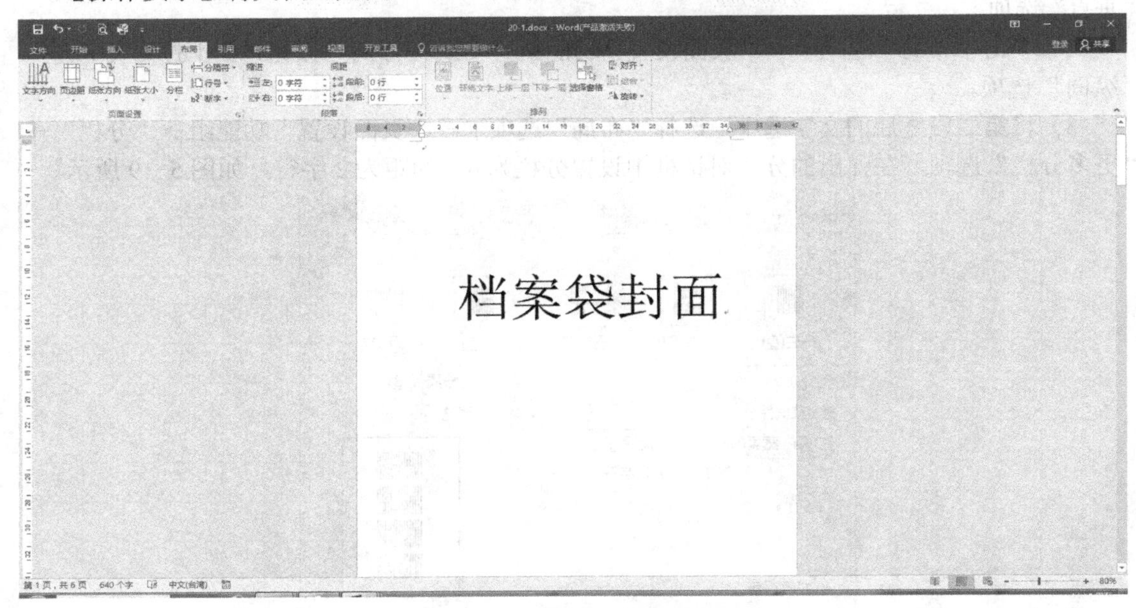

图 5-21　设置文字方向素材图

【操作步骤】

1）选中文本框，单击“布局”选项卡→“页面设置”功能组→“文字方向”按钮，在下拉列表中选择“垂直”选项。

2）调整文本框大小和位置即可，效果如图 5-22 所示。

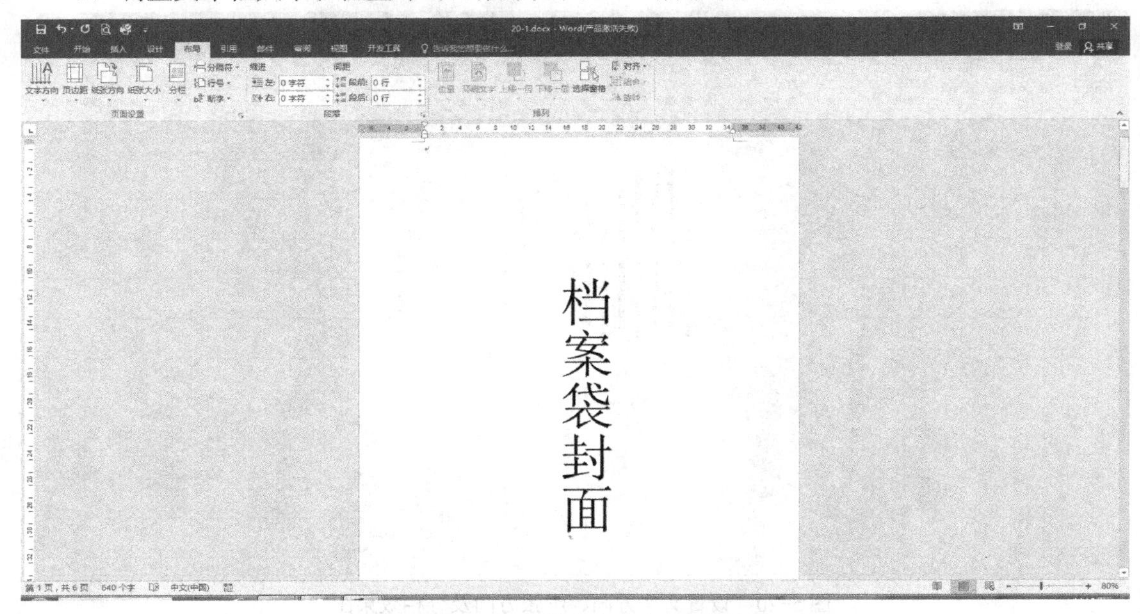

图 5-22　设置文字方向效果图

实例 5.4 插入分节符

【操作要求】将文档（见图 5-23）中“前言”段落前方插入“下一页”的分节符。

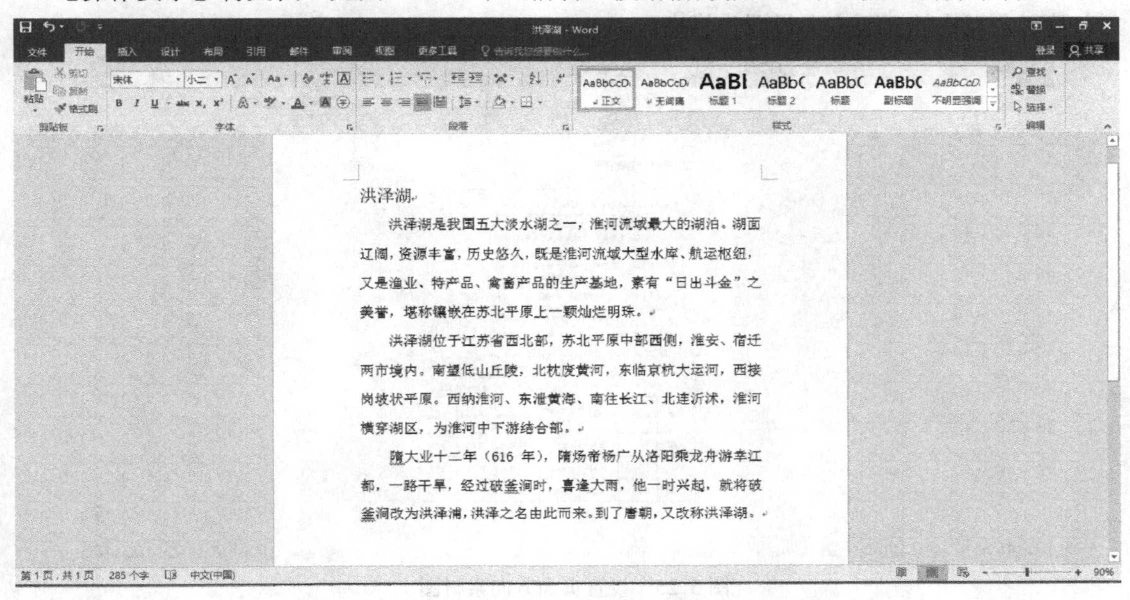

图 5-23 插入分节符素材图

【操作步骤】

1）将指针定位在“洪泽湖”前面。

2）单击“布局”选项卡→“页面设置”功能组→“分隔符”按钮，在下拉列表中选择分节符里的“下一页”选项即可，效果如图 5-24 所示。

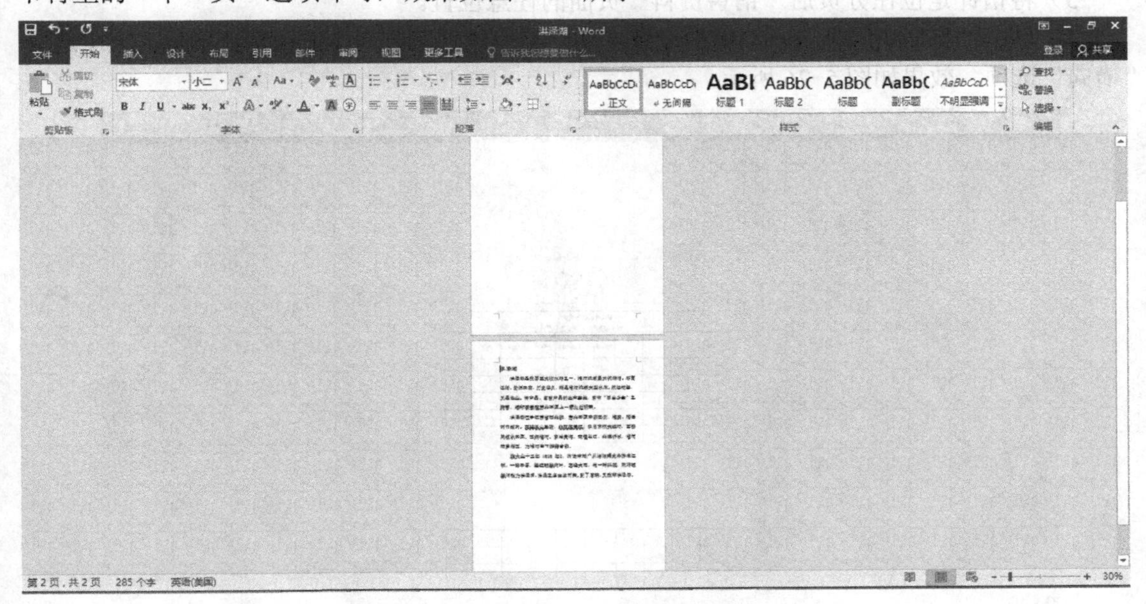

图 5-24 插入分节符效果图

实例 5.5　设置页面方向

【操作要求】给定素材（见图 5-25），通过使用“下一页”分节符，将“销售资料”段落文字及下方表格的页面方向设置为横向。

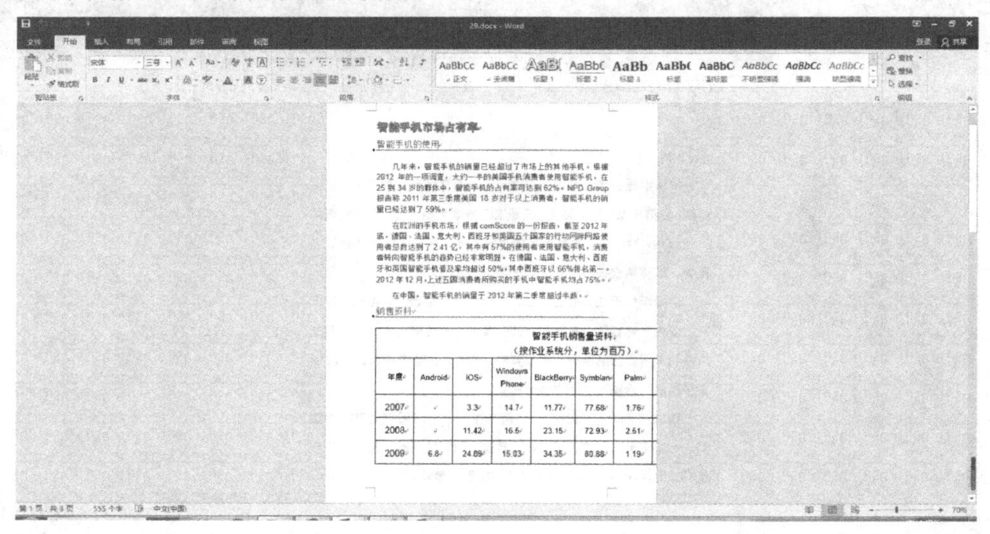

图 5-25　设置页面方向素材图

【操作步骤】

1）将指针定位在“销售资料”前面。

2）单击“布局”选项卡→“页面设置”功能组→“分隔符”按钮，在下拉列表中选择分节符里的“下一页”选项。

3）将指针定位在分页后“销售资料”页面的任意位置。

4）单击“布局”选项卡→“页面设置”功能组→“纸张方向”按钮，在下拉列表中选择“横向”选项，效果如图 5-26 所示。

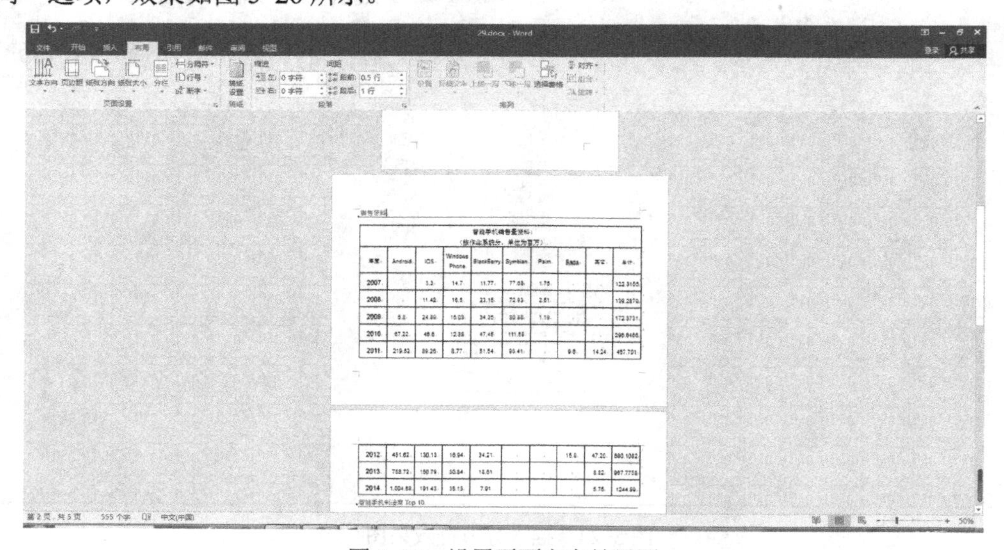

图 5-26　设置页面方向效果图

实例 5.6 设置页面大小

【操作要求】将素材（见图 5-27）文档尺寸设置为 15 厘米宽，20 厘米高。

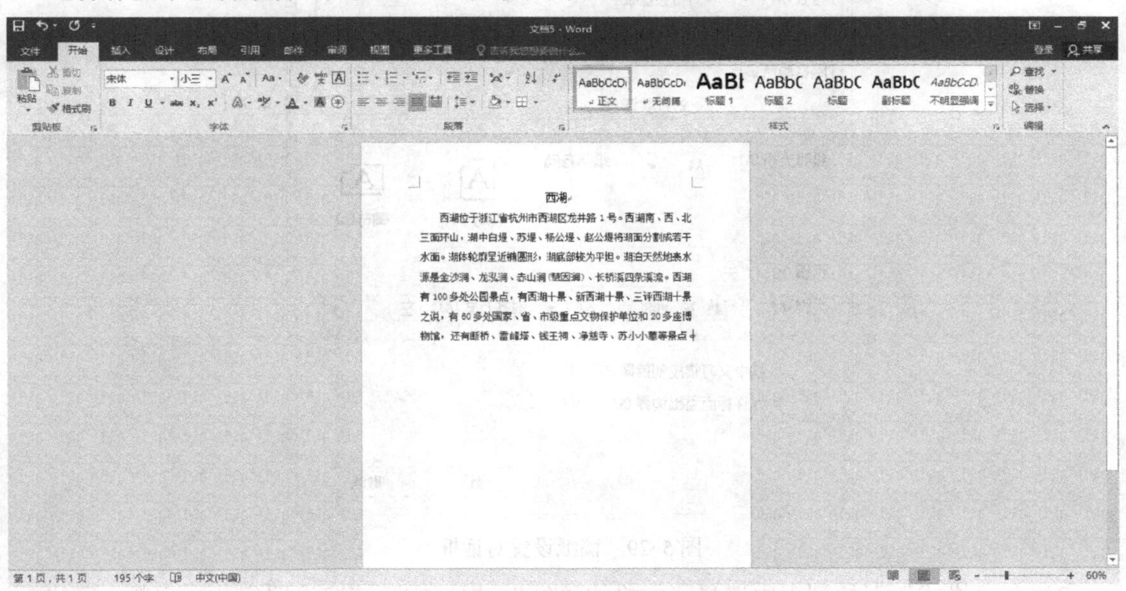

图 5-27 设置页面大小素材图

【操作步骤】

1）单击“布局”选项卡→“页面设置”功能组→“纸张大小”按钮，在下拉列表中选择“其他纸张大小”选项。

2）在弹出的“页面设置”对话框中，设置纸张大小宽为 15 厘米，高为 20 厘米，如图 5-28 所示，单击“确定”按钮。

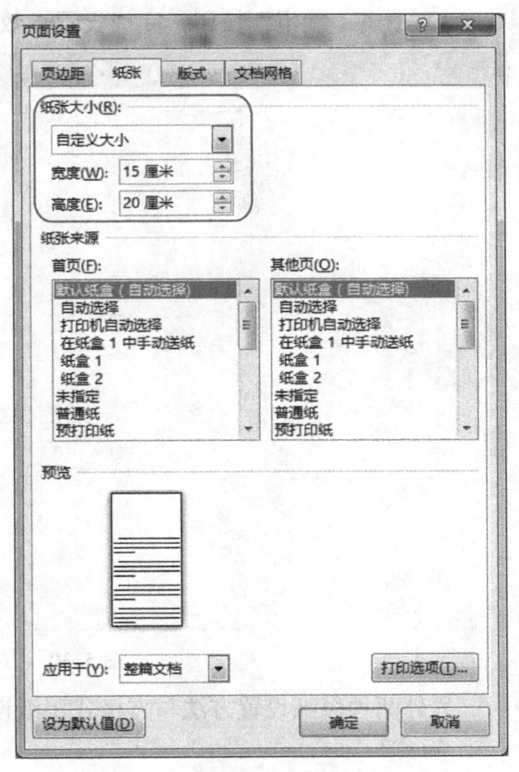

图 5-28 设置页面尺寸

5.2 稿纸设置

在实际工作中，经常需要将文档转换为稿纸或字帖的格式，这就需要对文档进行稿纸设置。稿纸格式在 Word 中主要有三种：方格式稿纸、行线式稿纸、外框式稿纸，用户可根据需要来设置。下面介绍方格式稿纸设置方法。

1）单击“布局”选项卡→“稿纸”功能组→“稿纸设置”按钮，弹出“稿纸设置”对话框，如图 5-29 所示。

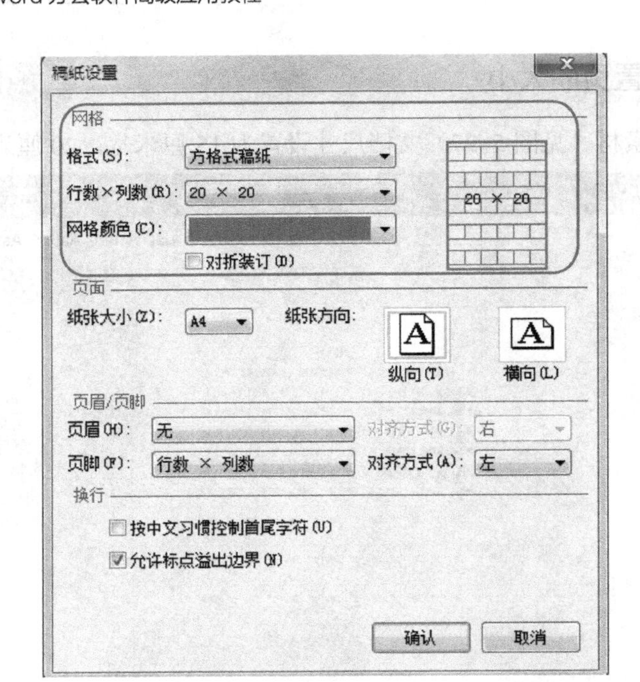

图 5-29　稿纸设置对话框

2）在“格式”下拉列表中选择“方格式稿纸”，根据实际情况设置行数、列数、网格颜色等参数。

3）单击“确定”按钮，完成设置，效果如图 5-30 所示。

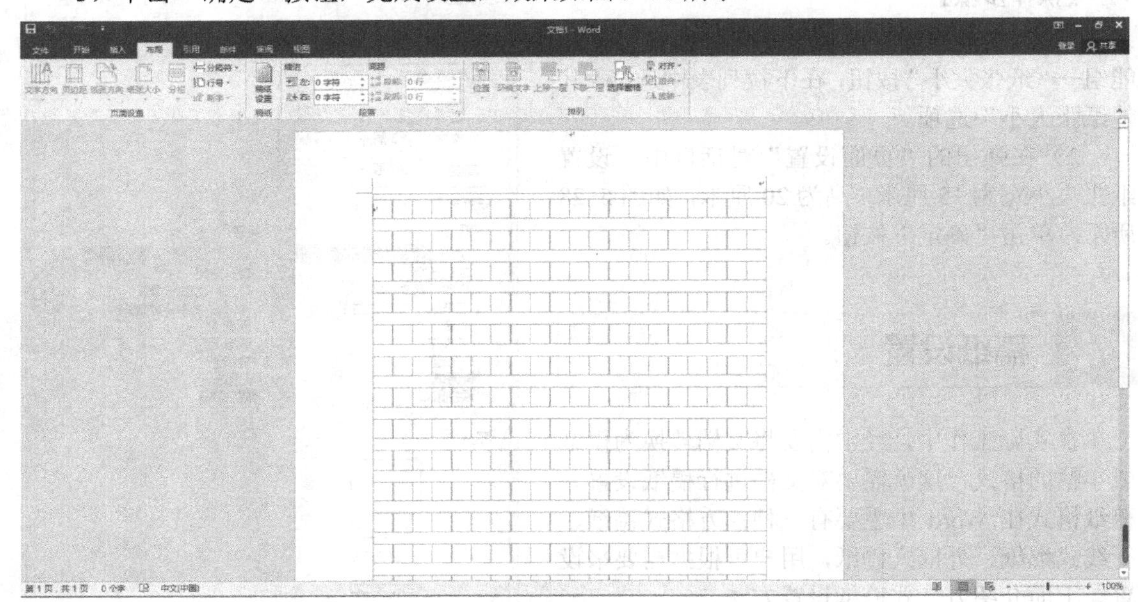

图 5-30　方格式稿纸设置效果图

另外两种稿纸设置方法与方格式稿纸设置方法相似，不做重复讲解。

5.3 综合案例

给定素材：剪纸，如图5-31所示，完成以下练习。

练习1 设置上、下、左、右页边距为2.5厘米、2.5厘米、3厘米、3厘米，纸张大小为16开（18.4厘米×26厘米）。

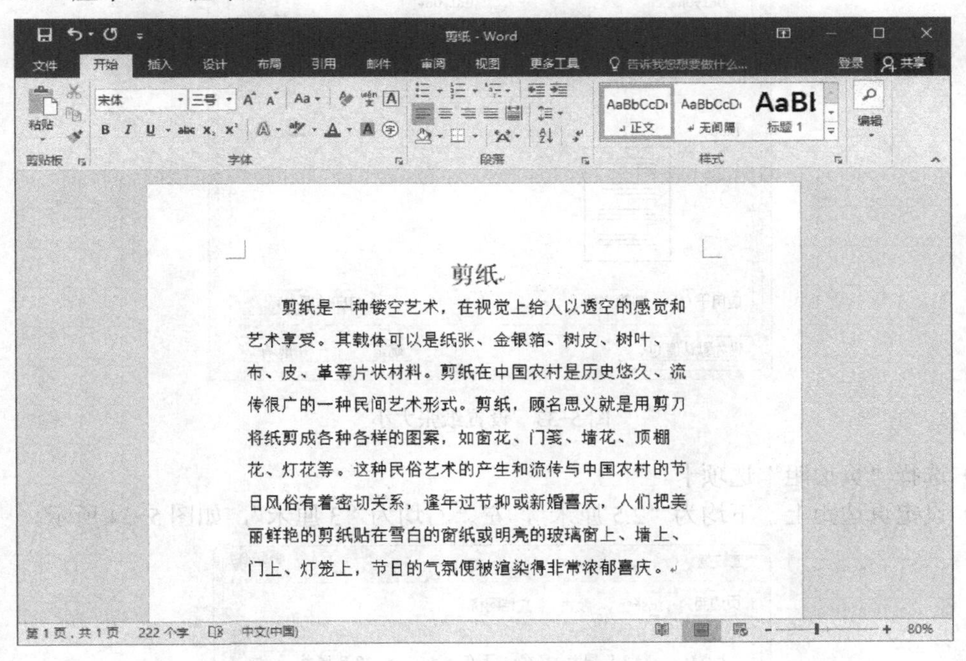

图5-31 综合案例素材图

【操作步骤】

1）打开“布局”选项卡，如图5-32所示。

2）单击“页面设置”组中右下角的展开按钮，弹出“页面设置”对话框。

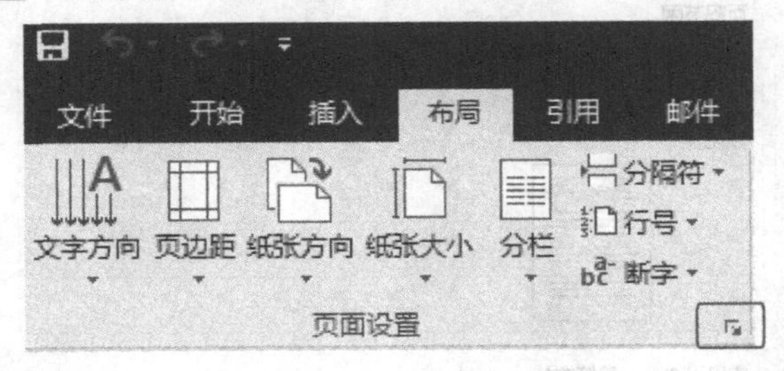

图5-32 “布局”选项卡

3）选择“纸张”选项卡。

4）选择纸张大小为16开（18.4厘米×26厘米），如图5-33所示。

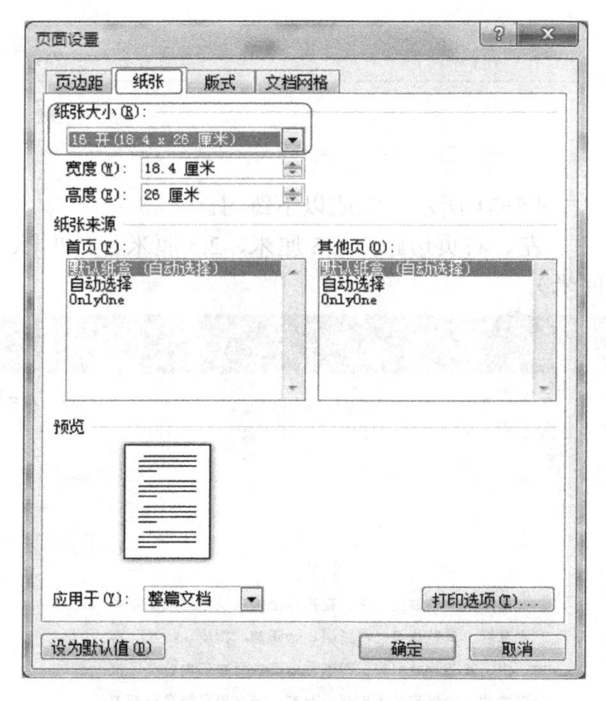

图 5-33　设置纸张大小

5）选择“页边距”选项卡。

6）设定页边距上、下均为“2.5 厘米”，左、右均为“3 厘米”，如图 5-34 所示。

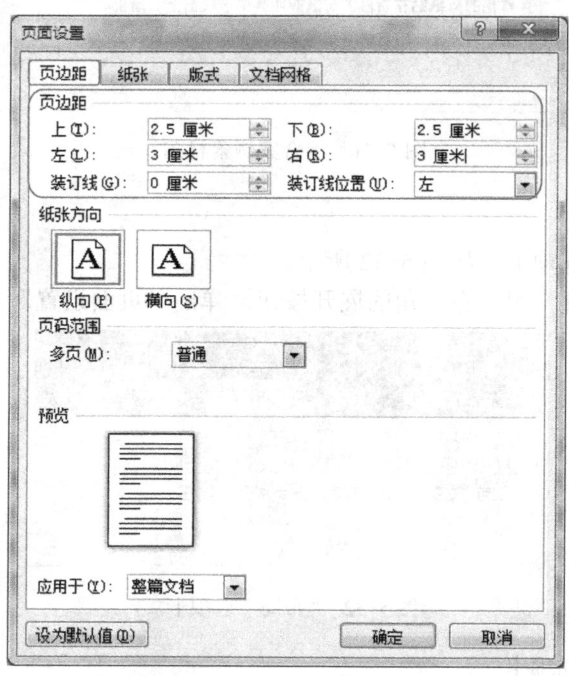

图 5-34　设置页边距

7）单击“确定”按钮关闭对话框。

练习 2　将正文第二、三段（“延安是革命圣地……的华彩篇章”）分为两栏，加分割线，栏宽相等。

【操作步骤】

1）选中正文第二、三段落下的所有文字。

2）单击“布局”选项卡→“页面设置”功能组→“分栏”按钮，如图 5-35 所示。

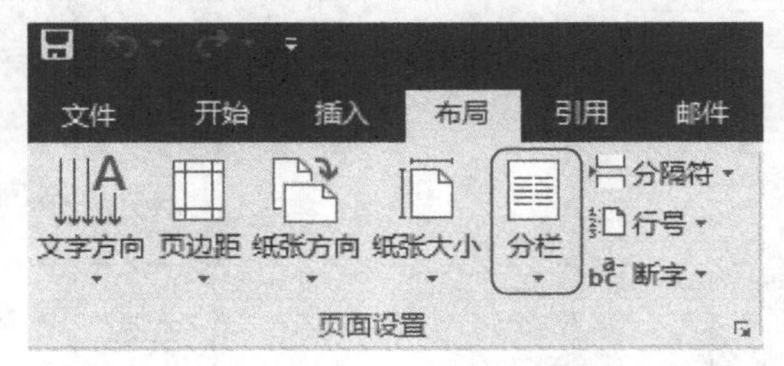

图 5-35　选择分栏

3）选择“更多分栏”选项，弹出“分栏”对话框。

4）选择“预设”组中的“两栏”选项。

5）选择“分隔线”复选框，如图 5-36 所示。

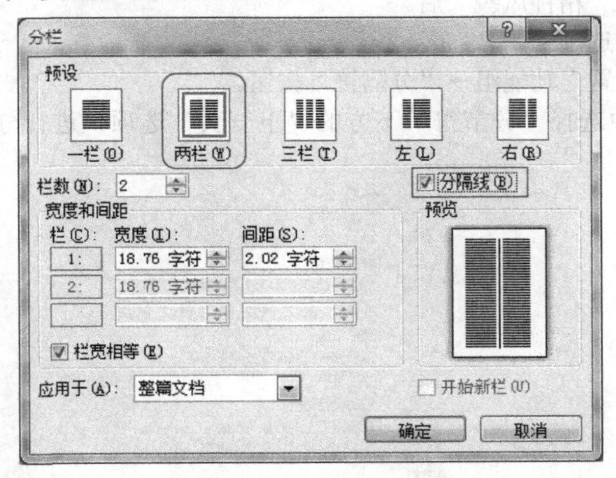

图 5-36　设置分栏

6）单击“确定”按钮。

练习 3　转换文字为横向垂直。

【操作步骤】

1）单击“布局”选项卡。

2）单击“页面设置”功能组→“文字方向”按钮。

3）在下拉列表中选择“垂直”选项，如图 5-37 所示。

4）单击“纸张方向”按钮。

5）在下拉列表中选择“横向”选项，如图 5-38 所示。

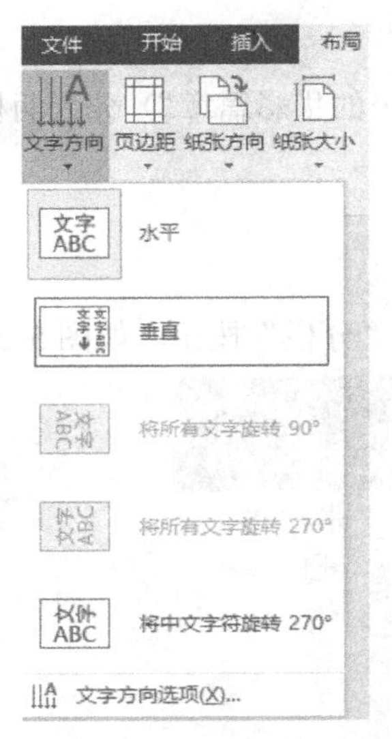

图 5-37　设置文字方向

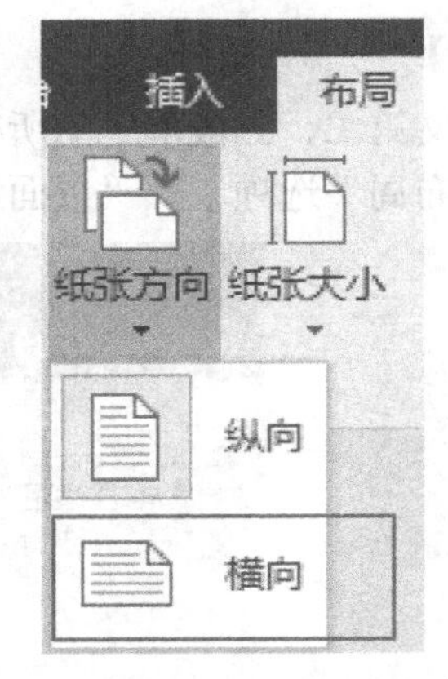

图 5-38　设置纸张方向

练习 4　在文中“浓郁喜庆”后插入分节符。

【操作步骤】

1）将指针定位在“精神风貌”后。

2）单击“布局”选项卡。

3）单击“页面设置”功能组→“分隔符”按钮。

4）在下拉列表中选择“分节符”下方的“下一页”选项，进行分节操作，如图 5-39 所示。

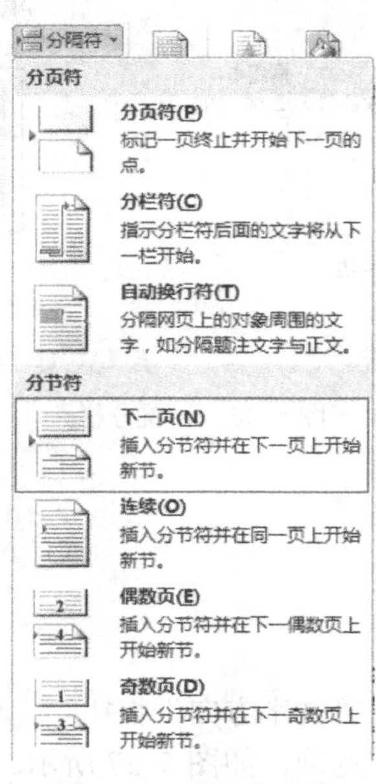

图 5-39　插入分节符

第6章 引 用

本章主要学习使用“引用”选项卡下面的各个功能组，在 Word 2016 文档中生成自动目录、添加脚注和尾注、插入题注、插入表目录等，为读者完成长文档排版奠定基础。

本章要点：

- 目录的插入及更新
- 脚注的插入
- 尾注的插入
- 引文的插入
- 题注的插入

本章难点：

- 表目录的插入
- 交叉引用插入
- 索引的插入
- 标记索引项
- 引文目录的插入

Word 2016 提供的“引用”功能，为文档进行高质量排版提供了方便，如可以方便地生成自动目录、添加脚注和尾注、插入题注等，是进行长文档排版所必需的功能，同时也是全国计算机等级考试 MS Office 高级应用与设计科目的重要考点。

6.1 目录

目录是编辑 Word 长文档时必不可少的内容，目录的内容通常都是由各级标题及其所在页的页码组成，目的在于方便阅读者直接查询有关内容的页码。

6-1
目录

6.1.1 自动目录的插入

Word 提供了根据文档中标题样式段落的内容自动生成目录的功能，可以通过控制创建目录的标题级别数来控制目录的级别数。但文档中的标题一定要使用相应的标题样式，否则，Word 不能按标题样式自动创建目录。

1）打开 Word 文档，单击“开始”选项卡→“样式”功能组中所需样式即可，根据文档内容按级别为需要生成目录的内容选择相应的样式，如图 6-1 所示。

AaBbCcDc 正文 | AaBbCcDc 无间隔 | AaBl 标题 1 | AaBbC 标题 2 | AaBbC 标题 | AaBbC 副标题 | AaBbCcDc 不明显强调 | AaBbCcDc 强调 | AaBbCcDc 明显强调

图 6-1 选择样式

2）将指针定位在要插入目录的页面，通常是在封面和正文之间，一般目录本身不需要页码，因此使用分节符将目录所在页和正文分在两个不同的节。单击“布局”选项卡→“分隔符”按钮，在下拉列表中选择“分节符”→“下一页”选项，如图 6-2 所示。

3）单击“引用”选项卡→“目录”按钮，在如图 6-3 所示的下拉列表中选择“自动目录 1”或“自动目录 2”，就可以插入自动目录。

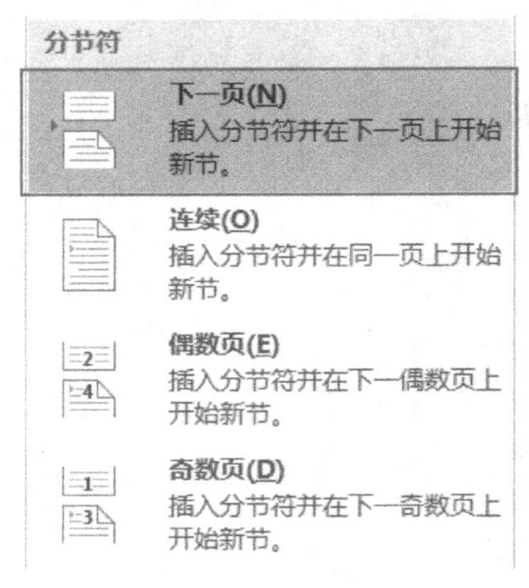

图 6-2 插入“下一页”分节符

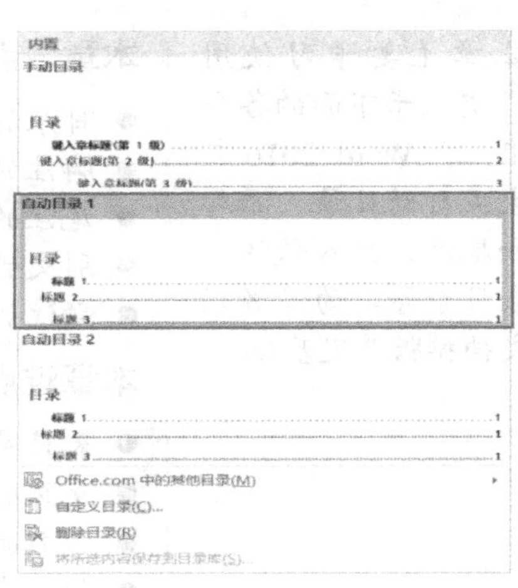

图 6-3 插入自动目录

注意：目录插入完成后，在所在目录页，按住〈Ctrl〉键的同时用鼠标单击所选择的目录行，即可完成跳转式访问。

6.1.2 目录的更新

当对文档的标题做了修改之后，自然需要对新文档的目录进行更新。如果手工更新目录，就要对每一条目录进行更改，但用 Word 目录的更新功能只需点击几下鼠标就可以了。

自动更新目录的方法是选择“引用”选项卡→“更新目录”按钮，或是直接在目录区域右击，选择“更新域”选项，即可出现如图 6-4 所示对话框，根据需要更新的内容选择“只更新页码”还是“更新整个目录”，即可完成对目录的更新。

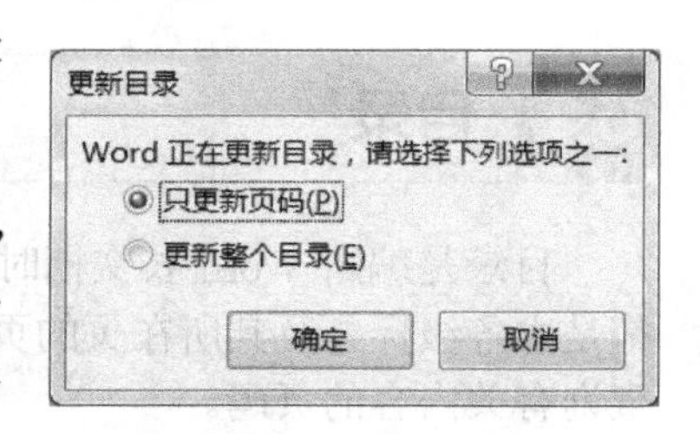

图 6-4 更新目录

注意：将指针定位在已插入的目录区域内按〈F9〉键也可以弹出如图 6-4 所示对话框。

实例 6.1 插入目录并设置样式

【操作要求】第 1 页前方以“分节符”方式分页，并在新的页面使用“正式”格式插入目录，且设置 TOC1 和 TOC2 样式为“微软雅黑”，字号为“18pt”（注意：目录不包含黄色突出显示的标题）；设置正文起始页码从 1 开始，目录页码格式更改为“Ⅰ，Ⅱ，Ⅲ...”，并重新更新页码目录。文档素材如图 6-5 所示。

【操作步骤】

1）将指针定位在文档的最前端，单击“布局”选项卡→“页面设置”功能组→“分割符”

按钮，在下拉列表中选择“分节符”下的“下一页”选项。

2）将指针定位在新插入页的最顶端，单击“引用”选项卡→“目录”按钮，在下拉列表中选择“自定义目录”选项，打开“目录”对话框，设置“格式”为“正式”，设置“显示级别”为“2”，如图 6-6 所示。

中国互联网络发展状况统计报告
（2021 年 7 月 ）
中国互联网络信息中心
前言
当前互联网已经成为影响我国经济社会发展、改变人民生活形态的关键行业，CNNIC 的历次报告则见证了中国互联网从起步到腾飞的全部历程，并且以严谨客观的数据，为政府部门、企业等各界掌握中国互联网络发展动态、制定相关决策提供了重要依据，受到各个方面的重视，被国内外广泛引用。
自 1998 年以来，中国互联网络信息中心形成了于每年 1 月和 7 月定期发布《中国互联网络发展状况统计报告》的惯例。此统计报告延续了以往内容和风格，对我国网民规模、结构特征、接入方式和网络应用等情况进行了连续的调查研究。
本年度《报告》的数据采集工作一如既往地得到了政府、企业以及社会各界的大力支持。各项调查工作得以顺利进行；在各互联网单位、调查支持网站以及媒体等的密切配合下，基础资源数据采集及时完成。在此，谨对他们表示最衷心的感谢！同时也对接受此次互联网发展状况统计调查的网民朋友表示最诚挚的谢意！
中国互联网络信息中心
2021 年 7 月
报告摘要
一、基础数据
截至 2021 年 6 月，我国网民规模较 2020 年 12 月增长了 2175 万，互联网普及率达 71.6%，形成了全球最为庞大、生机勃勃的数字社会。
二、趋势与特点
数字社会新形态持续升级
截至 2021 年 6 月，我国互联网应用呈持续稳定增长态势。与 2020 年 12 月相比，网上外卖、在线医疗、在线办公的用户规模增长最为显著，增长率均在 10%以上；在基础应用类应用中，搜索引擎、网络新闻的用户规模分别增长 3.3%、2.3%；在商务交易类应用中，在线旅行预订、网络购物的用户规模分别增长 7.0%、3.8%；网络娱乐类应用中，网络直播、网络音乐的用户规模均增长了 3%以上。
“互联网应用和服务的广泛渗透构建起数字社会的新形态——短视频、直播正在成为全民新的生活方式；从网购、外卖用户规模看，人们的购物方式、餐饮方式发生明显变化；在线教育、在线医疗等在线公共服务进一步便利民众。”中国互联网协会咨询委员会委员高新民说。
其中，不同年龄段在应用使用上呈现不同特点。比如，20 至 29 岁网民对网络音乐、网络视频等应用的使用率在各年龄段中最高，30 至 39 岁网民

图 6-5 目录设置文档素材

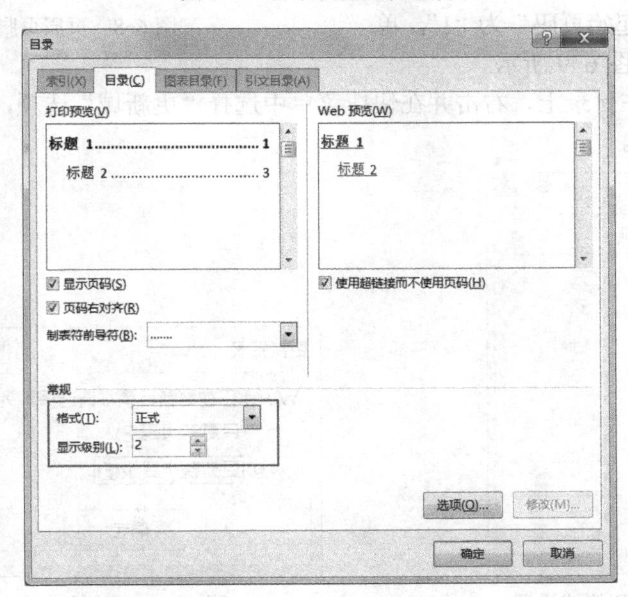

图 6-6 设置目录

3）单击图 6-6 中的“确定”按钮，得到如图 6-7 所示效果。

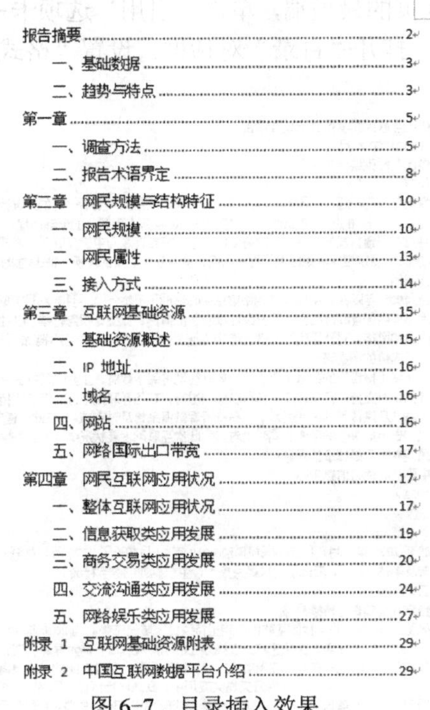

图 6-7　目录插入效果

4）双击“第 2 节”的页脚，进入“页眉页脚工具”选项卡→“设计”，如图 6-8 所示。

5）选中页码“3”，右击并在快捷菜单中选择“设置页码格式”选项，打开“页码格式”对话框，选择“编号格式”为“I,II,III,…”，设置“起始页码”为“I”，单击“确定”按钮，如图 6-9 所示。

图 6-8　页眉页脚设计

6）将指针定位在目录上，右击并在快捷菜单中选择“更新域”选项，选择“更新整个目录”，如图 6-10 所示。

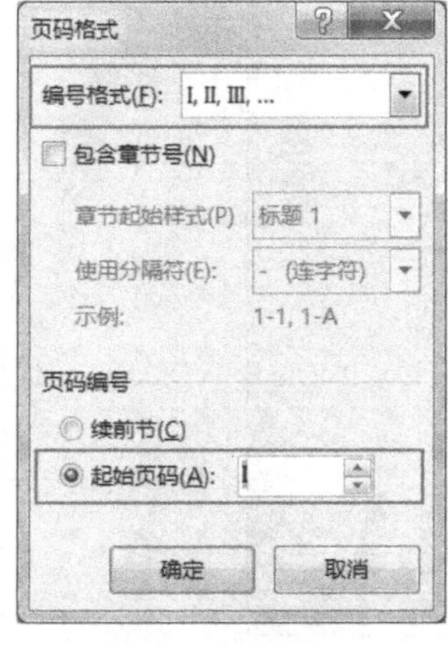

图 6-9　页码格式设置

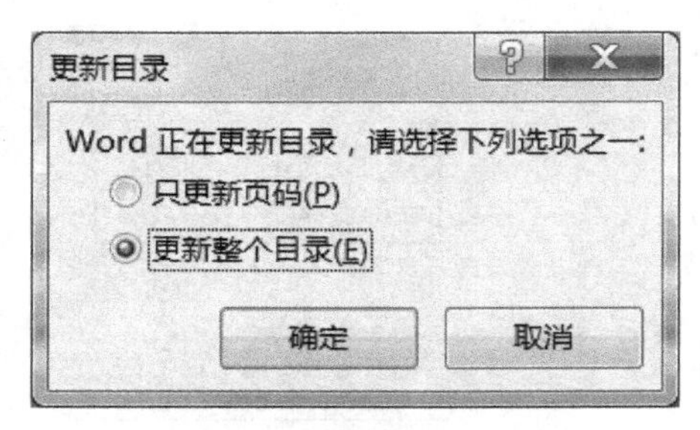

图 6-10　更新整个目录

7）目录更新后，效果如图 6-11 所示。

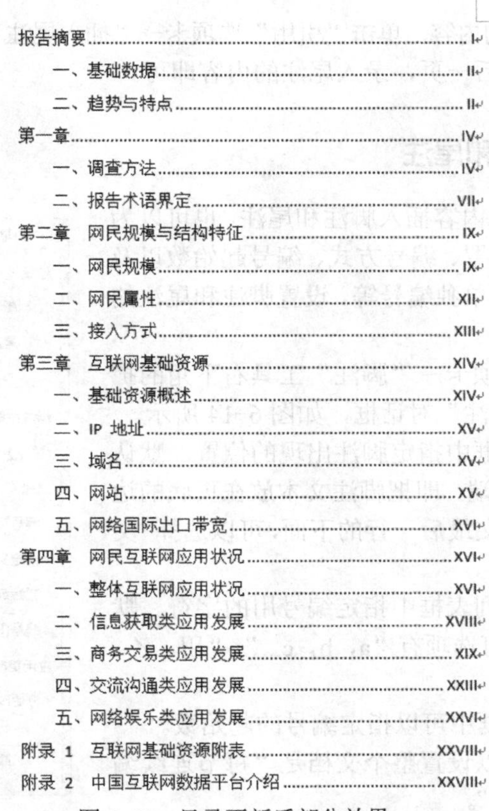
报告摘要..I
一、基础数据..II
二、趋势与特点..II
第一章..IV
一、调查方法..IV
二、报告术语界定..VII
第二章 网民规模与结构特征..IX
一、网民规模..IX
二、网民属性..XII
三、接入方式..XIII
第三章 互联网基础资源..XIV
一、基础资源概述..XIV
二、IP 地址..XV
三、域名..XV
四、网站..XV
五、网络国际出口带宽..XVI
第四章 网民互联网应用状况..XVI
一、整体互联网应用状况..XVI
二、信息获取类应用发展..XVIII
三、商务交易类应用发展..XIX
四、交流沟通类应用发展..XXIII
五、网络娱乐类应用发展..XXVI
附录 1 互联网基础资源附表..XXVIII
附录 2 中国互联网数据平台介绍..XXVIII

图 6-11 目录更新后部分效果

6.2 脚注和尾注

脚注和尾注是对文本的补充说明。脚注一般位于页面的底部，可以作为文档某处内容的注释；尾注一般位于文档的末尾，列出引文的出处等。

6-2
脚注和尾注

6.2.1 插入脚注

1）选择要插入脚注的文本，单击“引用”选项卡→“插入脚注”按钮，如图 6-12 所示。

2）在当前页面的底部，录入脚注的内容即可，如图 6-13 所示。

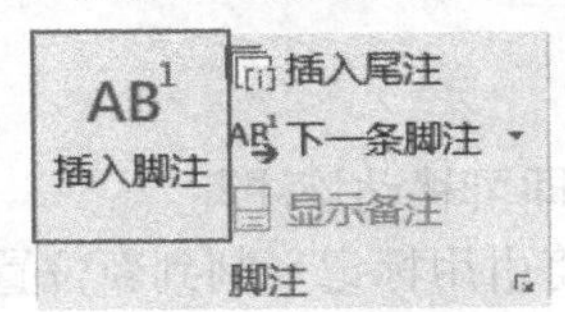

图 6-12 “插入脚注”工具

图 6-13 录入脚注内容

6.2.2 插入尾注

1）选择要插入尾注的内容，单击“引用”选项卡→“插入尾注”按钮，如图 6-12 所示。

2）在整个文档的最后一页，录入尾注的内容即可。

6.2.3 设置脚注和尾注

用户不仅可以为文档内容插入脚注和尾注，也可以为脚注或尾注指定出现的位置、编号方式、编号起始数以及是否要在每一页或每一节单独编号等。设置脚注和尾注的具体步骤如下。

1）单击“引用”选项卡→“脚注”工具右下角的扩展按钮，打开“脚注和尾注”对话框，如图 6-14 所示。

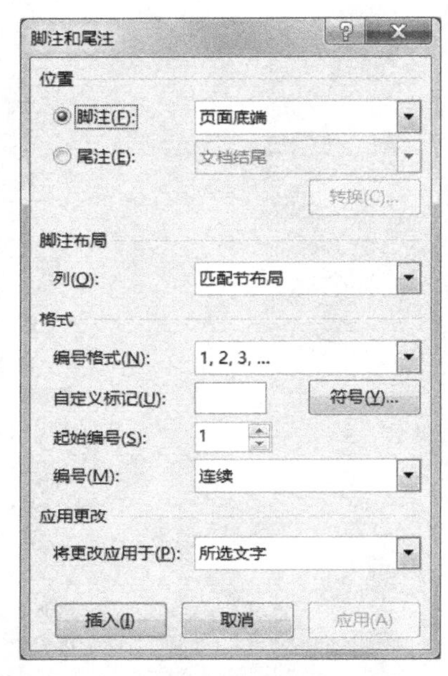

图 6-14 “脚注和尾注”对话框

2）在“位置”列表框中指定脚注出现的位置。默认情况下，将出现在页面底端，即把脚注文本放在页底的边缘，如果要把脚注放在正文最后一行的下面，可以选择“文字下方”选项。

3）在“编号格式”列表框中指定编号用的字符。默认为“1，2，3...”，其他可选项有“a，b，c...”、“甲、乙、丙...”等。

4）在“起始编号”框中可以指定编号的起始数。

5）在“编号”中可以设置整个文档是“每节连续编号”还是“每页连续编号”。

6）在“应用更改”中可以设置将更改应用于“整篇文档”还是“所选文字”。

6.2.4 查看脚注和尾注

在 Word 2016 中，查看脚注和尾注文本的方法很简单，只要将鼠标指向文档中的注释引用标记，注释文本就会出现在标记上。

6.2.5 修改脚注和尾注

注释包含两个相关联的部分：注释应用标记和注释文本。当用户要移动或复制注释时，可以对文档窗口中的引用标记进行相应的操作。如果移动或复制了自动编号的注释引用标记，Word 2016 还将按照新顺序对注释重新编号。

如果要移动或复制某个注释，可以按下面的步骤进行。

1）在文档窗口中选定注释应用标记。

2）按住鼠标左键不放将引用标记拖动到文档中的新位置即可移动该注释。

3）如果在拖动鼠标的过程中按住〈Ctrl〉键不放，即可将引用标记复制到新位置，然后在注释区中插入新的注释文本即可，复制多个脚注效果如图 6-15 所示。

注意：也可以利用复制、粘贴的命令来实现复制引用标记。

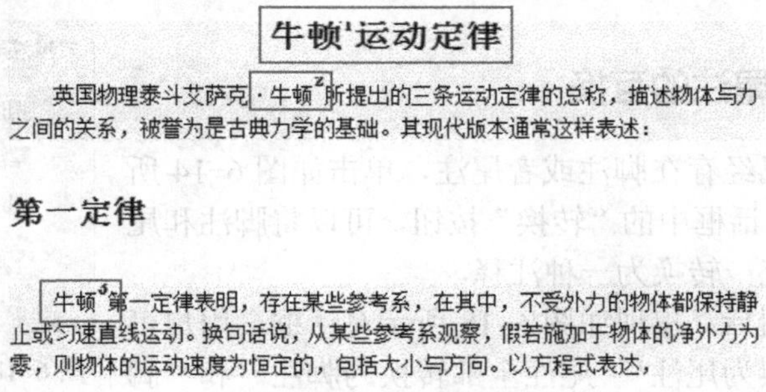

牛顿[1]运动定律

英国物理泰斗艾萨克·牛顿[2]所提出的三条运动定律的总称，描述物体与力之间的关系，被誉为是古典力学的基础。其现代版本通常这样表述：

第一定律

牛顿[3]第一定律表明，存在某些参考系，在其中，不受外力的物体都保持静止或匀速直线运动。换句话说，从某些参考系观察，假若施加于物体的净外力为零，则物体的运动速度为恒定的，包括大小与方向。以方程式表达，

图 6-15　复制多个脚注

6.2.6　删除脚注和尾注

如果要删除某个注释，可以在文档中选定相应的注释引用标记，然后直接按〈Delete〉键，Word 会自动删除对应的注释文本，并对文档后面的注释重新编号。

如果要删除所有自动编号的脚注和尾注，可以使用“查找和替换”方法，具体操作步骤如下。

图 6-16　“查找和替换”对话框

1）单击“开始”选项卡→“替换”按钮，打开“查找和替换”对话框，如图 6-16 所示。

2）单击如图 6-15 所示的“更多”按钮，在出现的对话框里单击“特殊格式”按钮，如图 6-17 所示，在出现的“特殊格式”列表中，选择“尾注标记”或“脚注标记”选项。

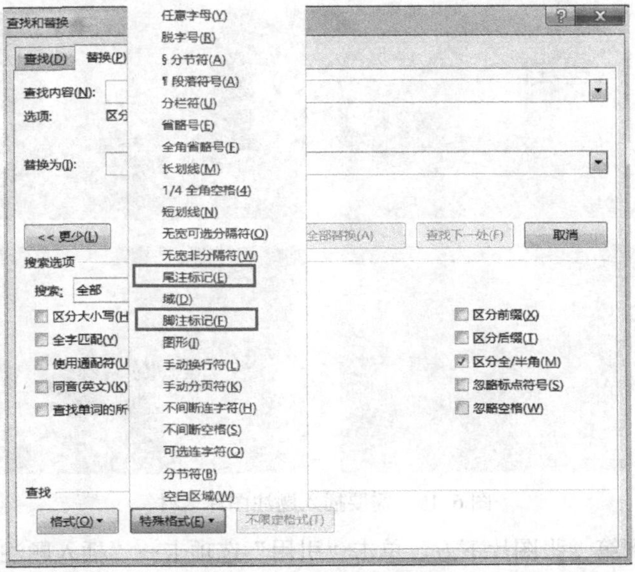

图 6-17　“脚注标记”和“尾注标记”特殊格式

3）“替换为”后面不输入任何内容，然后单击“全部替换”按钮即可完成将脚注和尾注全部删除的操作。

6.2.7 脚注和尾注的互换

如果当前文档中已经存在脚注或者尾注，单击如图 6-14 所示的“脚注和尾注”对话框中的“转换”按钮，可以将脚注和尾注互相转换，也可以统一转换为一种注释。

单击“转换”按钮后，出现如图 6-18 所示对话框，用户可以进行“脚注全部转换为尾注”“尾注全部转换为脚注”和“脚注和尾注相互转换”三种注释转换。

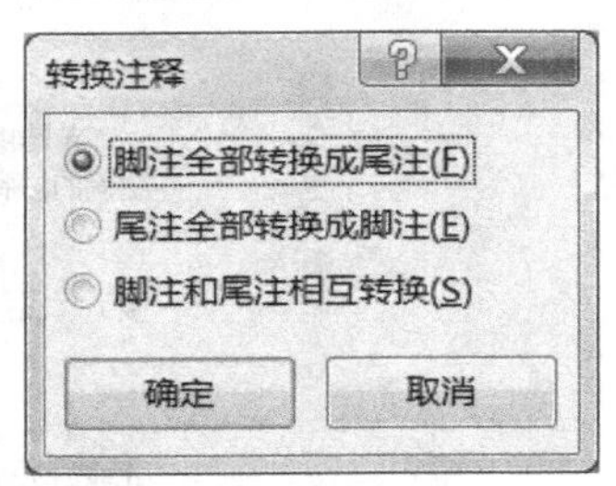

图 6-18 “转换注释”对话框

6.3 题注

在长文档中，经常会出现一定数量的表格、图表、公式、图形、照片等对象。使用 Word 2016 中的题注功能可以对这些对象设置自动生成的题注和序号，如“图 1 计算机硬件组成系统”“图 2 计算机软件系统组成”“表 1 ASCII 表”等，则其中的“图 1”“表 1”称为题注。在正文中引用这些题注，可以避免新增、删除对象时，人工修改题注和引用时的错误。

6-3
题注

6.3.1 插入“图 1”“图 2”类型题注

假设在文档中有如图 6-19 所示的 4 张图片，为 4 张图片添加“图 1”“图 2”“图 3”“图 4”题注的操作步骤如下。

图 6-19 需要插入题注图片素材

1）将指针移动到第一张图片下方，单击“引用”选项卡→“插入题注”按钮，如图 6-20 所示。

2）弹出如图 6-21 所示“题注”对话框，单击“新建标签”按钮。

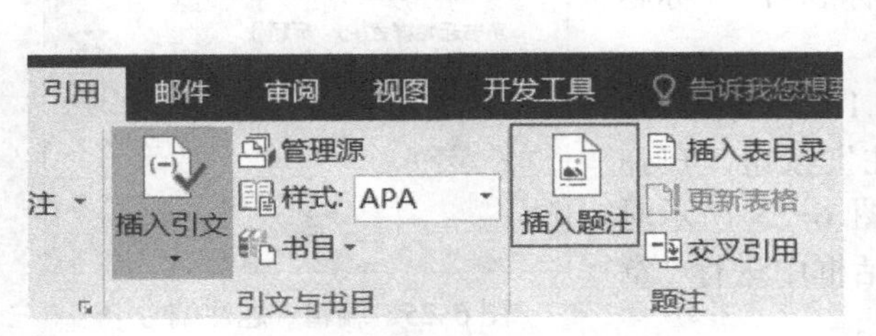

图 6-20 “插入题注”

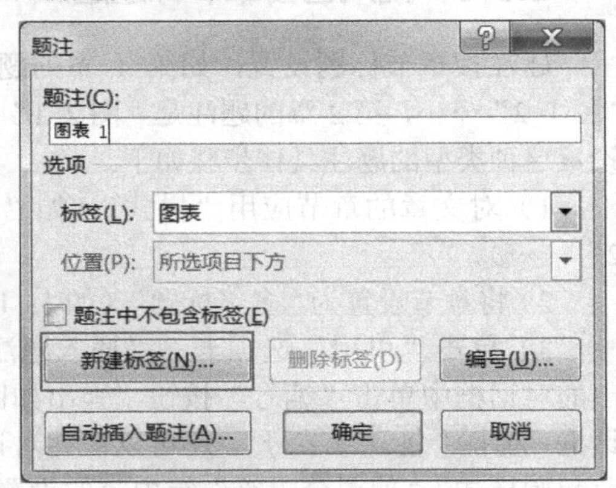

图 6-21 “题注”对话框

3）打开如图 6-22 所示对话框，录入标签内容“图”，单击“确定”按钮。

4）图片 1 插入题注后，再为图添加说明，效果如图 6-23 所示。

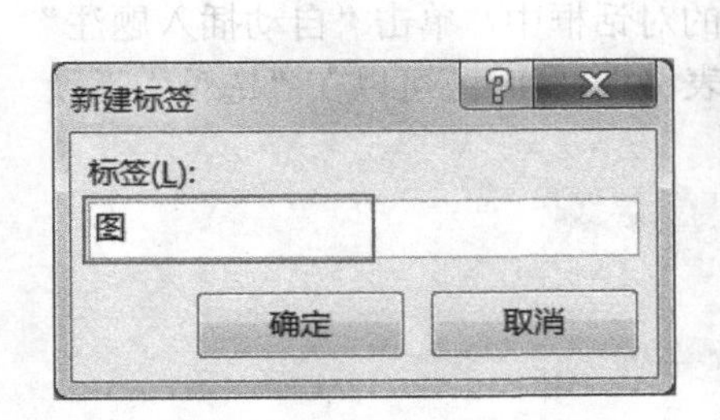

图 6-22 新建“图”标签

图 1 图书馆

图 6-23 添加“图 1”题注效果

其中“图 1”为自动生成，“图书馆”是自行输入。

将指针定位到图片 2 下方，单击“引用”选项卡→“插入题注”按钮，打开“题注”对话框，则题注自动变成“图 2”，单击“确定”按钮完成“图 2”题注的插入，以此类推，完成其他图片题注的插入。

6.3.2 插入“图 1-1”“图 1.1”类型题注

要想插入如“图 1-1”和“图 1.1”类型的题注，通过观察可知，“图 1-”和“图 1.”是不变的，所以新建标签的时候，将标签内容设置成“图 1-”和“图 1.”即可，操作如图 6-24 所示。

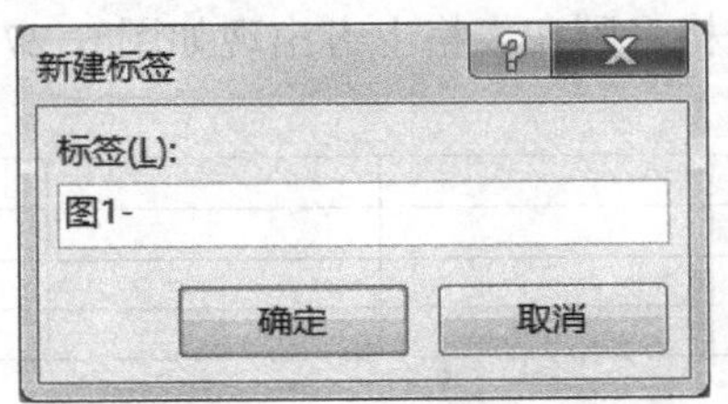

图 6-24 新建“图 1-”标签

6.3.3 插入包含章节标题题注

题注按章节标题设置，如第 1 章的题注是“图 1-1”“图 1-2”……，第 2 章的题注是“图 2-1”“图 2-2”……，设置这种类型的题注具体步骤如下。

1）对文章的章节应用“样式”（如“标题 1”“标题 2”……）。

2）将章节设置为“多级标题”（如 1；1.1；1.1.1……）。

3）单击“引用”选项卡→“插入题注”按钮，在弹出的对话框中单击“编号”按钮，弹出如图 6-25 所示对话框，选择“包含章节号”。还可以在此对话框中进行“章节起始样式”“使用分隔符”等内容的设置。

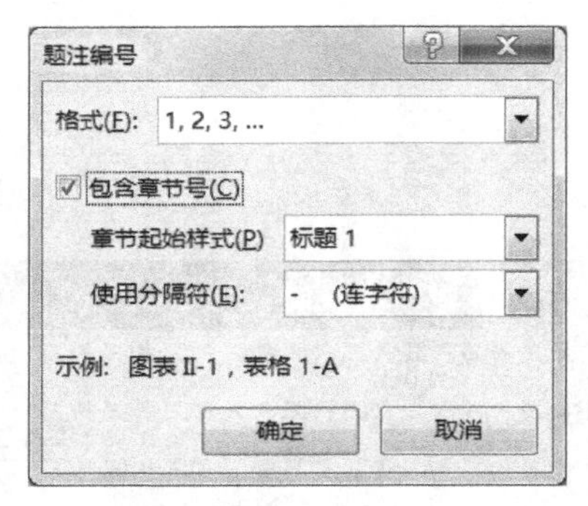

图 6-25 编辑“题注编号”

6.3.4 插入自动题注

除了上面几种插入题注的方法，Word 2016 还提供了“自动插入题注”功能，以为 Word 表格插入自动题注为例，具体操作步骤如下。

1）单击“引用”选项卡→“插入题注”按钮，在弹出的对话框中，单击“自动插入题注”按钮，打开如图 6-26 所示对话框，选择“Microsoft Word 表格”，同时还可以在“选项”下设置题注的位置，可以选择“项目上方”或是“项目下方”。

图 6-26 自动插入题注

2）在 Word 文档中插入表格，则在表格上方出现如图 6-27 所示的题注。

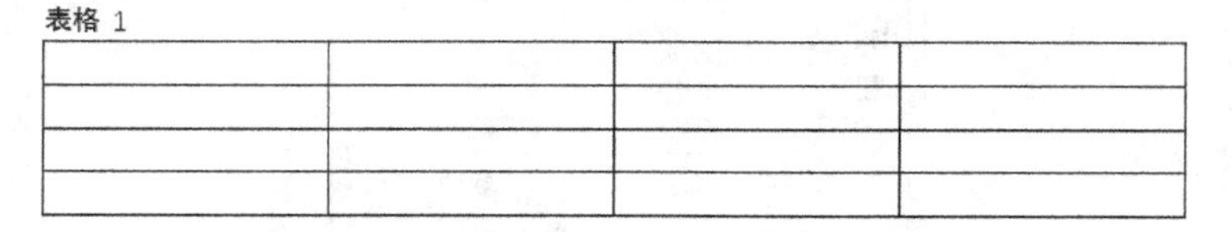

图 6-27 为表格自动插入题注

6.3.5 删除题注

删除题注的操作很简单，只要单击“引用”选项卡→“插入题注”按钮，在出现的对话框中，选择要删除的题注，单击“删除标签”按钮即可，如图 6-28 所示。

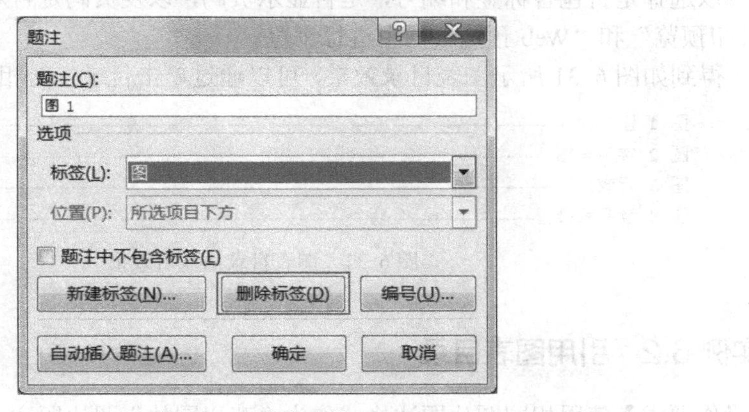

图 6-28 删除题注

6.3.6 插入图表目录

在 Word 2016 中，当为所有的图表插入题注后，可以通过“插入表目录”将图表的题注创建成目录，达到方便用户访问的目的，具体的操作如下。

1）准备好素材，文档中有 4 页内容，每页内容都包括 1 张带有题注的图片，如图 6-29 所示。

图1 图书馆

图2 实习宾馆

图3 行政楼

图4 食品科技园

图 6-29 “插入图表目录”素材

2）选择图表目录要插入的位置，通常在文档的开头或是结尾，单击“布局”选项卡→“分页符”按钮，将图表目录和正文内容放在不同的两节。

3）单击“引用”选项卡→“插入表目录”按钮，如图 6-30 所示。

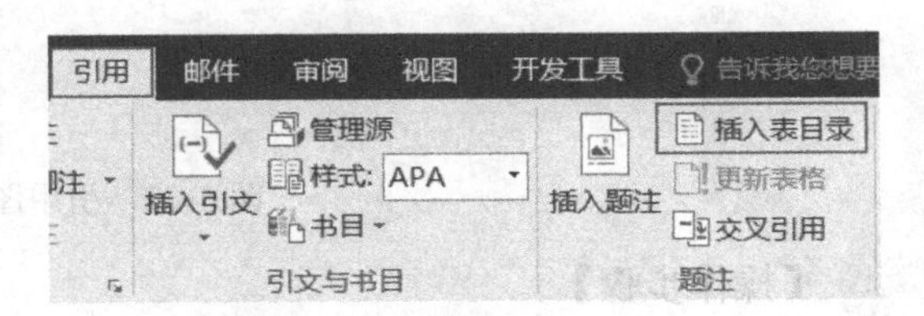

图 6-30 插入表目录

4）在打开的“图表目录”对话框中，可以进行各种设置，在“常规”下面找到需要插入图表目录的题注，此题选择“图”。然后，可以设置“制表符前导符”的表示形式，是点画线还是短画线或是不显示；可以设置格式，可选内容有“古典”“优雅”“居中”“正式”和“简单”；可以选择是否包含标签和编号，是否显示页码，以及页码是否对齐等。设置的效果可以在“打印预览”和“Web 预览”框中进行浏览。

5）得到如图 6-31 所示图表目录效果，可以通过单击目录行对相应页面进行超链接访问。

图 6-31　图表目录插入后效果

实例 6.2　引用图表目录

【操作要求】使用相同图片题注格式作为“苏州园林”图片题注，然后更新文件中所有图片题注。并在黄色标记“插入图表目录”段落，插入“正式”图表目录格式，文档素材如图 6-32 所示。

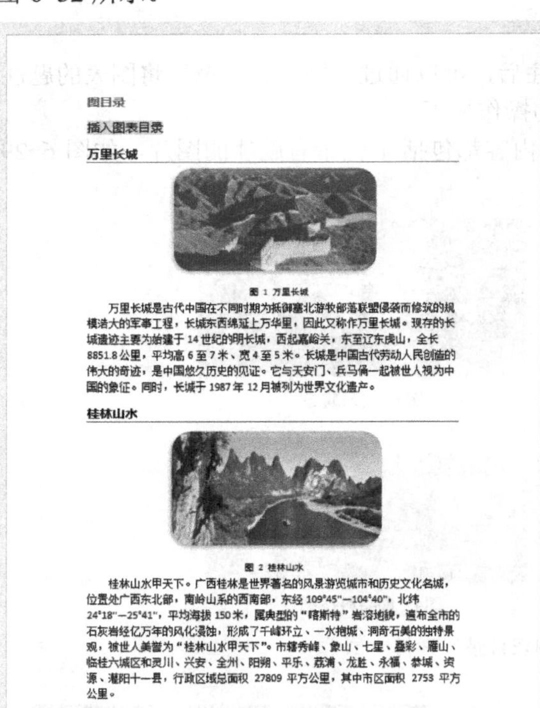

图 6-32　引用图表目录实例素材

**【操作步骤】**

1）观察文档素材，发现从“苏州园林”开始的图片下方没有题注，如图 6-33 所示。

·苏州园林

苏州园林的历史可上溯至公元前6世纪春秋时吴王的园囿，私家园林最早见于记载的是东晋（4世纪）的辟疆园，历代造园兴盛，名园日多。明清时期，苏州成为中国最繁华的地区之一，私家园林遍布古城内外。16世纪到18世纪全盛时期，苏州有园林200余处，保存尚好的有数十处，并因此使苏州素有"人间天堂"的美誉。

图 6-33　"苏州园林"光标定位

2）就近选择"杭州西湖"图片下的题注"图 4 杭州西湖"，如图 6-34 所示，右击题注并在快捷菜单中选择"复制"选项。

·杭州西湖

图 4 杭州西湖

图 6-34　选择"杭州西湖"下的图片题注

3）将指针定位到"苏州园林"图片下，右击题注并在快捷菜单中选择"粘贴选项"下的"保留源格式"选项，如图 6-35 所示。

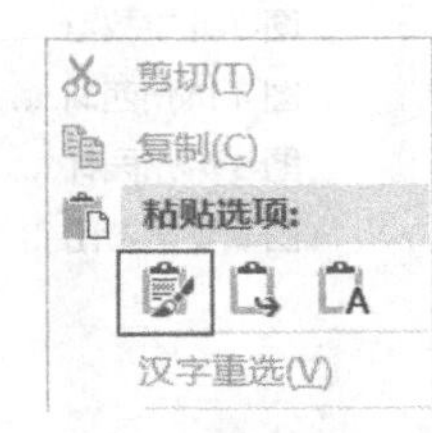

图 6-35　"保留源格式"粘贴

4）使用〈Ctrl+A〉组合键全选文档，将指针定位在任一图片标签上，右击标签并在快捷菜单中选择"更新域"，然后在出现的对话框中选择"更新整个目录"，则各个图片下的标签已经更新完成，如图 6-36 所示。

·苏州园林

图 5 苏州园林

图 6-36　更新图片题注及引用

5）将指针定位到“插入图表目录”处。

6）单击“引用”选项卡→“插入表目录”按钮，打开“图表目录”对话框，设置“格式”为“正式”，“题注标签”为“图”，单击“确定”按钮，如图 6-37 所示。

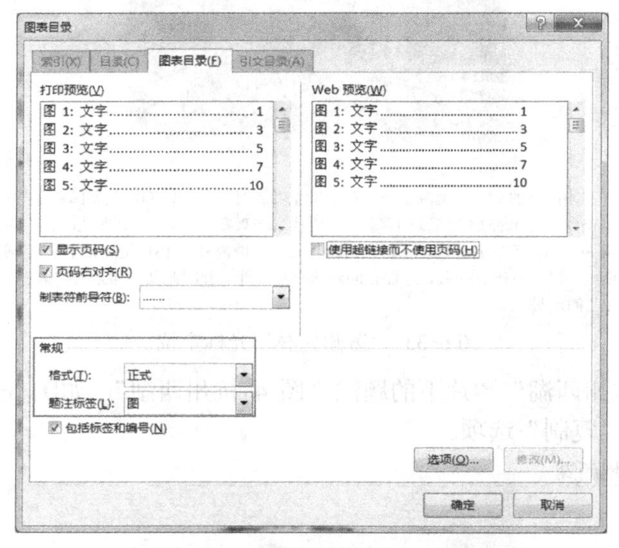

图 6-37　更新图片标签及引用

7）得到如图 6-38 所示图目录。

图目录

图 6-38　插入图目录效果

6.3.7　插入交叉引用

Word 2016 提供的交叉引用功能可以动态引用当前 Word 文档中的书签、标题、编号、脚注等内容，而且交叉引用并不像图表目录，不是以目录的形式体现，而是可以作为 Word 文档的文字内容进行编辑。

以上述为 4 张图片插入题注后的文档为素材，以插入“题注”交叉引用为例，插入交叉引用的操作步骤如下。

1）打开文档素材，将指针定位在需要插入交叉引用的位置。

2）单击“引用”选项卡→“交叉引用”按钮，如图 6-39 所示。

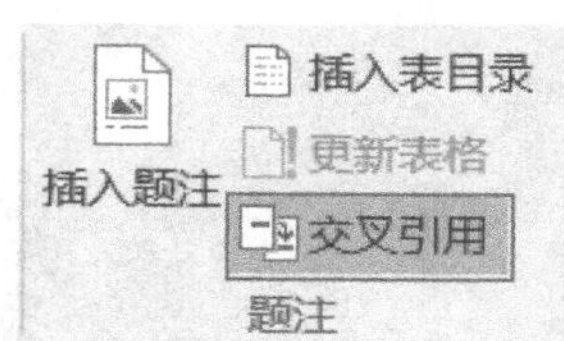

图 6-39　交叉引用工具

3）出现如图 6-40 所示对话框，在此对话框中，可以进行“引用类型”“引用内容”“引用哪一个题注”等内容的设置。

其中“引用类型”选项包括“尾注”“表格”“图”等，根据实际需要选择“图”；“引用内容”选项包括：“整项题注”“只有标签和标号”“只有题注文字”“页码”等，根据文档插入需要进行相应的选择即可，此处选择“整项题注”；然后在“引用哪一个题注”下的列表框中（下拉列表中已经显示了文档中“引用类型”为“图”、“引用内容”为“整项题注”）选择需要引用的题注，此处选择“图 1 图书馆”，选择完成后，单击“插入”按钮。

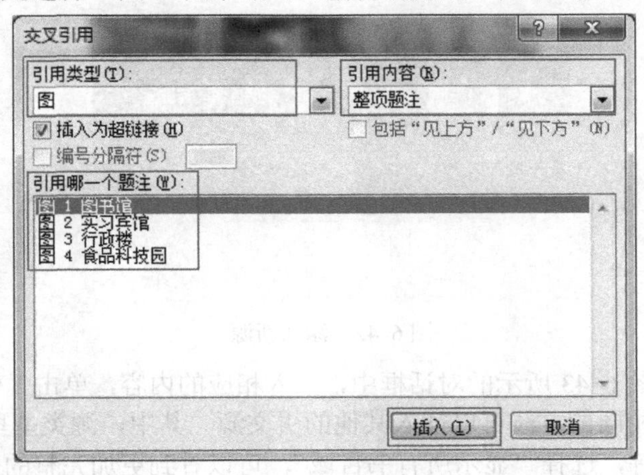

图 6-40　插入交叉引用

4）此时，在文档中已经实现了“图 1 图书馆”交叉引用的插入，将鼠标放在“图 1 图书馆”上面，会出现“按住 Ctrl 并单击可访问链接”的提示，如图 6-41 所示，使用同样的方法，可以依次实现其他题注交叉引用的插入。

图 6-41　交叉引用效果

6.4 引文与书目

用 Word 撰写论文，当参考文献比较多而且文献引用经常发生变化时，手动编辑文献是件比较麻烦的事情。Word 2016 除了提供插入题注和尾注的功能外，还提供了引文与书目功能，能很好地解决文献的编辑、管理、保存、共享，以及文献的引用与更新问题，

是目前用 Word 解决文献与引用问题的最好方法。

6.4.1 插入引文

插入引文的方法很简单，先准备好要插入的引文内容，将指针定位在文档中需要插入引文的位置，单击“引用”选项卡→“插入引文”按钮，在下拉列表中选择“添加新源”选项，如图 6-42 所示。

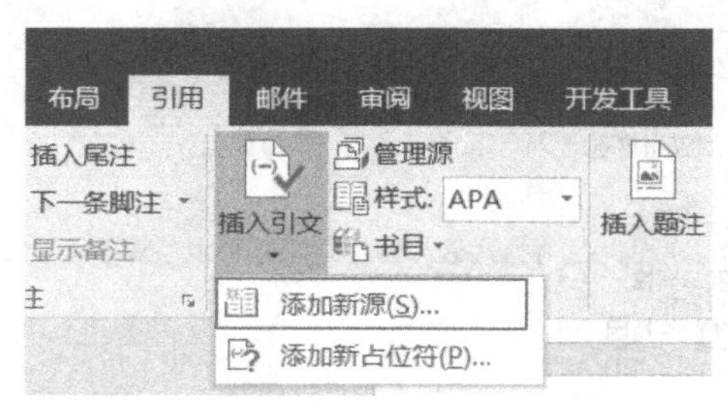

图 6-42 添加新源

然后在出现的如图 6-43 所示的对话框中，录入相应的内容，单击“确定”按钮，即完成了引文的插入，使用相同的方法可以插入其他的引文源。其中，源类型里可以选择的选项有“期刊文章”“书籍”等，选择“显示所有书目域”，可以看到更加完整的信息。

图 6-43 创建源

引文插入之后，再单击“引用”选项卡→“插入引文”按钮，在出现的下拉列表中，就可以预览到刚才插入的引文。

6.4.2 管理源

添加新源之后，可以对已经插入的引文进行管理，具体操作是：单击“引用”选项卡→“管理源”按钮，如图 6-44 所示。

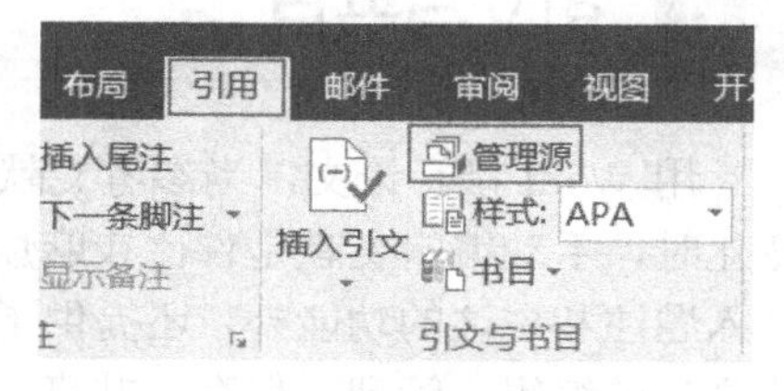

图 6-44 管理源

打开如图 6-45 所示对话框，可以对源进行管理。

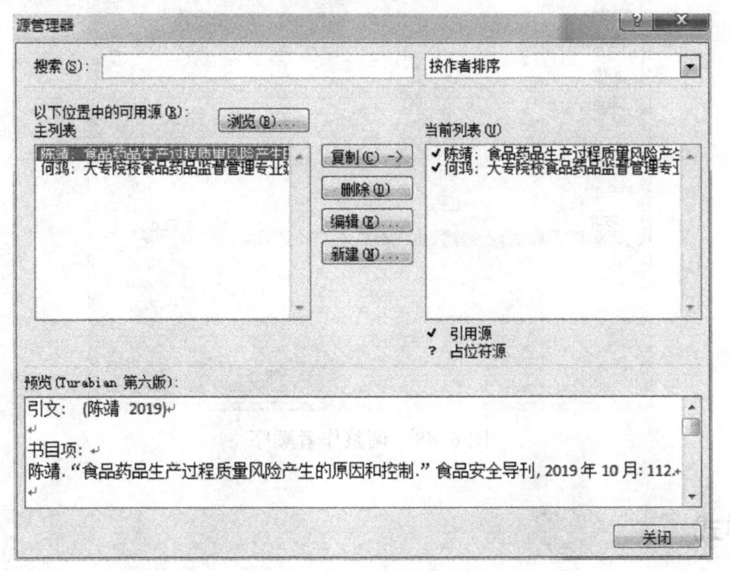

图 6-45　源管理器

单击如图 6-45 所示的"编辑"按钮，可以显示出所选择的引文信息，如图 6-46 所示。

单击图 6-46"作者"右边的"编辑"按钮，打开如图 6-47 所示对话框，在此对话框中，可以对作者信息进行相关的编辑，包括添加作者信息。当作者有多个人时，可以调整作者的顺序，也可以删除相应的作者信息。以添加作者为例，录入作者姓名后，单击"添加"按钮，即可完成作者的添加。

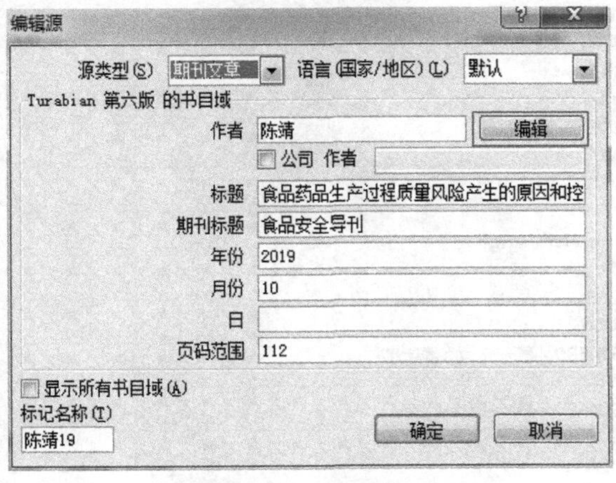

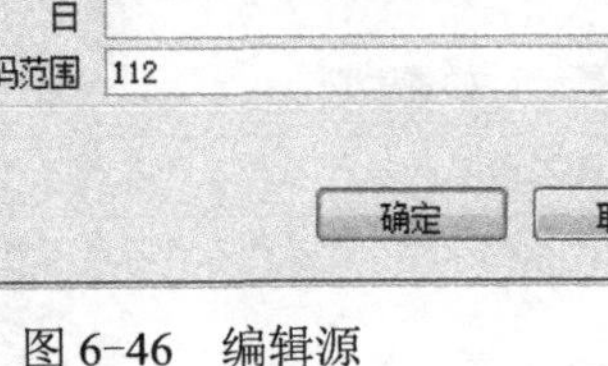

图 6-46　编辑源

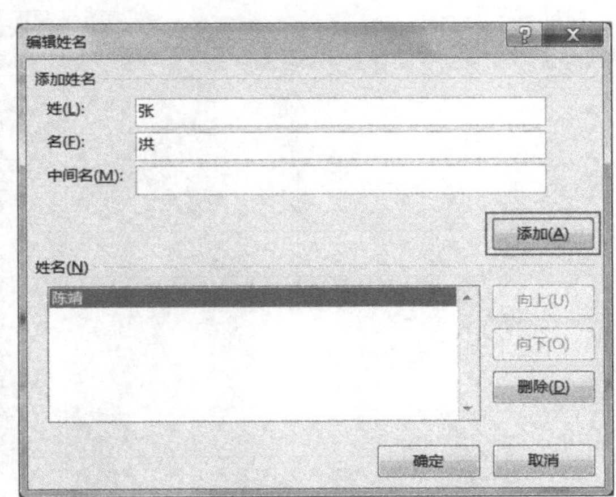

图 6-47　添加作者姓名

将作者信息添加完成后，可以立即查看到刚才添加成功的信息，如图 6-48 所示，当"姓名"列表中存在多人时，可以选择其中一条记录，通过"向上"或是"向下"移动来调整作者的顺序，如果发现作者姓名信息有误，可以选择"删除"按钮，完成信息源的删除。

单击"源管理器"对话框右上角的下拉列表，可选择文献排序方式。源管理器提供 4 种排序方式，分别是按标记排序、按标题排序、按年份排序和按作者排序。另外，在"源管理器"对话框的左下角，可以进行搜索，可以录入作者信息，也可以录入文章标题等引文信息。

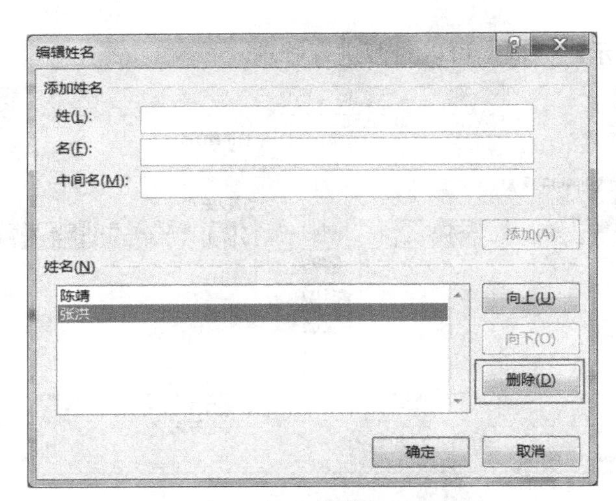

图 6-48　调整作者顺序

6.4.3　样式

Word 2016 为引文设置了 12 种不同的样式，在“引用”选项卡→“样式”右边的下拉列表中可以看到全部的样式，如图 6-49 所示。

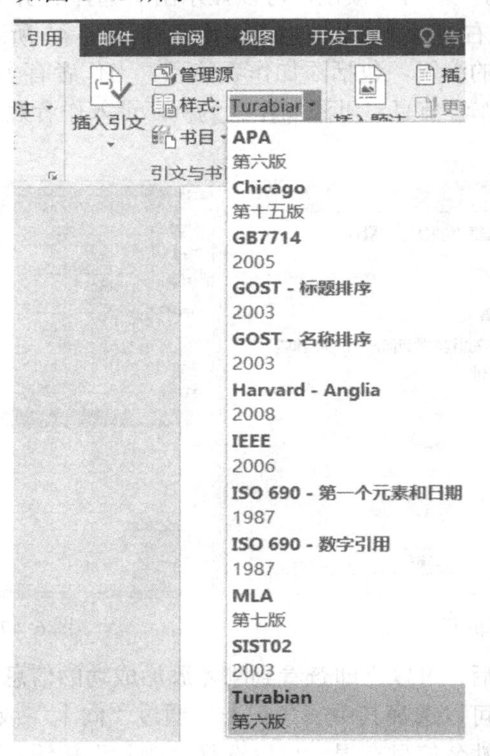

图 6-49　样式列表

将指针定位在文档中任何一处，选择如图 6-49 所示，样式下的“ISO 690-数字引用”，则引用显示效果就会变成“(1)(2)”，只显示数字。

6.4.4　书目

以参考文献为例，一般都放在文档的结尾处，如图 6-50 所示。

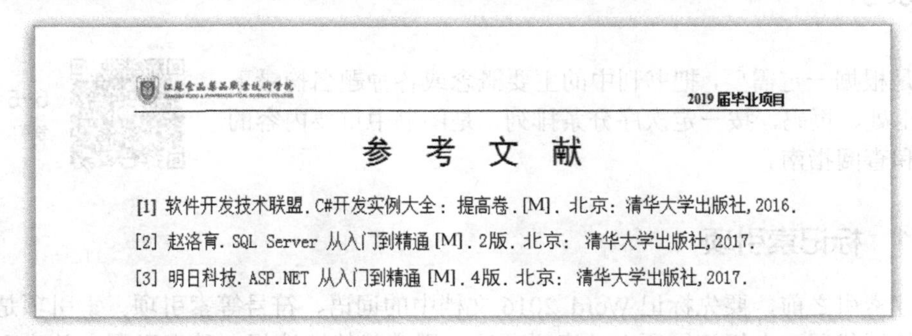

图 6-50　插入书目效果

当把引文插入好之后，要想实现如图 6-50 所示效果，只要单击“引用”选项卡→“书目”按钮，如图 6-51 所示。

在出现的如图 6-52 所示的下拉列表中，选择“书目”“引用作品”中的一个，或是直接选择插入书目，都可以将引文内容插入文档指定位置。

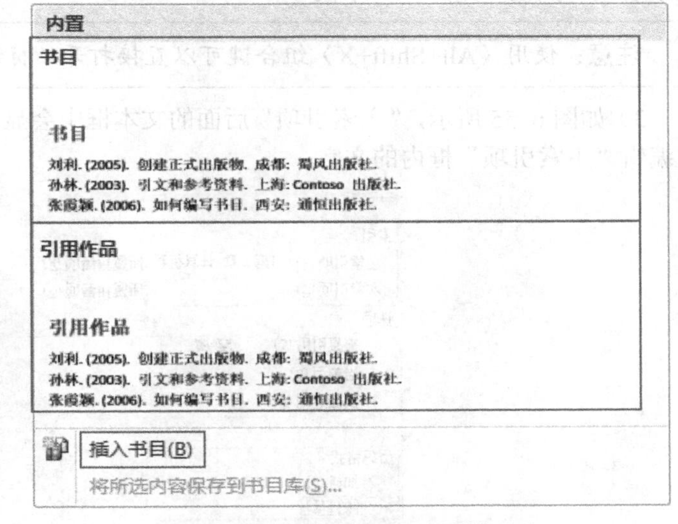

图 6-51　书目工具　　图 6-52　内置“书目”“引用作品”

选择“书目”，则标题是“书目”，选择“引用作品”，则标题是“引用作品”，如图 6-53 所示。然后根据实际需要修改成“参考文献”等内容即可。

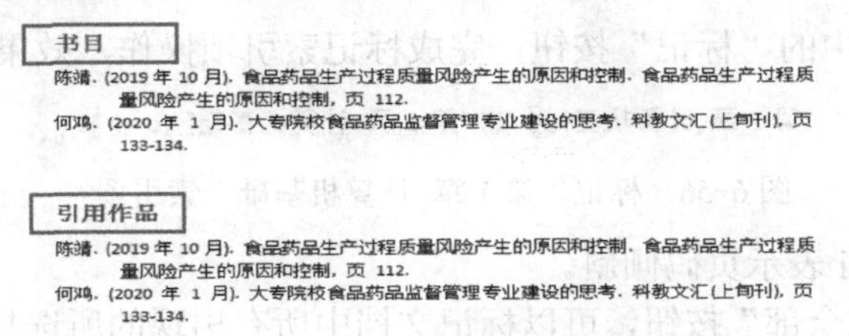

图 6-53　插入不同类别引文效果

6.5 索引

索引是根据一定需要，把书刊中的主要概念或各种题名摘录下来，标明出处、页码，按一定次序分条排列，是图书中重要内容的地址标记和查阅指南。

6.5.1 标记索引项

在创建索引之前，要先标记 Word 2016 文档中的词语、符号等索引项。索引项是标记索引中特定的域代码。在标记了所有的索引项后，用户就能够选择一种索引图案并建立完整索引。具体的操作步骤如下。

1）选定要作为索引项使用的文本。

2）单击“引用”选项卡→“标记索引项”按钮，如图 6-54 所示。

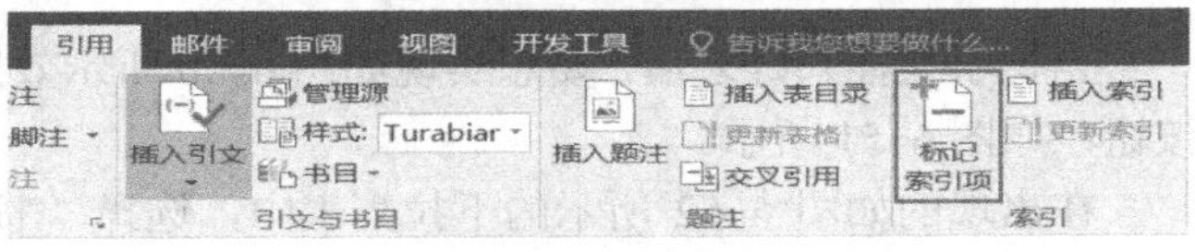

图 6-54 标记索引项

注意：使用〈Alt+Shift+X〉组合键可以直接打开“标记索引项”对话框。

3）如图 6-55 所示，“主索引项”后面的文本框中会显示选定的文本，也可以在此对话框中编辑“主索引项”框内的文字。

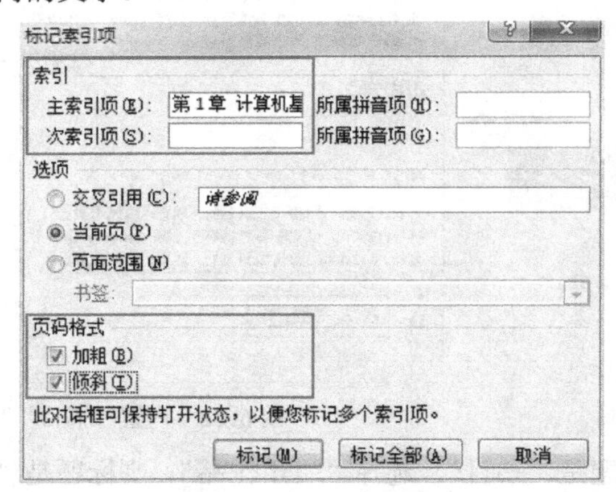

图 6-55 主索引项、页码格式设置

4）单击如图 6-55 中的“标记”按钮，完成标记索引项操作，效果如图 6-56 所示。

第 1 章 计算机基础{ XE "第 1 章 计算机基础" \b \i }

图 6-56 标记“第 1 章 计算机基础”索引项

\b 表示页码加粗，\i 表示页码倾斜。

5）如果单击“标记全部”按钮，可以标记文档中所有出现的所选择文本内容的地方。以标记全部“食品药品”为例，效果如图 6-57 所示。

引用作品

陈靖. (2019 年 10 月). 食品药品{ XE "食品药品" \b \i }生产过程质量风险产生的原因和控制. 食品药品生产过程质量风险产生的原因和控制, 页 112.

何鸿. (2020 年 1 月). 大专院校食品药品{ XE "食品药品" \b \i }监督管理专业建设的思考. 科教文汇(上旬刊), 页 133-134.

图 6-57 标记全部效果

6）如果要创建次索引项，可以在“次索引项”框中输入索引项。

7）如果选中“交叉引用”选项，可以在其后的文本框中输入文本，即可创建交叉索引。

8）如果选中“页面范围”选项，Word 会显示一段页码范围。如果一个索引项有几页那么长，必须选定这些文本，然后单击“插入”选项卡→“书签”按钮将索引项定义为书签。

例如，选中一个包含 7 页内容的 Word 文档，单击“插入”选项卡→“书签”按钮，在对话框中，输入书签名“索引知识”，单击“添加”按钮，如图 6-58 所示。

然后，单击“引用”选项卡→“标记索引项”按钮，在“标记索引项”对话框的 “页面范围”下可以自动出现插入的“索引知识”书签，如图 6-59 所示，单击“标记”按钮即可。

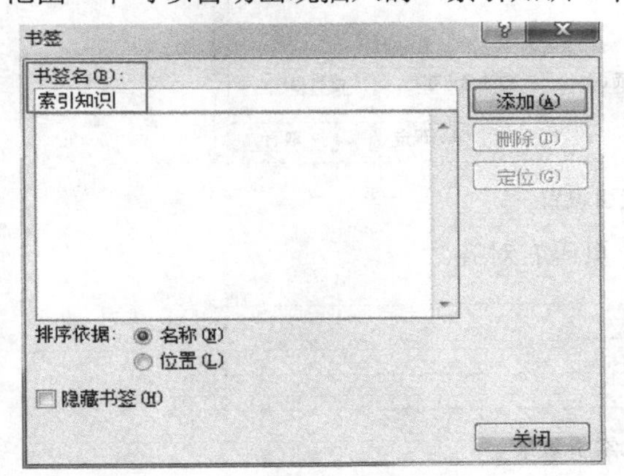

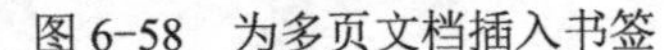

图 6-58 为多页文档插入书签　　图 6-59 自动显示“索引知识”书签

注意：索引项为非打印字符，在一般的设置下，Word 是不显示非打印字符的，在显示非打印字符的情况下，可以看到插入的索引项。如果不显示非打印字符，插入的索引项是不可见的，在进行页面预览时，标记的索引项也是不可见的。

6.5.2 插入索引

各个索引项标记好后，就可以在 Word 文档中插入索引了，单击“引用”选项卡→“插入索引”按钮，如图 6-60 所示。

图 6-60 插入索引

打开“索引”对话框，如图 6-61 所示，可以进行相关设置，如类型是“缩进式”还是“接排式”，显示的栏数是多少，语言是“中文”还是“英语”，排序的依据是“笔画”还是“拼音”，页码是否右对齐显示等。

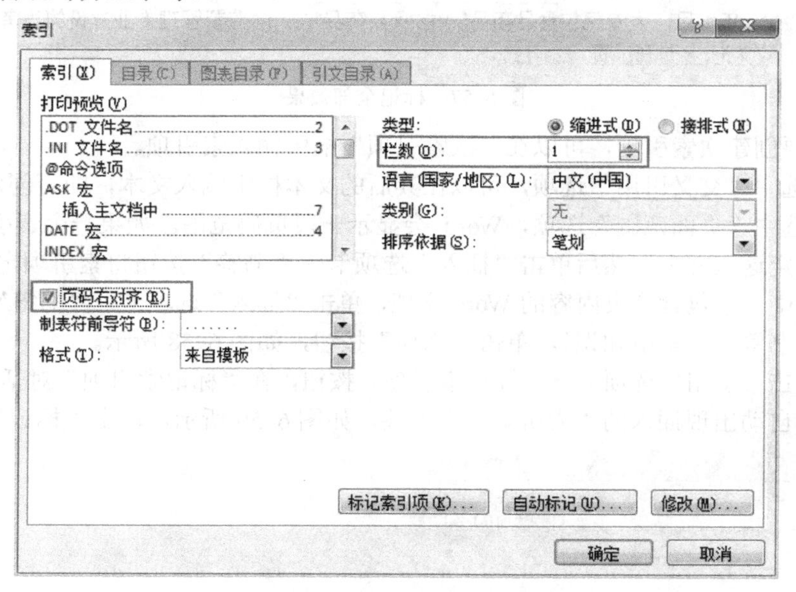

图 6-61　索引设置

如可以得到如图 6-62 所示效果，栏数为 1，页码右对齐。

第 1 章 计算机基础知识 6
第 2 章 计算机网络知识 7
第 3 章 Windows 操作系统 8
第 4 章 Word 2010 文档处理 9

图 6-62　插入索引效果

6.5.3 更新索引

索引插入完成之后，如果索引的内容或页码有变化，单击“引用”选项卡→“更新索引”按钮，即可完成索引的更新。也可以直接选中需要更新的索引，右击并在快捷菜单中选择“更新域”选项，完成索引的更新，如图 6-63 所示。

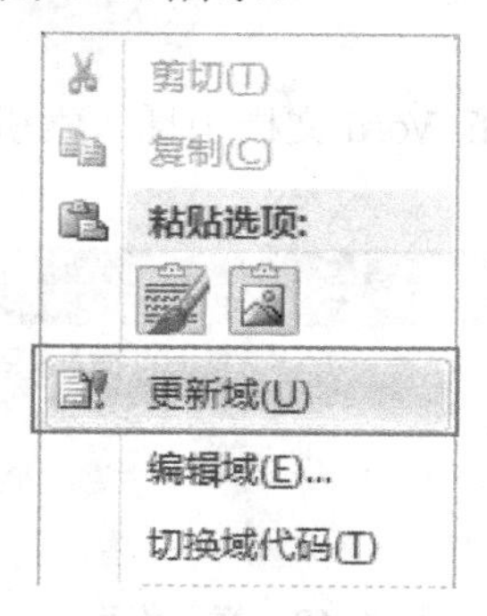

图 6-63　更新域

实例 6.3　制作索引目录

【操作要求】在本段最后以“流行”的格式，依据“笔画”排序，插入 3 栏的索引目录，文档素材如图 6-64 所示。

北京故宫

北京故宫，又名紫禁城，是明清两代的皇宫，位于北京市中心。故宫东西宽 750 米，南北长 960 米，面积达到 72 万平方米，为世界之最；故宫的整个建筑被两道坚固的防线围在中间，外围是一条宽 52 米，深 6 米的护城河环绕；接着是周长 3 公里的城墙，墙高近 10 米，底宽 8．62 米。城墙上开有 4 门，南有午门，北有神武门，东有东华门，西有西华门，城墙四角，还耸立着 4 座角楼，角楼有 3 层屋檐，72 个屋脊，玲珑剔透，造型别致，为中国古建筑中的杰作。

索　引

图 6-64　插入索引目录文档素材

【操作步骤】

1）将指针定位在最后一个段落的起始位置。

2）单击“引用”选项卡→“插入索引”按钮。

3）在出现的对话框中，按照操作要求进行设置，“格式”选择“流行”，“栏数”选择“3”，“排序依据”选择“笔画”，如图 6-65 所示。

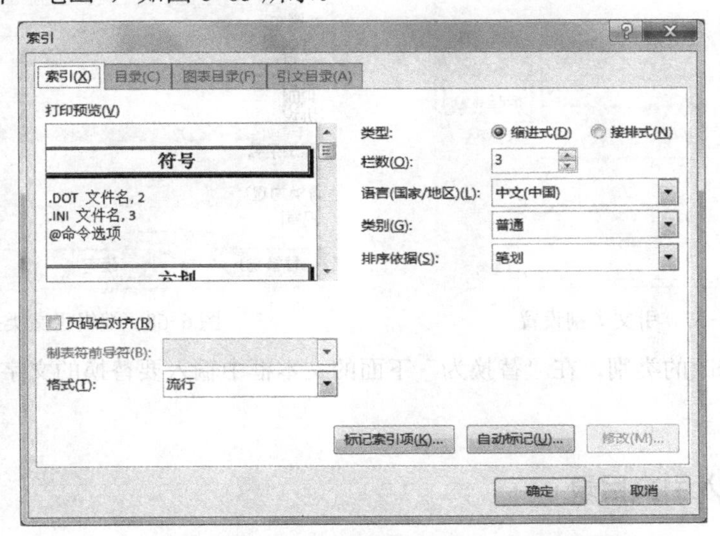

图 6-65　索引格式、栏数、排序依据设置

6.6 引文目录

引文目录与其他目录类似，可以根据不同的引文类型，创建不同的引文目录。在创建引文目录之前，应该确保在文档中有相应的引文。

6.6.1 标记引文

如果要标记引文，以创建合适的引文目录，可以按如下步骤进行。

1）选择要标记的引文。

2）单击“引用”选项卡→“标记引文”按钮，如图 6-66 所示。

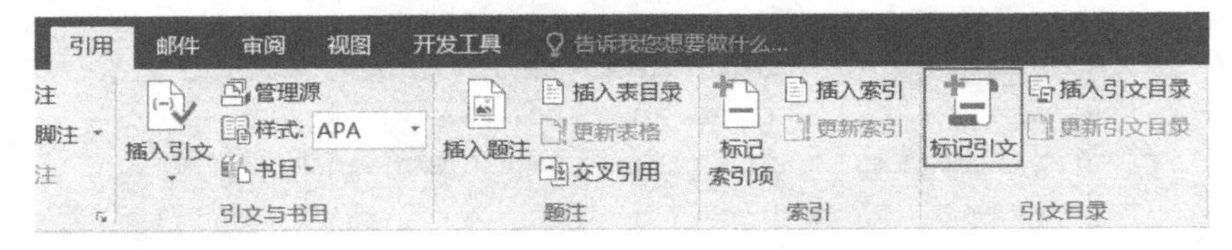

图 6-66 标记引文工具

3）打开如图 6-67 所示的对话框，在“类别”下拉列表框中选择合适的类型。

4）单击“标记”按钮即可对当前所选的文字进行标记，如果单击“标记全部”按钮，将对存在于文档中的所选文字进行标记。如果还要标记其他引文，不要关闭“标记引文”对话框，直接在文档中选取要标记的引文，然后返回“标记引文”对话框，选中的引文将出现在“所选引文”下面，然后单击“标记”按钮即可。

5）如果要修改一个已经存在的类别，可以单击如图 6-67 所示“类别”按钮，弹出如图 6-68 所示的对话框。

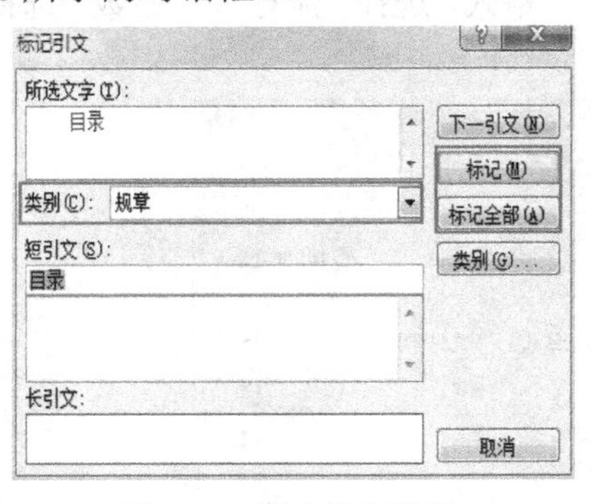

图 6-67 引文类别设置

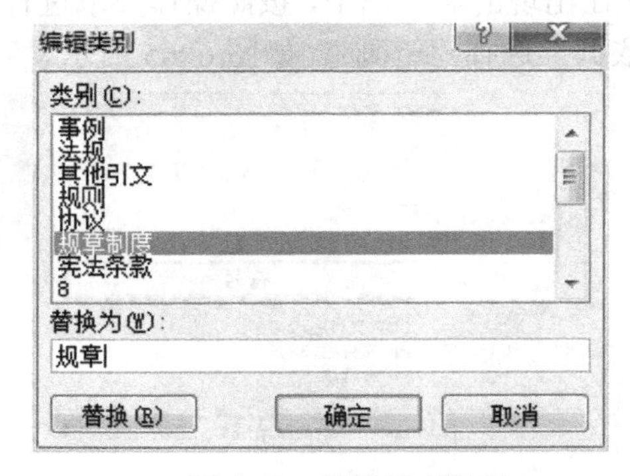

图 6-68 编辑引文类别

6）选中要修改的类别，在“替换为”下面的文本框中输入要替换的文字，单击“替换”按钮即可。

6.6.2 插入引文目录

当标记引文的操作完成之后，就可以在 Word 文档中插入引文目录，具体步骤如下。

1）将指针移到要插入引文目录的位置。

2）单击“引用”选项卡→“插入引文目录”按钮，如图 6-69 所示。

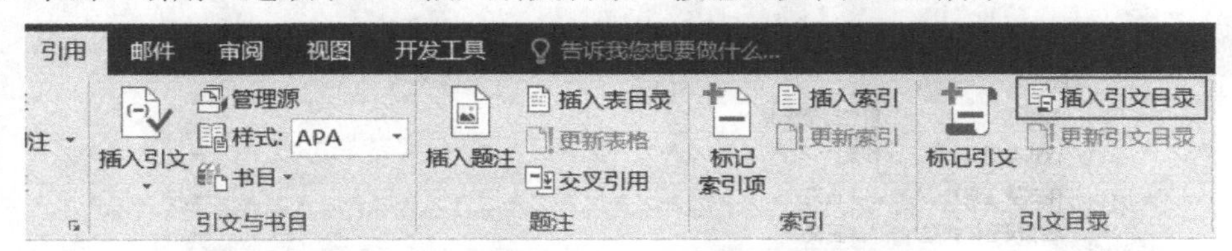

图 6-69 插入引文目录

3）在“类别”中选择相应的引文类别，类别应该是文档中已经创建好的引文类型，如图 6-70 所示，单击“确定”按钮，即可完成引文目录的创建。

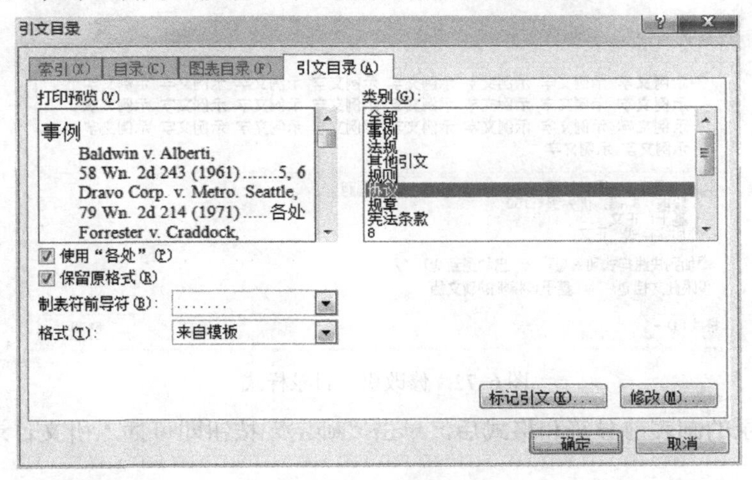

图 6-70 创建引文目录

如果引文的页码超过 5 处，可以选中“使用‘各处’”复选框，避免页码过多给用户造成不便。如果引文过长，可以选择“保留原格式”，保留原有的引文格式。

4）创建的引文目录也有相应的内置引文目录样式可以套用，如果要更改，可以单击图 6-69 中的“修改”按钮，打开如图 6-71 所示对话框。

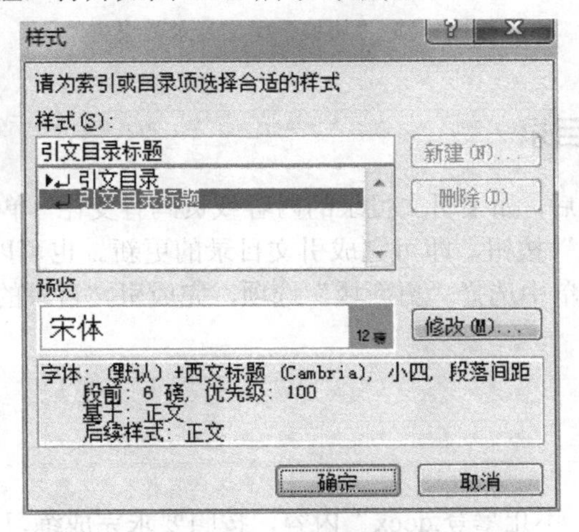

图 6-71 引文目录样式

5）在“预览”选项里，可以看到所选“引文目录标题”的样式，如果需要修改，单击图 6-70 中的“修改”按钮，打开如图 6-72 所示对话框，进行字体格式、段落格式等样式修改。

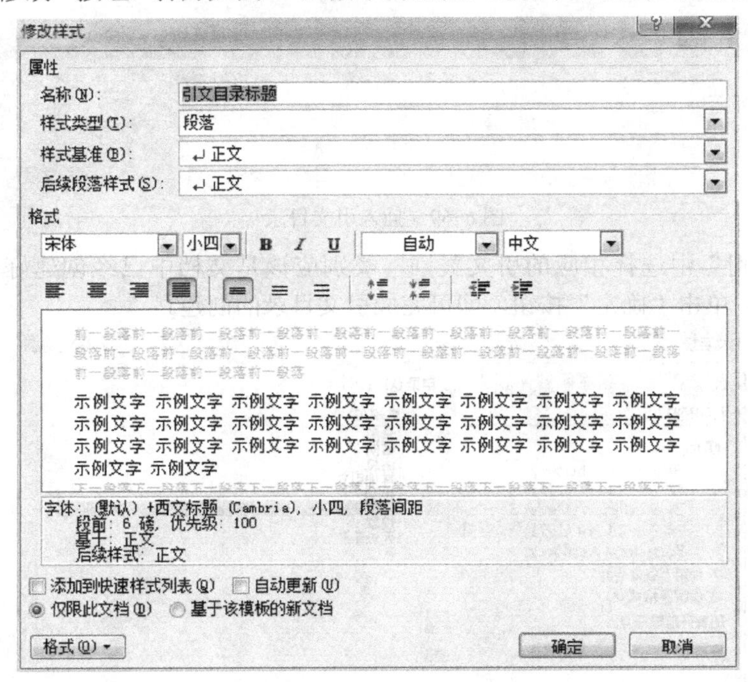

图 6-72　修改引文目录样式

6）选好目录的制表前导符和格式后，单击“确定”按钮即可插入引文目录，如图 6-73 所示。

协议

选择 6
大纲 7
框架 7
选项 7

图 6-73　“协议”引文目录效果

6.6.3 更新引文目录

引文目录插入完成之后，如果引文目录的内容或页码有变化，单击“引用”选项卡→“题注”功能组→“更新表格”按钮，即可完成引文目录的更新。也可以直接选中需要更新的引文目录，右击并在快捷菜单中选择“更新域”选项，完成引文目录的更新。

6.7 综合案例

阅读文档“无惧风雪 不止攀登.docx”内容，按照要求完成练习。

练习1 为文档中的图片插入图1、图2 等题注。

【操作步骤】

1）将指针定位在第一张图片下方，单击“引用”选项卡→“题注”功能组→“插入题注”按钮，如图6-74 所示。

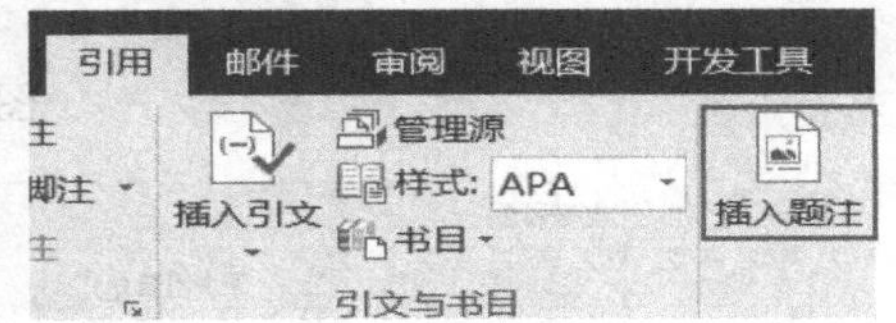

图6-74 插入题注

2）打开“题注”对话框，如果在“标签”下没有“图”，则单击“新建标签”按钮，打开“新建标签”对话框，在“标签”下输入“图”，单击“确定”按钮，如图6-75 所示，则在第一张图片下方，插入了“图1”题注，效果如图6-76 所示。

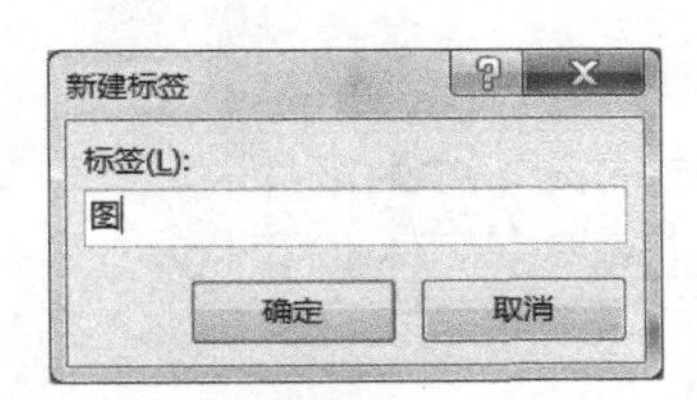

图6-75 新建“图”标签

图1 日出时分，用超远摄镜头拍摄的珠穆朗玛峰（5月27日摄）
图片来源：新华社

图6-76 插入“图1”题注效果

3）依次将指针定位在各个图片下方，再次单击“插入题注”按钮，会依次自动插入图2、图3 等题注，如图6-77 所示。

图2 5月27日，2020珠峰高程测量登山队向珠峰峰顶进发1
图片来源：新华社 扎西次仁摄

图3 5月27日，2020珠峰高程测量登山队成功登顶
图片来源：新华社 达巴摄

图6-77 插入“图2”“图3”等题注效果

练习2 在文档的最后，为插入的“图”题注新建目录。

【操作步骤】

1）将指针定位在文档的最后，单击“引用”选项卡→“题注”功能组→“插入表目录”按钮，如图6-78 所示。

2）打开“图表目录”对话框，选择“题注标签”为“图”，并完成如图6-79 所示的设置。

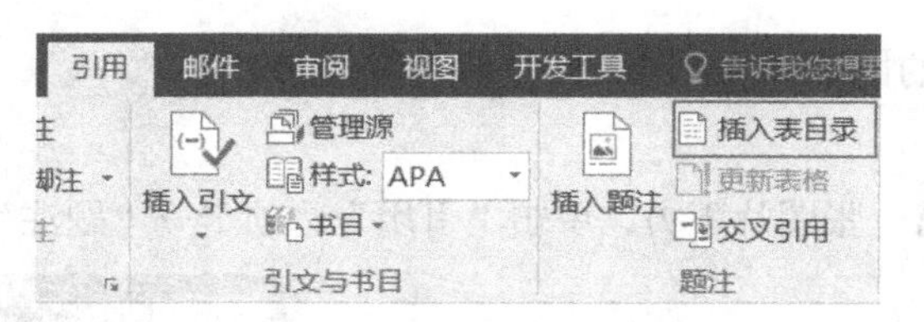

图 6-78　插入表目录

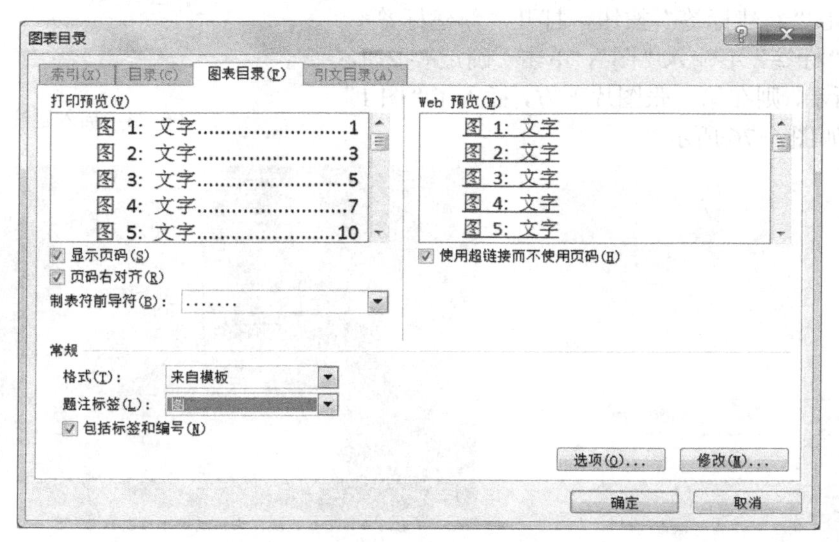

图 6-79　设置“图表目录”

3）得到插入图目录效果如图 6-80 所示。

图目录

图 6-80　插入图目录效果

练习 3　为文档标题中的“珠峰”插入脚注：珠峰，世界最高峰。

**【操作步骤】**

1）选中标题中的“珠峰”，如图 6-81 所示。

无惧风雪　不止攀登——记 2020 珠峰高程测量

图 6-81　选择“珠峰”文本

2）单击“引用”选项卡→“脚注”功能组→“插入脚注”按钮，录入如图 6-82 所示内容，完成脚注的插入。

[1] 珠峰：世界最高峰。

图 6-82　录入脚注内容

练习 4　在文档的最前面新建一页，将文档中加粗显示的文本设置为标题，为文档插入目录。

【操作步骤】

1）选中文档中加粗显示的文本，单击“开始”选项卡→“样式”功能组→“标题 1”，如图 6-83 所示。

图 6-83　选择样式

使用同样的方法，将文档中所有加粗显示的文本设置为“标题 1”样式。

2）单击“引用”选项卡→“目录”功能组→“目录”按钮，在下拉列表中选择“自动目录 1”或“自动目录 2”，完成目录的插入，效果如图 6-84 所示。

目　录

守护地球“第三极”..2
登临生命禁区..5
同心山成玉，协力土成金..7
勇攀创新高峰..9

图 6-84　插入目录效果

第7章　邮　件

本章主要学习使用“邮件”选项卡下面的各个功能组，在Word 2016文档中创建中文信封、创建标签、完成邮件合并等，可以大大提升处理重复文档的工作效率。

本章要点：

- 中文信封的创建
- 标签的创建
- 邮件合并分步向导
- 选择收件人
- 编辑收件人列表
- 规则的编写

本章难点：

- 标签的创建
- 编写和插入域
- 规则的编写
- 数据源的选择

如果在工作或是学习中遇到这样的工作：为每个学生打印准考证、为每个客户打印信封、为每个员工打印工资条、向每个参加会议的人发送电子邮件……，此类工作有个共同点就是重复的工作量很大，以为每个学生打印准考证为例，学生在报名时的各项信息已经录入数据库中或Excel表中，那么可不可以先制作一个准考证的通用模板，然后导入现成的数据，完成所有学生准考证信息的打印输出？Word 2016的邮件合并功能可以很好地解决上述问题，成倍地提高工作效率，将人们从枯燥重复的劳动中解放出来。

7.1　创建信封和标签

在Word 2016中，可以通过邮件来创建中文信封、标签等，Word 2016提供了自动套用的格式，避免了不了解格式而无法创建的问题。

7-1
创建信封和标签

7.1.1　中文信封的创建

通过信件联系，有时有着微信、QQ等互联网通信软件无法达到的效果。Word 2016为用户提供了创建中文信封的功能，使得用户编辑起来轻松方便，操作如下。

1）打开Word文档，单击“邮件”选项卡→“创建”功能组→“中文信封”按钮，如图7-1所示。

2）打开“信封制作向导”对话框，单击“下一步”按钮，如图7-2所示。

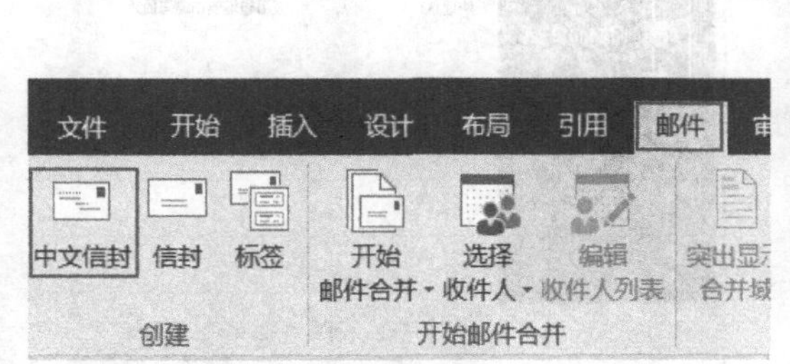

图 7-1 选择中文信封

图 7-2 信封制作向导-开始

3）进入信封样式的设置，可以选择“国内信封-B6”“国内信封-DL”“国内信封-ZL”“国内信封-C5”“国内信封-C4”“国际信封-C6”“国际信封-DL”“国际信封-C5”“国际信封-C4”。另外可以通过勾选“打印左上角处邮政编码框”“打印右上角处贴邮票框”“打印书写线”“打印右下角处‘邮政编码’字样”4 个选项，来设置信封的样式，每个选择组合而成的中文信封效果都会出现在“预览”下面，用户根据需要进行选择，如图 7-3 所示。选择好之后，单击“下一步”按钮。

4）进入信封数量的设置，可以选择“键入收件人信息，生成单个信封”，也可以选择“基于地址簿文件，生成批量信封”，如图 7-4 所示。

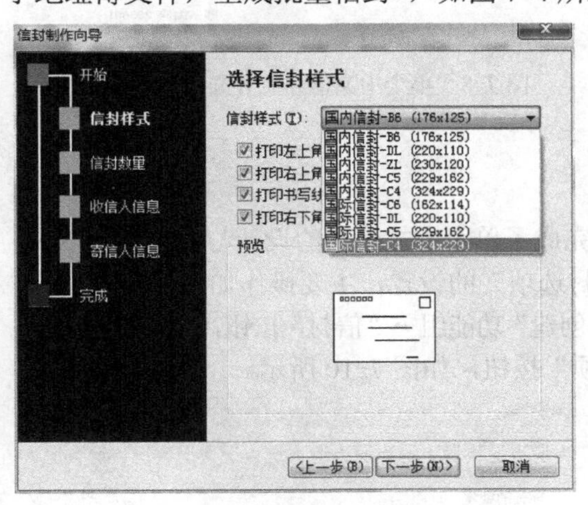

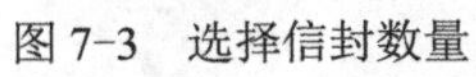

图 7-3 选择信封数量

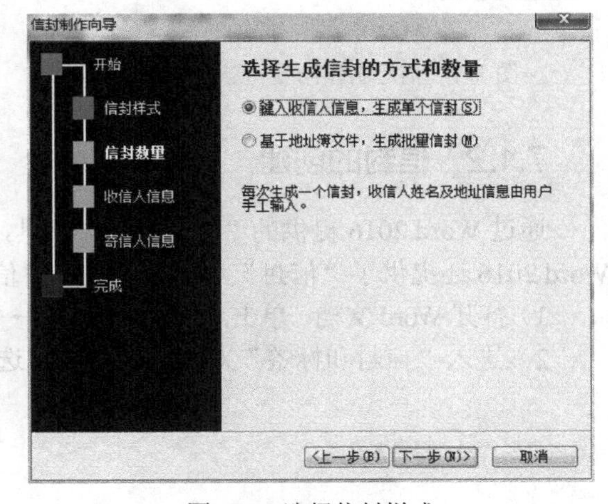

图 7-4 选择信封样式

5）以选择“键入收件人信息，生成单个信封”为例，如图 7-4 所示，单击“下一步”按钮，进入收信人信息设置对话框，依次录入“姓名”“称谓”“单位”“地址”“邮编”信息，单击“下一步”按钮，如图 7-5 所示。

6）进入寄件人信息设置对话框，依次录入“姓名”“单位”“地址”“邮编”信息，单击“下一步”按钮，如图 7-6 所示。

7）进入“完成”阶段，单击“完成”按钮，如图 7-7 所示。

8）单个中文信封制作完成效果如图 7-8 所示。

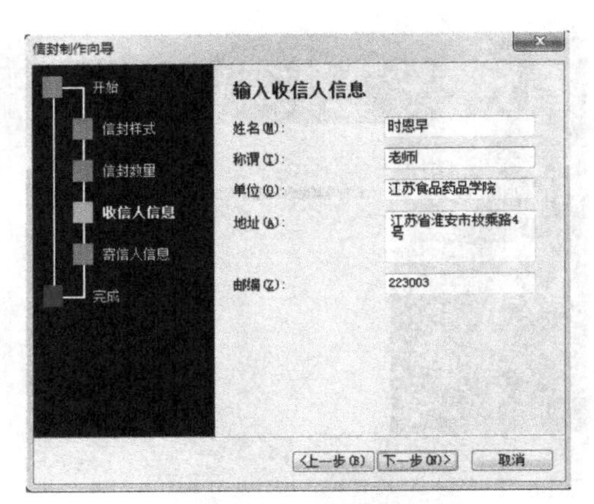

图 7-5 输入收信人信息

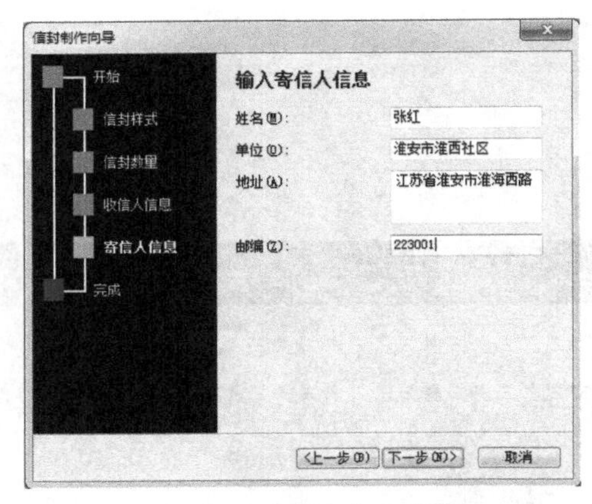

图 7-6 输入寄信人信息

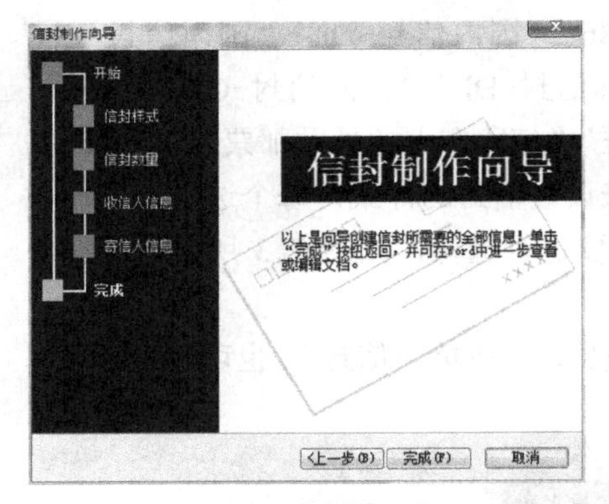

图 7-7 信息制作向导-完成

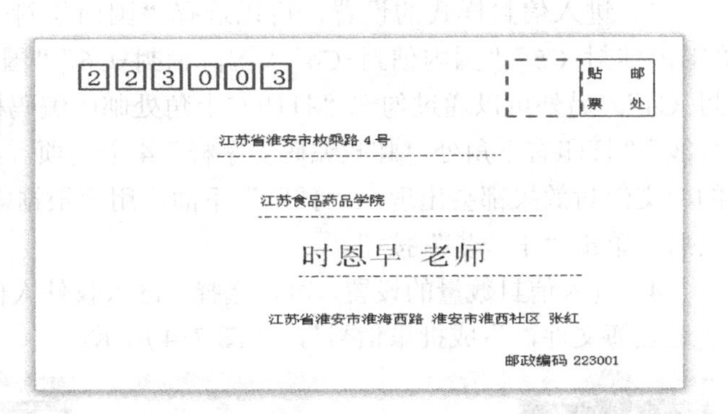

图 7-8 单个中文信封制作完成效果

7.1.2 信封的创建

通过 Word 2016 提供的“中文信封”工具，完成了单个中文信封的设计与制作，接下来，Word 2016 还提供了“信封”工具，来完成“信封选项”的设置，主要操作如下。

1）打开 Word 文档，单击“邮件”选项卡→“创建”功能组→“信封”按钮，如图 7-9 所示。

2）进入“信封和标签”对话框，单击“选项”按钮，如图 7-10 所示。

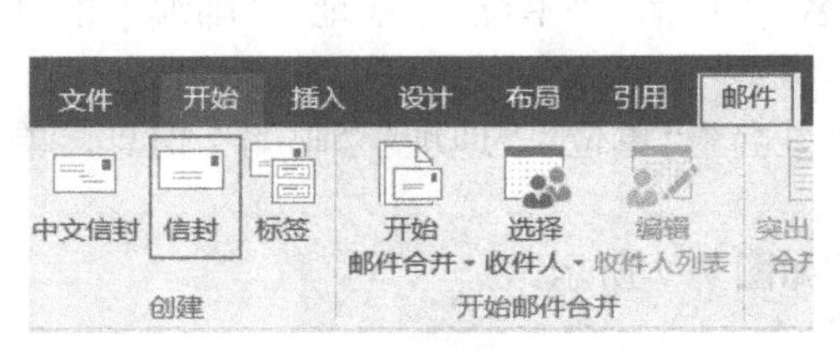

图 7-9 信封

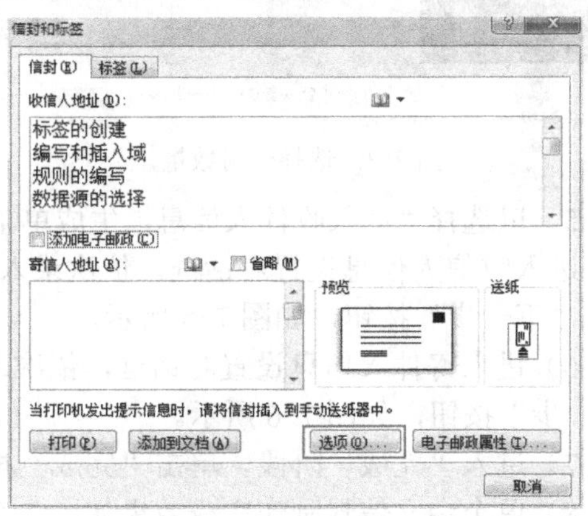

图 7-10 “信封和标签”对话框

3）进入“信封选项”对话框，可以进行“信封选项”和“打印选项”设置，其中“信封选项”包括“信封尺寸”“收信人地址”“寄件人地址”设置，如图 7-11 所示。

4）“打印选项”设置包括“送纸方式”和“进纸处”，其中“送纸方式”可以选择“正面向上”或是“正面向下”，“进纸处”有“自动选择”“手动进纸”等多个选项，如图 7-12 所示。

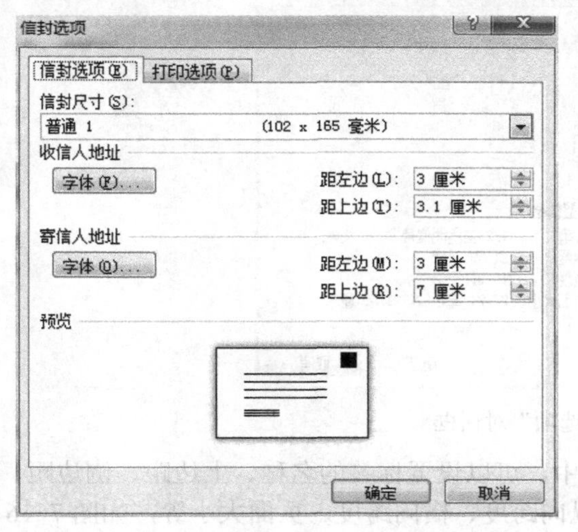

图 7-11　“信封选项”对话框

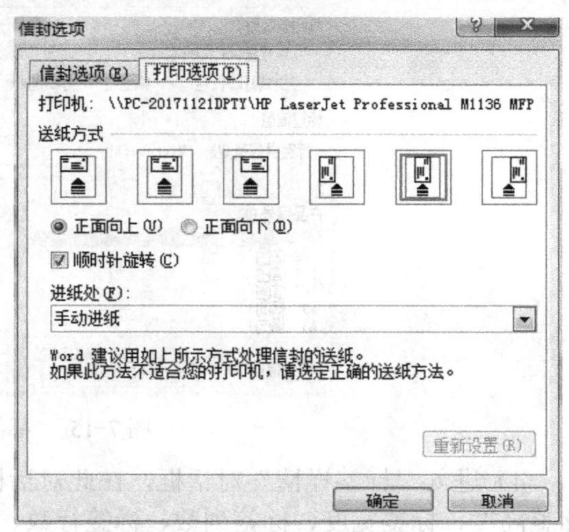

图 7-12　打印选项

7.1.3　标签的创建

标签是在日常生活和工作中常用的一种小工具，用于标识物品、提示信息等，当标签的数目比较大时，如果采用手写的形式，不仅劳累而且容易出错，效果也不理想。Word 2016 提供了制作标签功能，可以完成电子标签的设计与制作。具体操作如下。

1）打开 Word 文档，单击“邮件”选项卡→“创建”功能组→“标签”按钮，如图 7-13 所示。

2）进入“信封和标签”对话框，单击“选项”按钮，如图 7-14 所示。

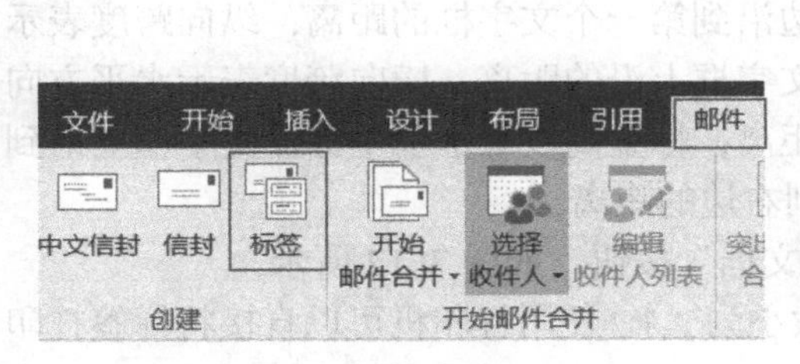

图 7-13　标签

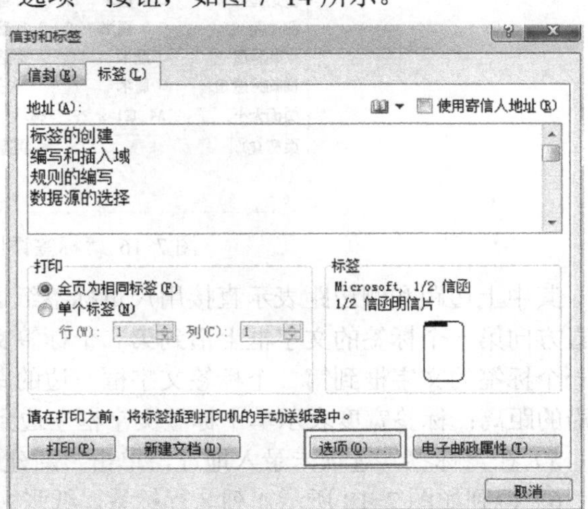

图 7-14　标签地址、打印设置

3）进入“标签选项”对话框，可以选择 Word 2016 提供的各个标签供应商提供的各个不同产品编号的标签，如果没有合适的，可以单击“新建标签”按钮，如图 7-15 所示，进行自定义标签的设计与制作。

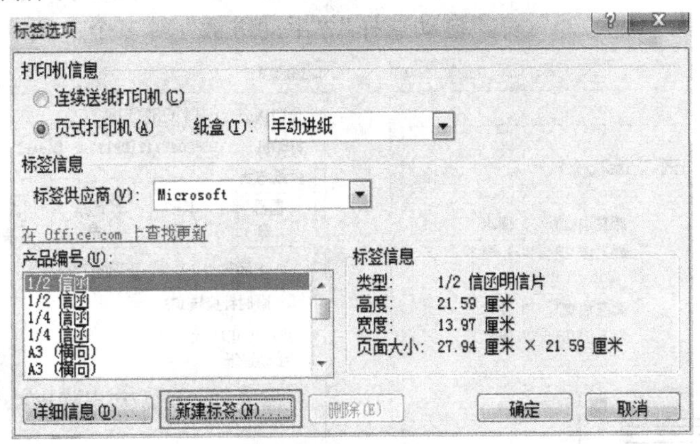

图 7-15 “标签选项”对话框

4）进入“标签详情”对话框，在此对话框中，可以设置标签的名称、上边距、侧边距、标签高度、标签宽度、标签列数、标签行数、纵向跨度、横向跨度、页面大小等，如图 7-16 所示。单击“确定”按钮完成自定义标签的设计与制作。

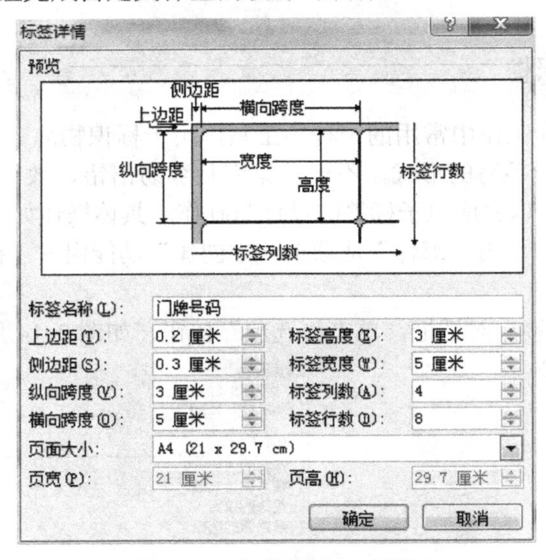

图 7-16 “标签详情”对话框

其中上边距和侧边距表示直接用尺量标签纸边沿到第一个文字框的距离；纵向跨度表示垂直方向第一个标签的文字框上沿到第二个标签文字框上沿的距离；横向跨度表示水平方向第一个标签的文字框到第二个标签文字框左边的距离；标签高度表示单个标签文字框上沿到下沿的距离；标签宽度表示单个标签文字框左边到右边的距离。

5）在“标签”选项卡录入地址，单击“新建文档”按钮，如图 7-17 所示。

6）得到如图 7-18 所示 4 列 8 行标签，纸张大小为 A4，使用打印机可以直接将标签打印输出。

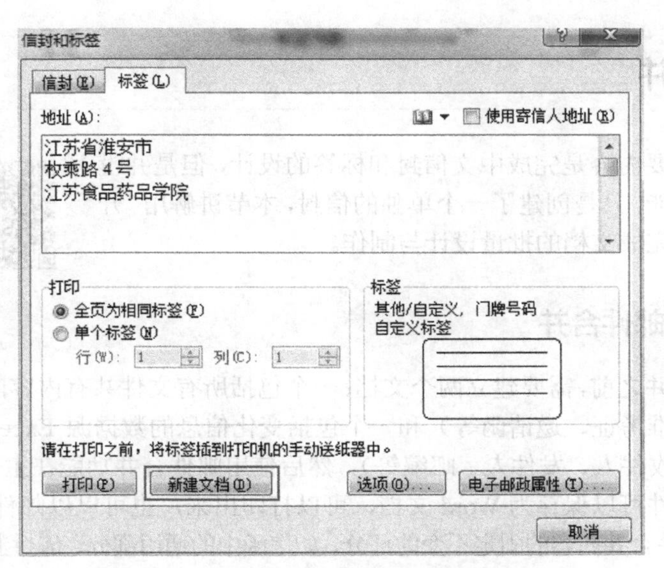

图 7-17 录入标签地址

江苏省淮安市 枚乘路4号 江苏食品药品学院	江苏省淮安市 枚乘路4号 江苏食品药品学院	江苏省淮安市 枚乘路4号 江苏食品药品学院	江苏省淮安市 枚乘路4号 江苏食品药品学院
江苏省淮安市 枚乘路4号 江苏食品药品学院	江苏省淮安市 枚乘路4号 江苏食品药品学院	江苏省淮安市 枚乘路4号 江苏食品药品学院	江苏省淮安市 枚乘路4号 江苏食品药品学院
江苏省淮安市 枚乘路4号 江苏食品药品学院	江苏省淮安市 枚乘路4号 江苏食品药品学院	江苏省淮安市 枚乘路4号 江苏食品药品学院	江苏省淮安市 枚乘路4号 江苏食品药品学院
江苏省淮安市 枚乘路4号 江苏食品药品学院	江苏省淮安市 枚乘路4号 江苏食品药品学院	江苏省淮安市 枚乘路4号 江苏食品药品学院	江苏省淮安市 枚乘路4号 江苏食品药品学院
江苏省淮安市 枚乘路4号 江苏食品药品学院	江苏省淮安市 枚乘路4号 江苏食品药品学院	江苏省淮安市 枚乘路4号 江苏食品药品学院	江苏省淮安市 枚乘路4号 江苏食品药品学院
江苏省淮安市 枚乘路4号 江苏食品药品学院	江苏省淮安市 枚乘路4号 江苏食品药品学院	江苏省淮安市 枚乘路4号 江苏食品药品学院	江苏省淮安市 枚乘路4号 江苏食品药品学院
江苏省淮安市 枚乘路4号 江苏食品药品学院	江苏省淮安市 枚乘路4号 江苏食品药品学院	江苏省淮安市 枚乘路4号 江苏食品药品学院	江苏省淮安市 枚乘路4号 江苏食品药品学院
江苏省淮安市 枚乘路4号 江苏食品药品学院	江苏省淮安市 枚乘路4号 江苏食品药品学院	江苏省淮安市 枚乘路4号 江苏食品药品学院	江苏省淮安市 枚乘路4号 江苏食品药品学院

图 7-18 4列8行标签效果

7.2 邮件合并

上节所讲的主要内容是完成中文信封和标签的设计，但是并没有体现批量制作功能，只是创建了一个单独的信封，本节讲解用“开始邮件合并”功能完成文档的批量设计与制作。

7-2
邮件合并

7.2.1 开始邮件合并

在进行邮件合并之前，需要建立两个文档：一个包括所有文件共有内容的 Word 主文档（比如未填写的信封、准考证、邀请函等）和一个包括变化信息的数据源 Excel、Word 或其他数据库文件（填写的收件人、发件人、邮编等），然后使用邮件合并功能在主文档中插入变化的信息，合并后的文件可以保存为 Word 文档，可以打印出来，也可以以邮件形式发出去 。

主文档是指邮件合并内容的固定不变的部分，如信函中的通用部分、信封上的落款等。建立主文档的过程就和平时新建一个 Word 文档一样，在进行邮件合并之前主文档就是一个普通的 Word 文档。不同的是，主文档的设计要能与数据源结合，要预留下合适的数据填充空间。如在 Word 2016 中编辑电子邮件的主文档，素材效果如图 7-19 所示，在“同学”的前面预留了数据填充空间。

青春寄语

同学：

你不能决定生命的长短，但是努力可以控制它的质量；你不能改变自己的容貌，但是微笑可以改变心情；你不能控制他人对你的评价，但是你可以鞭策自己一步一步往前进；你不能事事都成功，但是你可以用心做好每一件事。

图 7-19 青春寄语主文档

准备发送信件的对象保存在名为“学生信息.xlsx”的文件中，数据信息如图 7-20 所示。数据源就是数据记录表，其中包含着相关的字段和记录内容。一般情况下，考虑使用邮件合并来提高效率正是因为已经有了相关的数据源，如 Excel 表格、Outlook 联系人或 Access 数据库。如果没有现成的，也可以重新建立一个数据源。

姓名	性别	单位
王选	男	北京市第一中学
张小丽	女	南京市第九中学
魏红军	男	上海师大附中
李红	女	人大附中
李刚	男	清华大学
张强	男	北京大学

图 7-20 学生信息.xlsx

准备好主文档和数据源之后，可以正式开始邮件合并，具体步骤如下。

1）打开主文档，单击“邮件”选项卡→“开始邮件合并”功能组→“开始邮件合并”按钮，Word 2016 提供了“信函”“电子邮件”“信封”等 7 种选项，选择“邮件合并分步向导”选项，如图 7-21 所示。

2）在出现的“邮件合并”窗格中（整个窗口的右侧）选择默认的文档类型：“信函”，如图 7-22 所示。

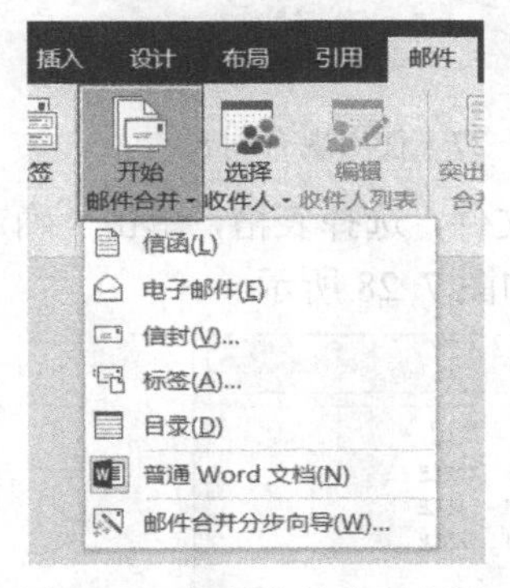

图 7-21　邮件合并分布向导

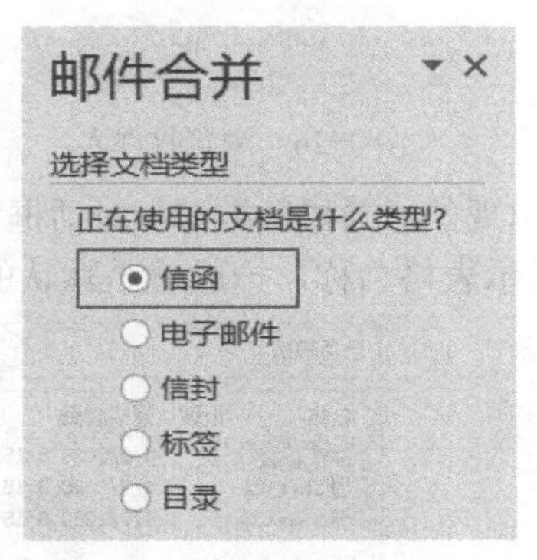

图 7-22　选择“信函”

3）选择窗口右下角的“下一步：开始文档”，如图 7-23 所示。

4）进入“邮件合并分步向导”的第 2 步，选择“使用当前文档”，如图 7-24 所示。

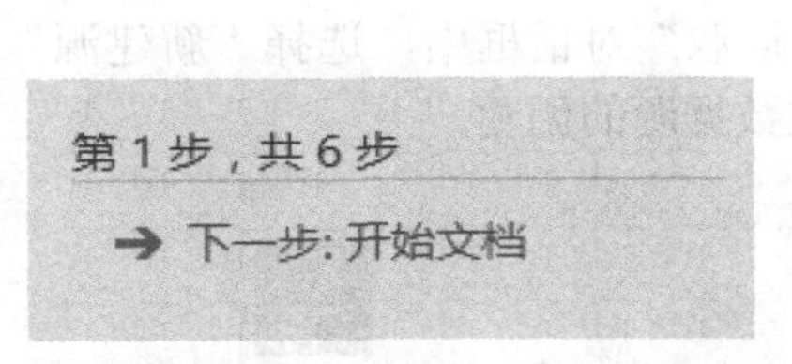

图 7-23　选择“正在启动文档”

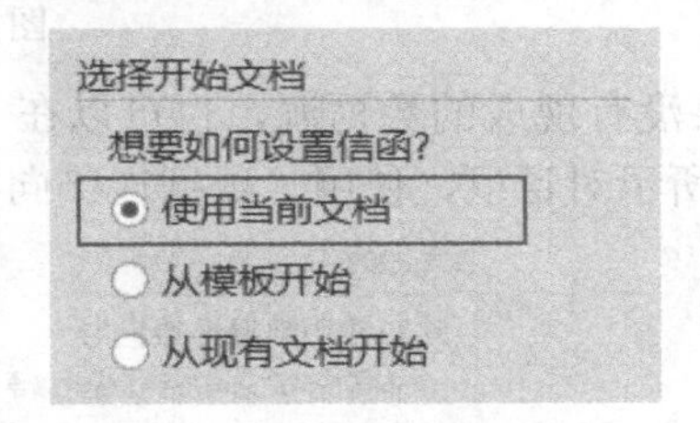

图 7-24　选择“使用当前文档”

5）选择“下一步：选取收件人”，如图 7-25 所示。

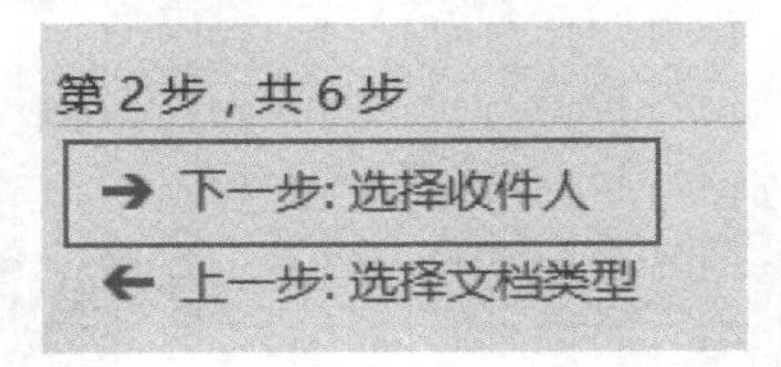

图 7-25　选择“下一步：选择收件人”

7.2.2　选择联系人

“选择收件人”操作其实就是找到数据源。

1）此例使用的是 Excel 数据表，选择“使用现有列表”，并单击下方的“浏览”按钮，如图 7-26 所示。

或是直接单击“邮件”选项卡→“开始邮件合并”功能组→“选取收件人”按钮，在下拉列表中选择“使用现有列表”选项，如图 7-27 所示。

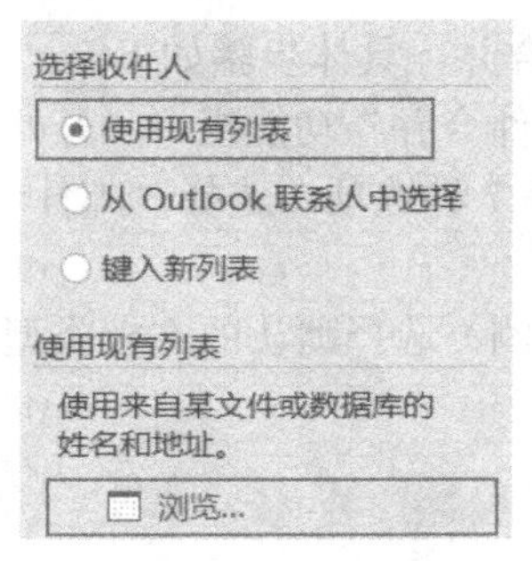

图 7-26　浏览收件人

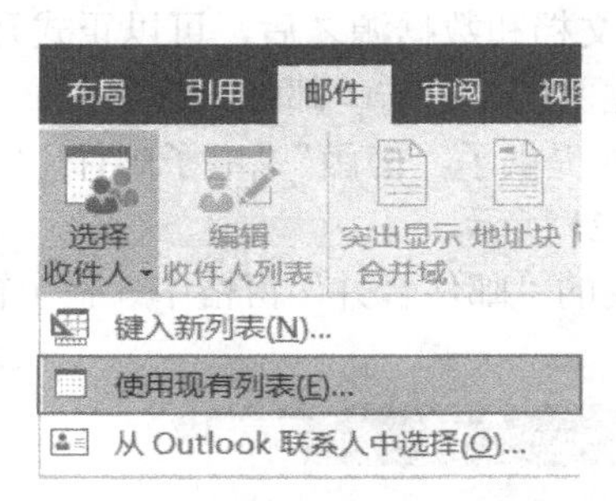

图 7-27　使用现有列表

2）在出现的“选择数据源”对话框中，找到数据源文件，选择表格，单击“确定”按钮，如果没有显示表格名称，一般就是默认的第一张表格，如图 7-28 所示。

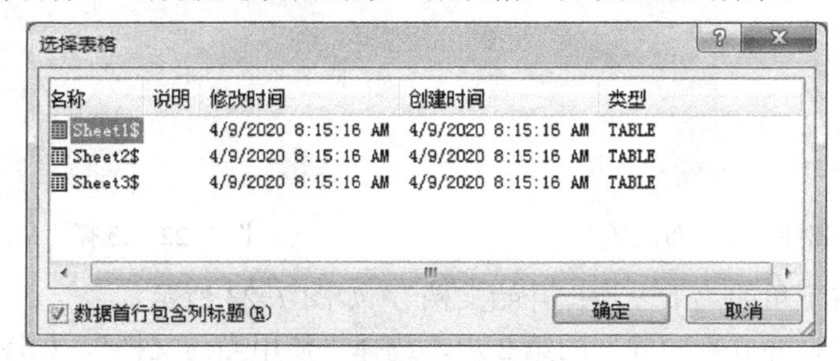

图 7-28　选择表格

如果没有现成的数据源，也可以在“选择数据源”对话框中，选择“新建源”，打开如图 7-29 所示对话框，使用“数据连接向导”完成数据源的创建。

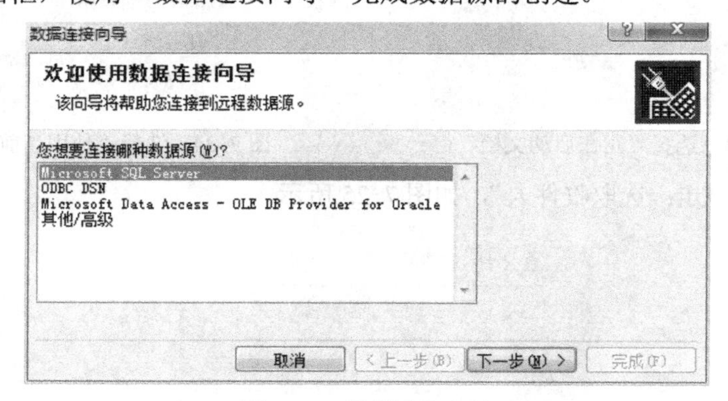

图 7-29　数据连接向导

7.2.3　编辑联系人列表

在没有选择数据源之前，“开始邮件合并”功能组的“编辑收件人列表”工具是不可用的，如图 7-30 所示，当完成数据源选择之后，处于可用状态。

图 7-30　编辑收件人列表

单击“编辑收件人列表”工具，打开“邮件合并收件人”对话框，如图 7-31 所示，可以浏览收件人信息和数据源，还可以调整收件人列表。几个常用操作如下。

图 7-31　邮件合并收件人

排序：可以选择排序依据，如“姓名”，也可以添加第二依据和第三依据，每个排序依据都可以选择“升序”还是“降序”，如图 7-32 所示。

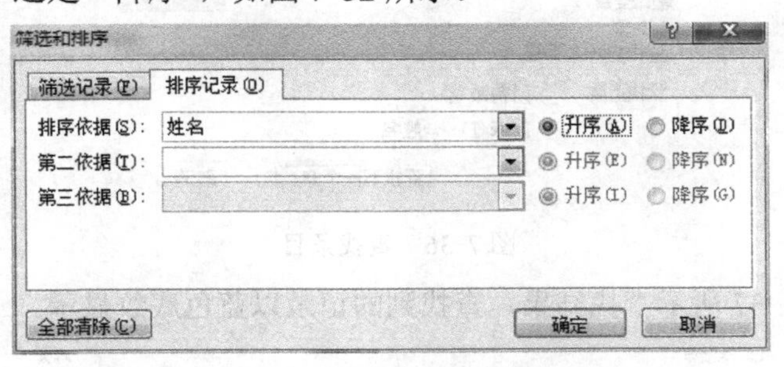

图 7-32　排序记录

筛选：可以通过选择“域”，设置其“比较关系”，如图 7-33 所示，“比较关系”设置为“包含”，“比较对象”设置为“李”，则可以筛选出姓名中包括“李”的所有记录，如图 7-34 所示。

图 7-33　筛选记录

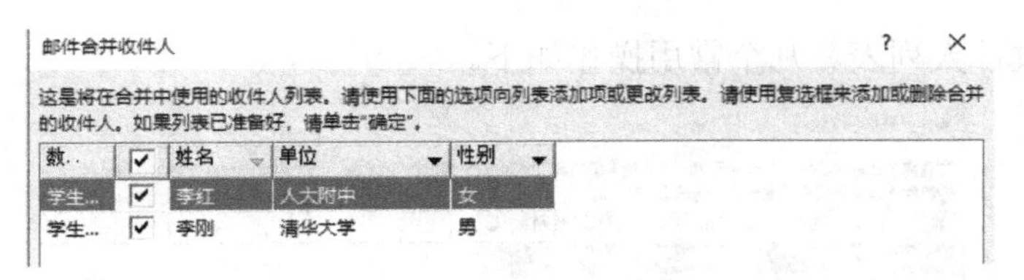

图 7-34 筛选结果

查找重复收件人：如果想确认数据源里是否有重复收件人，使用“查找重复收件人”功能，如果数据源中有重复的记录，会被查找出来，如图 7-35 所示。

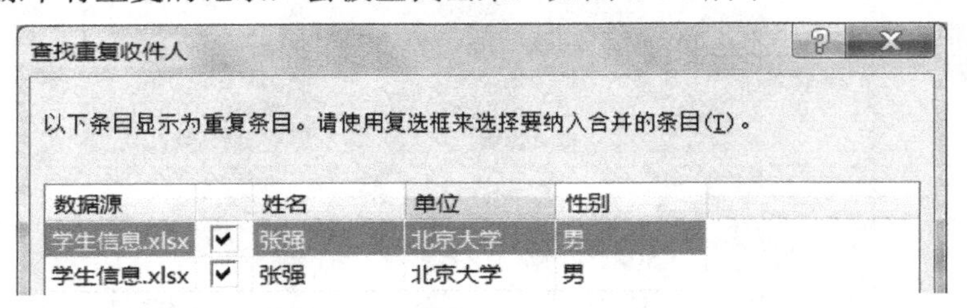

图 7-35 查找重复联系人

查找收件人：可以通过输入“查找”内容和“查找范围”，查找想要的记录，如在“姓名”域里查找值为“李红”的记录，如图 7-36 所示。

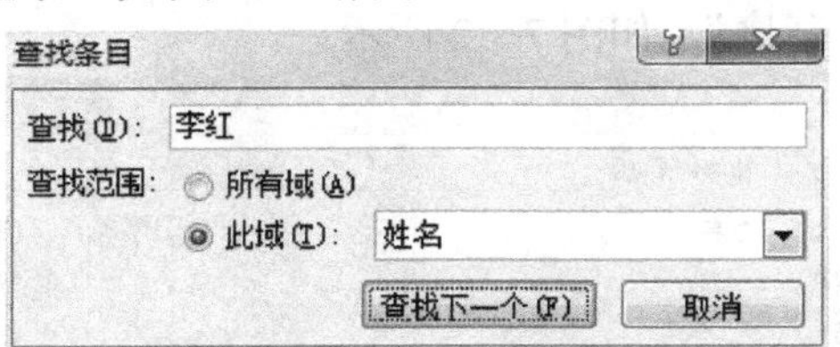

图 7-36 查找条目

可以得到如图 7-37 所示查找结果，查找到的记录以蓝色底纹显示。

图 7-37 查找指定条目结果

7.3 编写和插入域

7.3.1 地址块

地址块是 Word 2016 中内置的域，用于帮助用户在进行邮件合并时快速插入收件人地址信息。

在已经选择数据源的 Word 文档中，单击“邮件”选项卡→“编写和插入域”功能组→“地址块”工具，如图 7-38 所示。

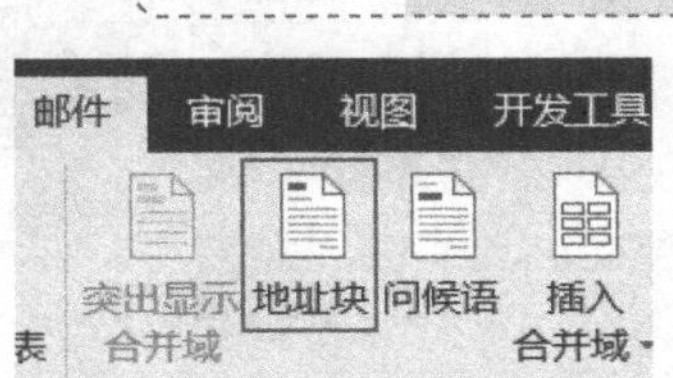

图 7-38 地址块

打开“插入地址块”对话框，在“选择格式以插入收件人名称”列表中选择收件人名称的显示格式；选中“插入公司名称”复选框在地址块中显示收件人公司；选中“插入通信地址”复选框则在地址块中显示收件人的具体通信地址，还可以通过调整收件人列表预览框下方的值来查看每条记录的信息，如图 7-39 所示。

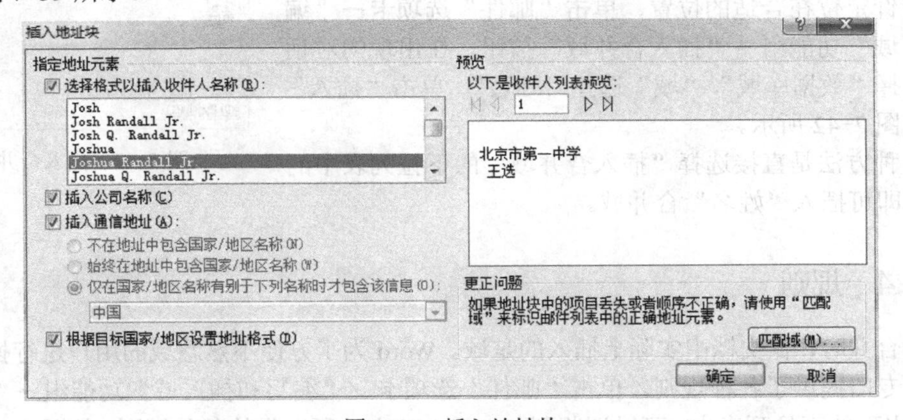

图 7-39 插入地址块

7.3.2 问候语

通常情况下，为了表示尊敬和问候，用户习惯于在信函的起始位置写上问候语，例如，“尊敬的张先生”“Dear Mr. Chen”等形式。

在已经选择数据源的 Word 2016 文档中，单击“邮件”选项卡→“编写和插入域”功能组→“问候语”按钮，图 7-40 所示。

打开“插入问候语”对话框，在“问候语的格式”列表中，可以录入尊称的内容、形式和标点符号，也可以像预览地址块一样，通过调整收件人列表预览下方的值来查看每条记录的信息，如图 7-41 所示。

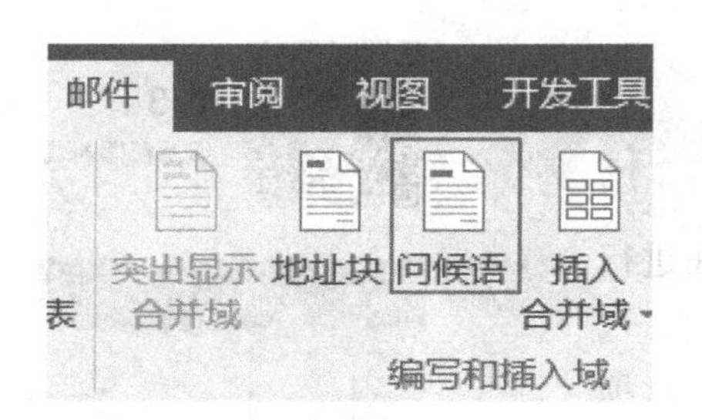

图 7-40 问候语

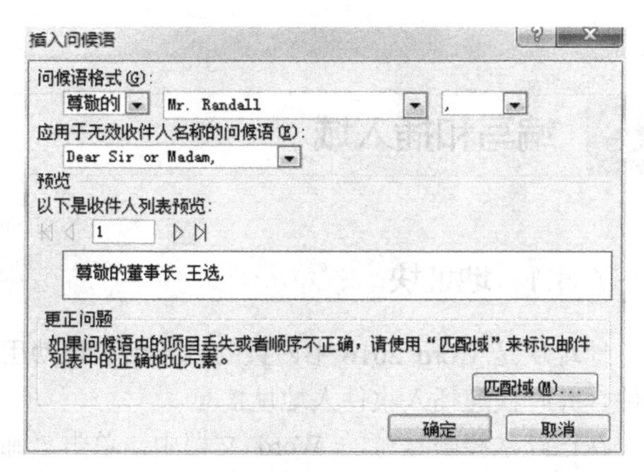

图 7-41 插入问候语

7.3.3 插入合并域

通过插入合并域可以将数据源按字段引用到主文档中。下面接着上面制作信函的步骤，讲解如何在 Word 2016 文档中插入合并域。

将指针定位在合适的位置，单击“邮件”选项卡→“编写和插入域”功能组→“插入合并域”按钮，在出现的对话框中，选择“数据库域”，“域”选择“姓名”，单击“插入”按钮，如图 7-42 所示。

另一种方法是直接选择“插入合并域”的下拉列表中的“姓名”，即可插入“姓名”合并域。

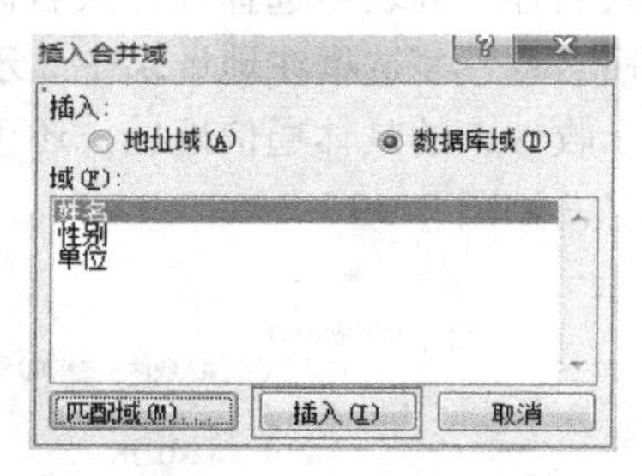

图 7-42 插入合并域

7.3.4 规则

邮件合并时，在文档中实际上插入的是域。Word 为了方便不熟悉域的用户进行操作，为邮件合并专门提供了各种规则。单击“邮件”选项卡→“编写和插入域”功能组→“规则”按钮，在出现的下拉列表中，可以浏览到 Word 2016 文档所提供的各种规则，如图 7-43 所示。

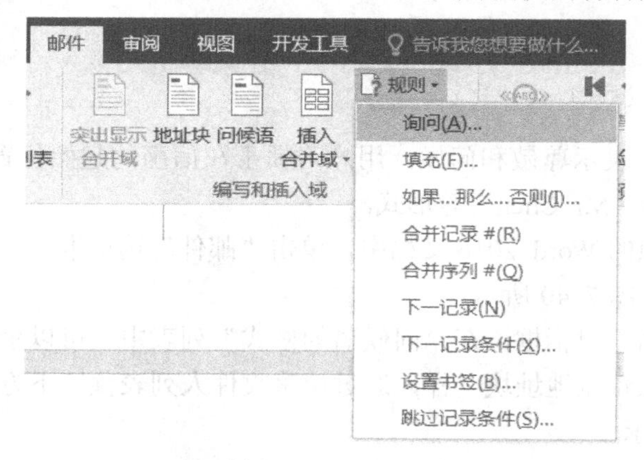

图 7-43 规则

其中在工作和学习中，用到比较多的规则是“如果...那么...否则”。选择该规则，打开“插入 Word 域:IF”对话框，可以选择相关的域名，设置“比较条件”和“比较对象”及需要插入的文字进行规则的设置，如性别为男，则插入“先生”，否则插入“女士”，如图 7-44 所示。

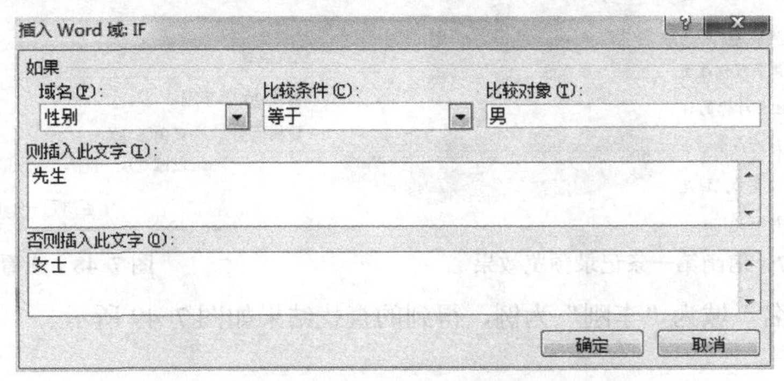

图 7-44 插入 Word 域:IF

比较条件中，除了“等于”以外，还有“大于等于”“小于等于”“不等于”“为空”“不为空”等，根据域名所需要的条件进行选择即可。

7.3.5 匹配域

若要确保 Word 2016 可以在数据文件中查找到对应于每个地址或问候语元素的列，可能需要将 Word 中邮件合并域与数据文件中的列进行匹配。单击“邮件”选项卡“编写和插入域”功能组→“匹配域”按钮，出现如图 7-45 所示的对话框，左侧显示列出的地址和问候语，在右侧选出数据源文件中的字段，如果添加字段不包含数据文件中的数据，它将在合并文档中显示为空占位符，通常为空行或隐藏的字段。

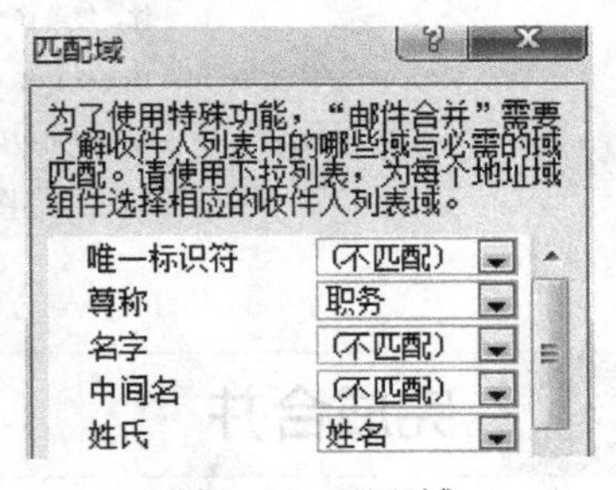

图 7-45 匹配域

7.4 预览结果

插入合并域后，要想查看结果，单击“邮件”选项卡→“预览结果”功能组→“预览结果”按钮，如图 7-46 所示。

信函制作的预览结果如图 7-47 所示，在“同学”的前面出现了“王选”，显示的是数据表中的第一条记录。

如果想查找其他记录，可以通过“上一条记录”“下一条记录”“尾记录”“首记录”来控制。

如果记录太多，使用“上一条记录”“下一条记录”进行查找的话，工作量太大。针对这个问题，Word 2016 为用户提供了“查找收件人”功能。单击如图 7-46 所示的“查找收件人”按钮，打开如图 7-48 所示对话框，录入查找的信息和选择查找范围，单击“查找下一个”按钮，可以查找到相关条目。

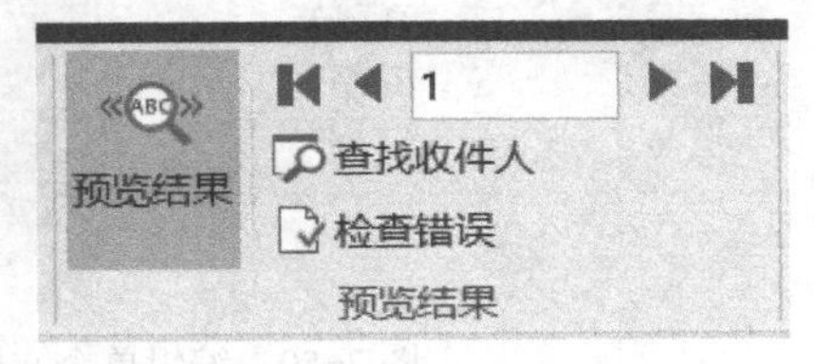

图 7-46 预览结果

青春寄语

王选同学：

你不能决定生命的长短，但是努力可以控制它的质量；你不能改变自己的容貌，但是微笑可以改变心情；你不能控制他人对你的评价，但是你可以鞭策自己一步一步往前进；你不能事事都成功，但是你可以用心做好每一件事。

图 7-47　信函第一条记录预览效果

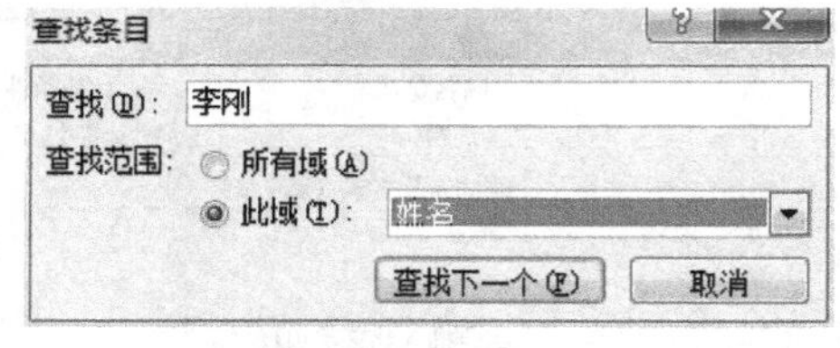

图 7-48　查看条目

以查找“姓名”域为“李刚”为例，得到的查找结果如图 7-49 所示。

青春寄语

李刚同学：

你不能决定生命的长短，但是努力可以控制它的质量；你不能改变自己的容貌，但是微笑可以改变心情；你不能控制他人对你的评价，但是你可以鞭策自己一步一步往前进；你不能事事都成功，但是你可以用心做好每一件事。

图 7-49　按“姓名域”查找条目结果

7.5 完成合并

7.5.1 编辑单个文档

对合并效果进行预览之后，如果想对个别文档进行个性化编辑，可以单击“邮件”选项卡→“完成”功能组→“完成并合并”按钮，在下拉列表中选择“编辑单个文档”选项，如图 7-50 所示。

打开“合并到新文档”对话框，合并记录时有三个选择，分别是“全部”“当前记录”和“从...到...”，如图 7-51 所示。

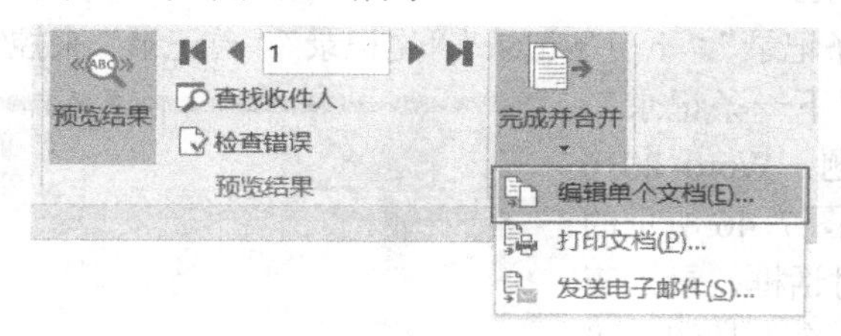

图 7-50　编辑单个文档

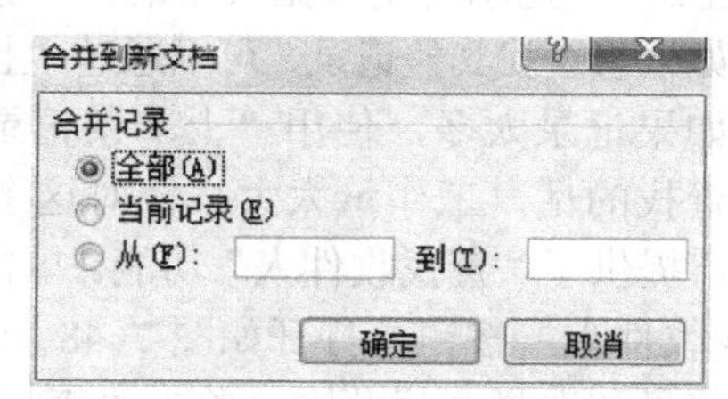

图 7-51　合并到新文档

以信件制作为例，选择“全部”，则生成新的文件，按比例缩小后预览结果如图 7-52 所示。

图 7-52 信函文档预览效果

7.5.2 打印文档

如果需要打印合并后的新文档，选择如图 7-50 所示的“打印文档”选项，打开“合并到打印机”对话框，进行相关选择和设置，如图 7-53 所示。

7.5.3 发送电子邮件

如果需要将合并后的新文档以电子邮件的方式发送出去，选择如图 7-50 所示的“发送电子邮件”选项，打开“合并到电子邮件”对话框，进行相关选择和设置，如图 7-54 所示。

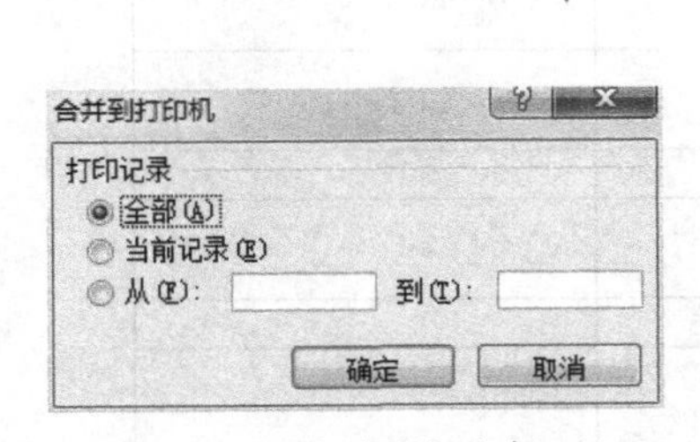

图 7-53 合并到打印机

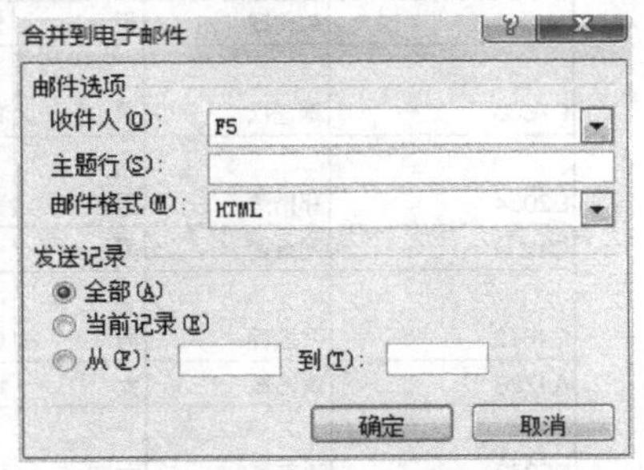

图 7-54 合并到电子邮件

实例 7.1 标签的更新

【操作要求】

1）根据现有文件启动标签合并功能，使用“文档”文件夹的“会员列表.docx”导入收件人列表，新增“会员编号”“姓名”及“VIP”字段以替换文件中对应的标记，按“VIP”字段数据取代“级别”标记，若 VIP 为“空白”，则显示文字“普通”，否则仍填入“VIP”字段内容。更新标签，使得会员列表记录合并至标签中。

2）编辑收件人列表，使得输出标签排除打印无“会员编号”的数据，并按“会员编号”由小到大排序后，“完成并合并”个别文件。

主文档素材如图 7-55 所示。

图 7-55　主文档素材

“会员列表.docx”文件素材如图 7-56 所示。

会员编号	姓名	性别	生日	VIP
E6144	陈和宏	男	1978/03/01	***VIP***
A0795	孙婉庭	女	1976/12/12	
B8972	石佩仪	女	1980/02/04	
	庄雅筑	女	1981/03/01	
D1283	许勋仁	男	1976/09/19	***VIP***
A6023	朱柏丞	男	1983/01/02	
D6873	柯伯翰	男	1969/10/01	***VIP***
A0916	武志伟	男	1974/08/04	***VIP***
B6515	方敏珈	女	1972/09/15	***VIP***
E8307	卢欣怡	女	1976/07/30	
	陈俊颖	男	1977/02/13	
B7686	戴廷耘	男	1976/09/07	***VIP***
E2934	郑楷淳	男	1976/02/14	***VIP***
C1234	刘秉宸	男	1975/05/04	
C4612	蔡孟哲	男	1977/04/27	***VIP***
A4788	黄沛瑜	女	1976/10/09	
E5269	潘苗蓁	女	1979/07/20	***VIP***
C9096	郑羽玫	男	1974/11/24	

图 7-56　“会员列表.docx”文件素材

【操作步骤】

1）打开主文档素材。

2）单击“邮件”选项卡→“开始邮件合并”按钮，在下拉列表中选择“标签”选项，如

图 7-57 所示。

弹出如图 7-58 所示对话框，因为标签的样式所给主文档已经设置好，单击“取消”按钮。

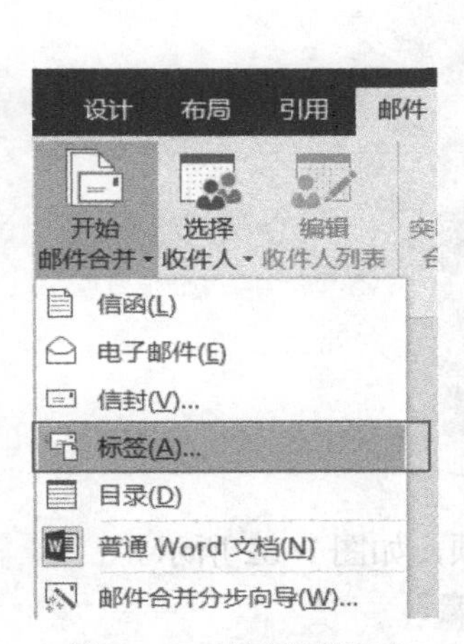

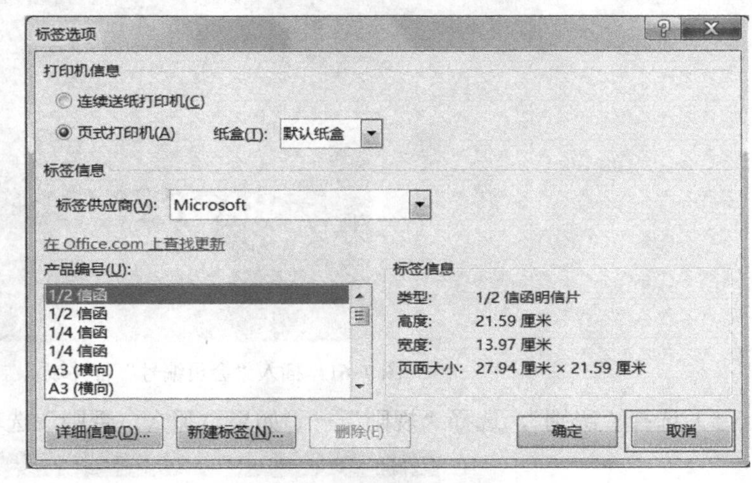

图 7-57 使用现有列表　　　　图 7-58 确定标签选项

3）选择“开始邮件合并”功能组→“选择收件人”→“使用现有列表”选项，如图 7-59 所示。

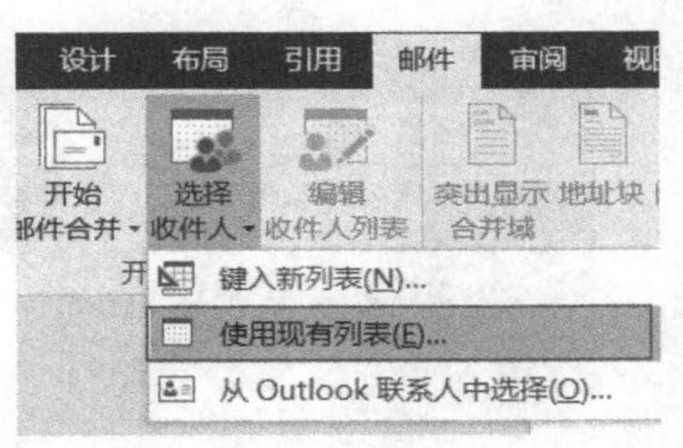

图 7-59 使用现有列表

选择“文档”下的“会员列表.docx”文件，单击“打开”按钮，如图 7-60 所示。

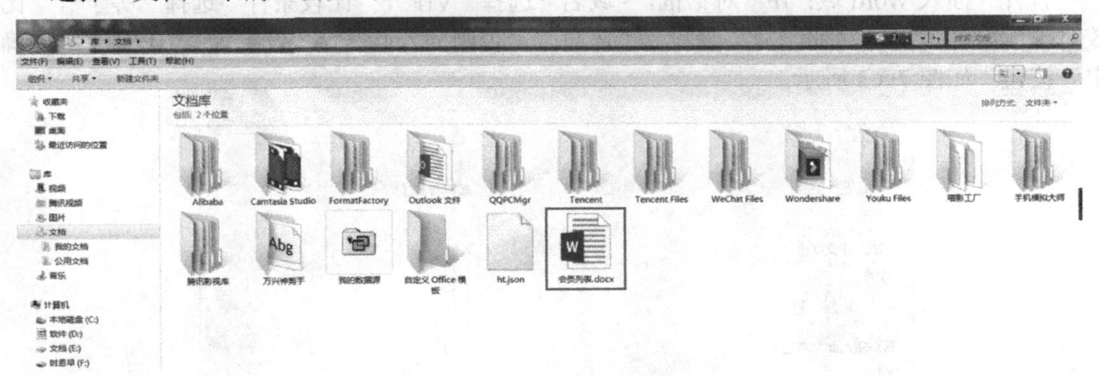

图 7-60 选择“会员列表.docx”文件

4）选择文档中的“会员编号”，然后单击“邮件”选项卡→“编写和插入域”功能组→“插入合并域”按钮，在下拉列表中选择“会员编号”选项，效果如图 7-61 所示。使用同样的方法，完成“姓名”合并域的插入。

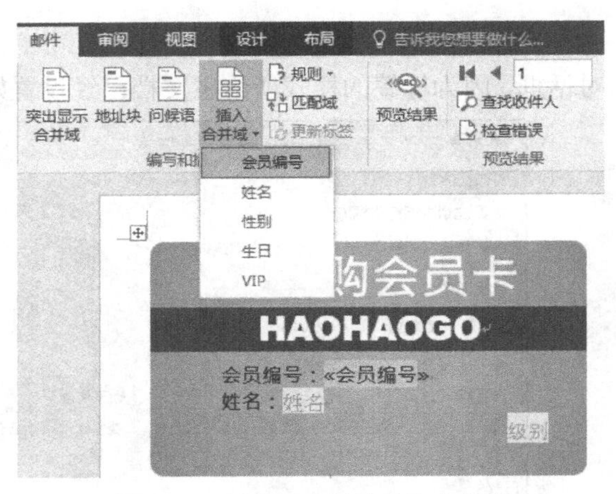

图 7-61 插入“会员编号”合并域

5）选择“级别”，选择“规则”→“如果…那么…否则”选项，如图 7-62 所示。

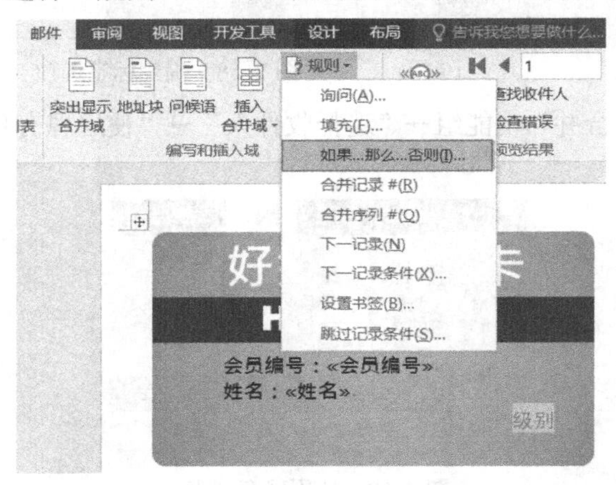

图 7-62 “如果...那么...否则”规则

打开“插入 Word 域：IF”对话框，“域名”选择“VIP”，“比较条件”选择“等于”，“比较对象”为空，“则插入此文字”设置为“普通”，“否则插入此文字”设置为“VIP”，单击“确定”按钮，如图 7-63 所示。

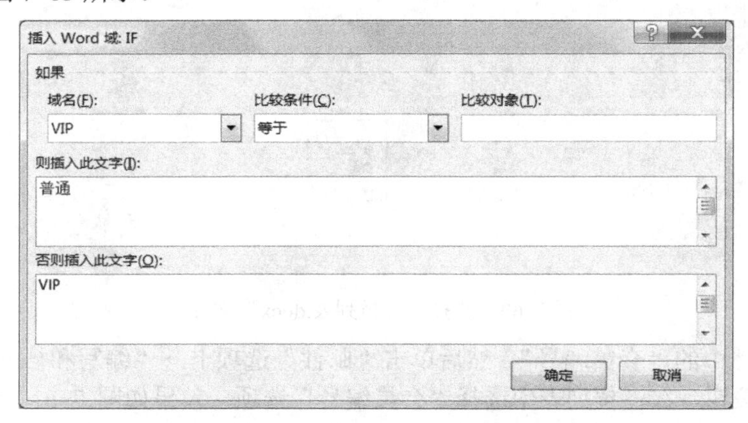

图 7-63 插入 Word 域设置

6）选择“VIP”合并域，右击并在快捷菜单中选择“切换域代码”选项，如图7-64所示。

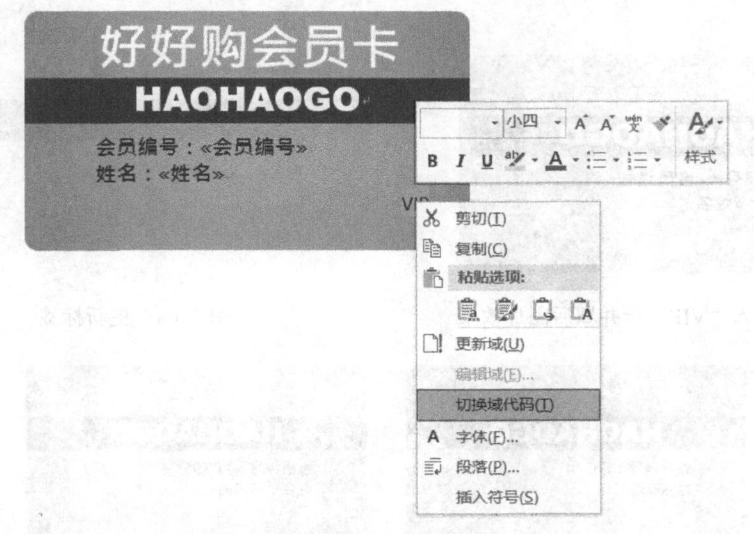

图7-64 切换域代码

在出现的域代码中，选择“VIP”，如图7-65所示。

图7-65 选择“VIP”域代码

然后，选择“插入合并域”下的“VIP”域，如图7-66所示。

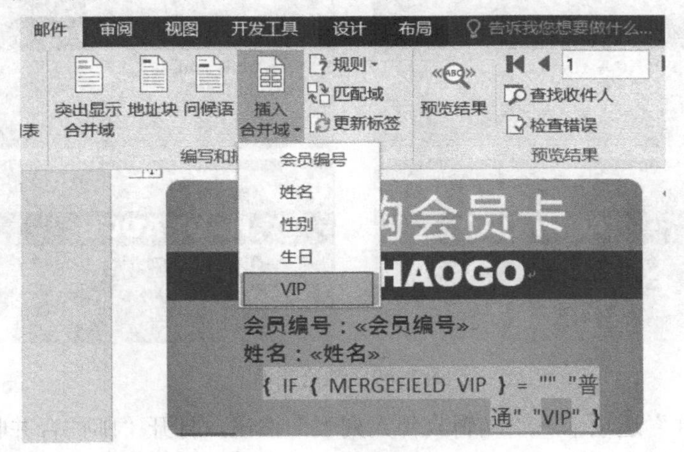

图7-66 插入“VIP”合并域

得到如图7-67所示效果，已经可以看到图片替代了VIP文本。

7）单击“邮件”选项卡→“更新标签”按钮，如图 7-68 所示，得到如图 7-69 所示的预览效果。

图 7-67 插入“VIP”合并域后图片效果

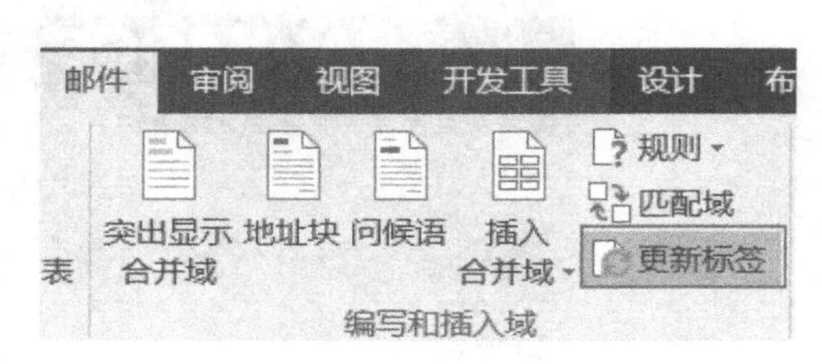

图 7-68 更新标签

图 7-69 预览效果

8）选择“邮件”选项卡→“编辑收件人列表”按钮，打开“邮件合并收件人”对话框，如图 7-70 所示，选择“筛选”选项。打开“查询选项”对话框，设置“会员编号”不为空，如图 7-71 所示。

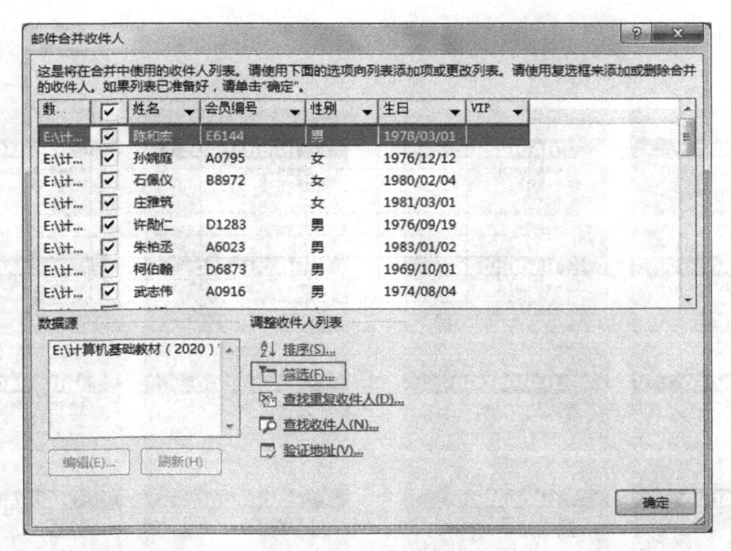

图 7-70　筛选收件人

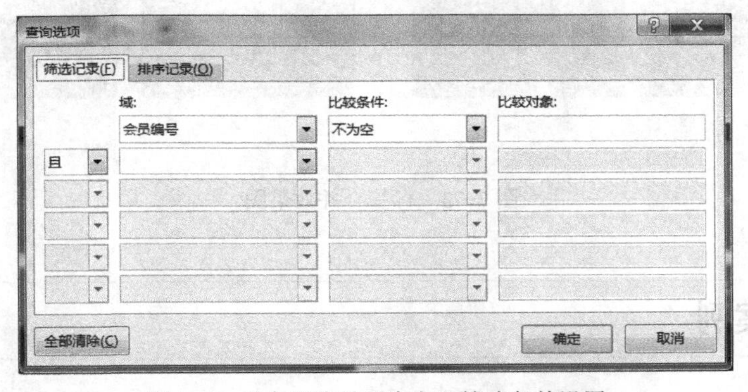

图 7-71　“会员编号不为空”筛选条件设置

9）选择如图 7-72 所示的“排序记录”选项卡，在“主要关键字”栏选择“会员编号”和“升序”，完成按“会员编号”从小到大排序输出。

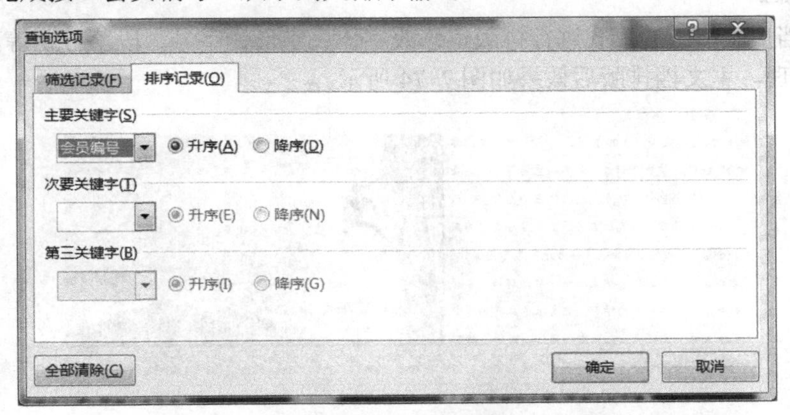

图 7-72　设置“会员编号”

10）选择“完成并合并”下的“编辑单个文档”选项，合并所有记录，得到如图 7-73 所示效果图。

图 7-73　标签合并效果图

7.6 综合案例

将钟南山院士的寄语“心怀‘大我’做对社会有贡献的人”文档进行排版，然后以电子邮件的形式发送给广大学子。

【操作步骤】

1）对文档按照信函的形式进行排版，修改字体、字形、字号、段落行距等，插入图片，对图片进行处理，主文档排版后效果如图 7-74 所示。

同学，你好！

我是钟南山，当你看到这段视频的时候，你们已经回到学校开始正常的学习生活了，我们每个人都不会忘记，在我们过去的三个月里头，经历了一个非常不平凡的日子，正是因为我们国家和全世界，我们很多的人，奋力地开展防控工作，争取到了今天我们有这么一个平安的环境，安静的环境，能够好好的学习，这是很不容易的，有国才有家，有大集体，才有小集体，同学们要好好学习，天天向上，立下一个志，将来成为一个对社会有贡献的，能够为社会做出突出成绩的科技工作者、文化工作者、社会工作者、管理者，大家时时记住，我们每一个人心中除了有一个小我，还应该有大我。

在现在学习的过程中，我们还是要保持高度的警惕，特别是做好自我防护工作，包括戴口罩，减少不必要的聚会，同学们在一起要有一些距离，这些方面只要保护好了，我们的正常学习生活就能继续下去。

图 7-74　钟南山寄语主文档排版效果

2）单击“邮件”选项卡→“开始邮件合并”功能组→“开始邮件合并”按钮，在下拉列表中选择“信函”选项，如图7-75所示。

3）单击“开始邮件合并”功能组→“选择收件人”按钮，在下拉列表中选择“使用现有列表”选项，找到需要的数据源文档。

4）在“开始邮件合并”功能组→“选择收件人”按钮，在下拉列表中选择“使用现有列表”选项，数据源选中之后，单击“编辑收件人”按钮，可以看到邮件合并所用到的收件人，如图7-76所示。

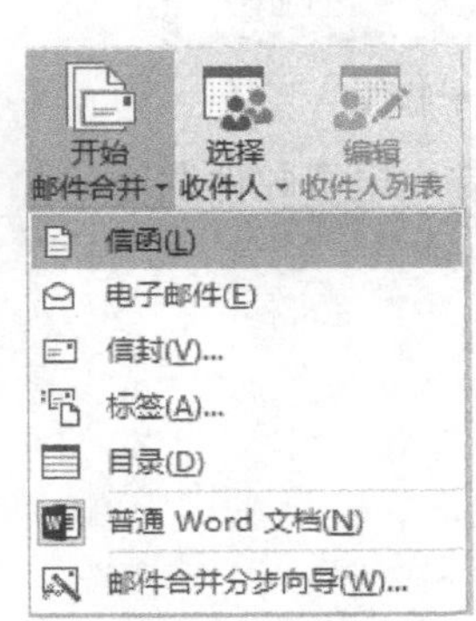

图7-75　选择“信函”类型

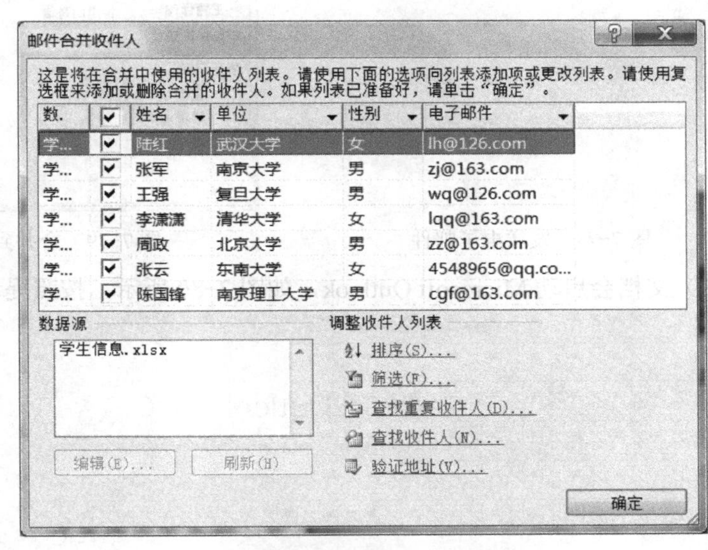

图7-76　邮件合并收件人信息

5）将指针定位在“同学”前面，单击“编写和插入域”功能组→“插入合并域”按钮，在下拉列表中选择“姓名”域。

6）单击“预览结果”功能组→“预览结果”按钮，就可以看到邮件合并后的第一条记录文档，如图7-77所示。

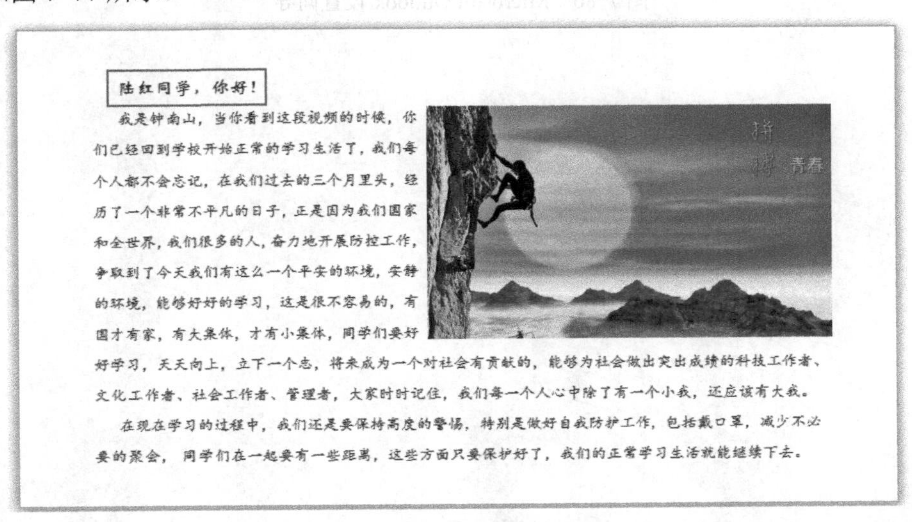

陆红同学，你好！

我是钟南山，当你看到这段视频的时候，你们已经回到学校开始正常的学习生活了，我们每个人都不会忘记，在我们过去的三个月里头，经历了一个非常不平凡的日子，正是因为我们国家和全世界，我们很多的人，奋力地开展防控工作，争取到了今天我们有这么一个平安的环境，安静的环境，能够好好的学习，这是很不容易的，有国才有家，有大集体，才有小集体，同学们要好好学习，天天向上，立下一个志，将来成为一个对社会有贡献的，能够为社会做出突出成绩的科技工作者、文化工作者、社会工作者、管理者，大家时时记住，我们每一个人心中除了有一个小我，还应该有大我。

在现在学习的过程中，我们还是要保持高度的警惕，特别是做好自我防护工作，包括戴口罩，减少不必要的聚会，同学们在一起要有一些距离，这些方面只要保护好了，我们的正常学习生活就能继续下去。

图7-77　合并后第一条记录

7）单击“完成”功能组→“完成并合并”按钮，在下拉列表中选择“发送电子邮件”选项，如图 7-78 所示。

打开“合并到电子邮件”对话框，在“收件人”选项里选择“电子邮件”域，“发送记录”选择“全部”，然后单击“确定”按钮，如图 7-79 所示。

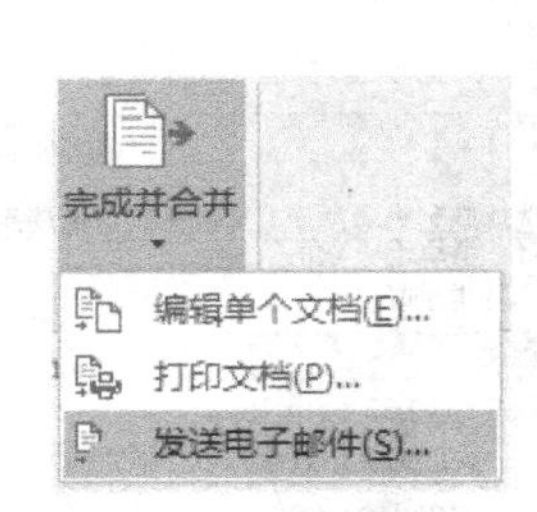

图 7-78　发送电子邮件

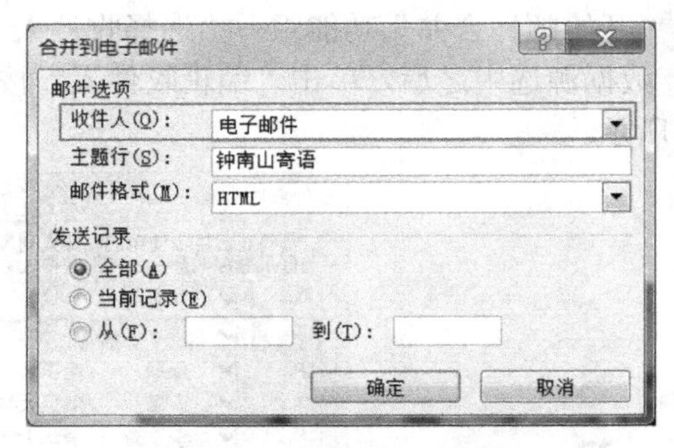

图 7-79　合并到电子邮件

8）文档会启动 Microsoft Outlook，如图 7-80 所示，按照提示完成电子邮件发送。

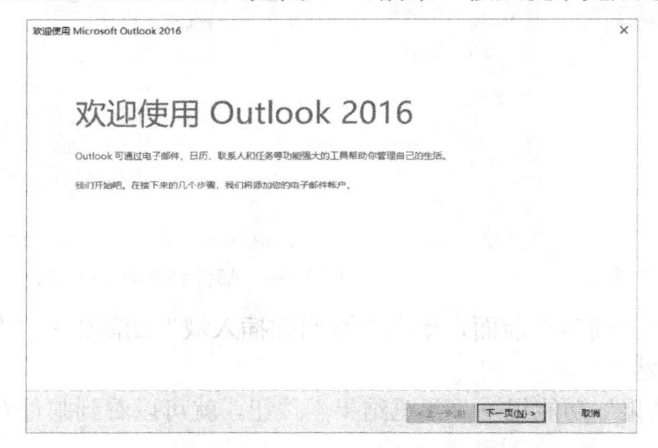

图 7-80　Microsoft Outlook 设置向导